NIESE · BEER · NAUMANN · KÖPSEL

Extraktive Aufarbeitung bestrahlter Kernbrennstoffe

Dr. SIEGFRIED NIESE · Dr. MANFRED BEER
Dr. DIETER NAUMANN und Dipl.-Ing. RALF KÖPSEL

EXTRAKTIVE AUFARBEITUNG BESTRAHLTER KERNBRENNSTOFFE

Mit 100 Abbildungen im Text und 71 Tabellen

AKADEMIE-VERLAG · BERLIN
1960

Erschienen im Akademie-Verlag GmbH, Berlin W 8, Leipziger Straße 3–4

Lizenz-Nr. 202 · 100/764/60
Gesamtherstellung: Druckhaus „Maxim Gorki", Altenburg
Bestellnummer: 5408
Printed in Germany
ES 20 D 6

GELEITWORT

Für die friedliche Kernenergieerzeugung ist die rationelle Aufarbeitung der ausgebrannten Kernbrennstoffe unter Abtrennung der Spaltprodukte und Rückgewinnung des spaltbaren Materials eine wichtige Voraussetzung, die die Wirtschaftlichkeit dieser Energiequelle mitbestimmt. Bisher werden technisch dafür nur Extraktionsverfahren eingesetzt, wobei das in Lösung gebrachte Brennmaterial mit organischen Solventien extrahiert wird. Darüber existiert bereits ein umfangreiches, weit verstreutes Schrifttum. Es ist daher verdienstvoll, daß 4 junge Wissenschaftler im Kollektiv diese Literatur zusammengetragen, gesichtet und in übersichtlicher Form in der vorliegenden Monographie die bisherigen Ergebnisse dargestellt haben. Dabei sind sowohl die theoretischen Grundlagen der Solventextraktion, die Extrahierbarkeit von Spaltmaterial und Spaltprodukten mit den verschiedensten Extraktionsmitteln als auch die Verfahrenstechnik mit den verschiedenartigen Extraktionskolonnen, den Sicherheitsmaßnahmen bei technischen Anlagen usw. berücksichtigt und die praktisch angewendeten Prozesse, auch wenn sie sich auf die Extraktion spaltbaren Materials aus Erzlösungen beziehen, beschrieben.

Es ist zu hoffen, daß das Buch dem Chemiker und Ingenieur, der sich mit der Aufarbeitung von Kernbrennstoffen zu beschäftigen hat, durch die ziemlich vollständige Übersicht über den bisher wichtigsten Verfahrenstyp, seine chemischen Grundlagen und technischen Ausführungsformen eine wertvolle Hilfe sein und zu weiterer Forschungsarbeit auf diesem interessanten Gebiet anregen wird.

Dresden, 25. 7. 1960

Prof. Dr.-Ing. K. Schwabe

INHALT

Seite

1 EINLEITUNG

1.1 Die bekannten Aufarbeitungsmethoden (Überblick)

Die Aufarbeitung von bestrahlten Kernbrennstoffen ist ein wichtiges chemisch-technologisches Verfahren im Rahmen der Kernenergienutzung. Sie wird betrieben, um die neu erzeugten oder nicht verbrauchten Spaltstoffe (^{239}Pu, ^{235}U, ^{233}U) von den entstandenen Spaltprodukten abzutrennen, welche infolge ihres hohen Neutroneneinfangquerschnittes die Fortsetzung der Spaltreaktion hindern.
In den sogenannten „Atomländern“ laufen bereits seit vielen Jahren industrielle Anlagen und Versuchsbetriebe, in denen nach verschiedenen Verfahren unter Einsatz kostspieliger Schutzeinrichtungen diese Aufgabe gemeistert wird. Man darf jedoch nicht übersehen, daß alle bisher im großtechnischen Maßstab verwirklichten Verfahren mit dem Ziel der Gewinnung von Plutonium für militärische Zwecke betrieben worden sind. Der Kostenfaktor spielt bekanntlich unter diesen Aspekten nicht die dominierende Rolle, und es wird in allen Berichten, die eine kritische Einschätzung des bisherigen Standes der Technologie sowie ihrer möglichen Weiterentwicklung geben, betont, daß es noch intensiver Forschungs- und Entwicklungsarbeiten bedarf, um ein für friedliche Zwecke wirtschaftlich tragbares Maß der Aufarbeitungskosten zu erreichen. Andererseits ist der hohe Reinigungsfaktor von 10^7-10^8, wie er für militärisch genutztes Spaltmaterial gefordert wird, für Zwecke der Kernenergiegewinnung durchaus nicht erforderlich. Man kommt mit Reinigungsfaktoren von 10^2 aus, so daß es lohnend erscheint, im Zuge der friedlichen Nutzung der Kernenergie völlig neue Wege der chemischen Aufarbeitung bestrahlter Kernbrennstoffe zu gehen, wenn man gleichzeitig rentable Verfahren entwickelt, den noch aktiven Kernbrennstoff unter Fernbedienung zu neuen Brennelementen zu verarbeiten.
Der Monographie soll ein kurzer Überblick von den bisher beschriebenen Verfahren vorangestellt werden, um dann eine ausführliche Darlegung der wichtigsten industriell realisierten Aufarbeitungsmethoden, der Solventextraktionsverfahren, zu bringen. Dabei wird das Schwergewicht auf der Erörterung chemischer Probleme der Solventextraktion liegen. Um eine Vorstellung von der Art und dem Umfang der technisch realisierten Aufarbeitungsprozesse für bestrahlte Kernbrennstoffe zu vermitteln, schließen sich ein verfahrenstechnisches Kapitel und eine Prozeßbeschreibung an. Den Abschluß bilden einige ökonomische Betrachtungen zur Kernbrennstoffaufarbeitung.

Eine der ältesten Methoden zur Abtrennung von Plutonium aus bestrahlten Kernbrennstoffen ist ein *Fällungszyklus*, bei dem das Plutonium nach vorangegangener Reduktion an Wismutphosphat mitgefällt wurde. Nach Auflösen und Oxydieren wird erneut mit Wismutphosphat als Träger gefällt, wobei jetzt das Plutonium in Lösung bleibt und die Nebenprodukte ausfallen. Nach mehrmaliger Wiederholung isoliert man schließlich das Plutonium durch eine Mitfällung an Lanthanfluorid, von dem es nach dem Auflösen durch H_2O_2-Fällung getrennt wird [L 23]. Das Uran begleitet die Spaltprodukte und deshalb ergibt sich aus dem Fällprozeß eine voluminöse und kostspielige Lagerung und Beseitigung der hochaktiven Abfälle. Darüber hinaus eignen sich Fällungsmethoden sehr schlecht für kontinuierliche Arbeitsweise und Fernbedienung, so daß nur geringe Durchsätze in sehr kleinen Anlagen bewältigt werden können.

Es hat nicht an Versuchen gefehlt, die gesamte Kernbrennstoffaufarbeitung auf der Basis von *Ionenaustauschverfahren* aufzubauen. Sie bieten den Vorteil kontinuierlichen Durchsatzes und lassen sich leicht fernsteuern. An der relativ geringen Strahlenbeständigkeit der organischen Austauscher und den Trennschwierigkeiten infolge starken Gasens durch Radiolyse sind diese Bemühungen bisher gescheitert. Lediglich für Teilprozesse, wie die Feinreinigung von Uran und Plutonium nach der Abtrennung des Hauptanteils der Spaltprodukte auf extraktivem Wege konnten Ionenaustauschverfahren mit Erfolg eingesetzt werden.

Bevor wir uns den dominierenden Solventextraktionsverfahren zuwenden, sollen einige Methoden erwähnt werden, die heute im Versuchsmaßstab auf spezielle Brennstoffelemente Anwendung finden.

Es war naheliegend, die Reinigung des bestrahlten Urans durch *Fluorierung* und anschließende Abdestillation des leicht flüchtigen UF_6 zu versuchen, da einerseits das UF_6 zur erneuten Anreicherung in den Diffusionstrennanlagen eingesetzt werden kann und andererseits die Herstellung von metallischem Uran für die erneute Brennelementfabrikation ebenfalls über die Uranfluoride verläuft. Man fluorierte anfangs direkt mit elementarem Fluor, benutzte aber bald flüssige Fluorierungsmittel wie BrF_3, BrF_5 und ClF_3, die eine bessere Beherrschung der Wärmeableitung gestatten [S 57]. Mit dieser Methode läßt sich allerdings das Plutonium nicht verflüchtigen, so daß es bei den Spaltprodukten verbleibt, da es unter diesen Bedingungen nicht in der 6wertigen Form zu erhalten ist. Deshalb findet die fluorierende Aufarbeitung nur für hoch mit ^{235}U angereicherte Kernbrennstoffe Verwendung, für welche die Plutoniumisolierung uninteressant ist. Die existierenden Versuchsanlagen bearbeiten hochangereicherte Brennelemente, die Legierungsbestandteile enthalten, welche in Interhalogenverbindungen wie BrF_3 bei gewöhnlicher Temperatur schlecht löslich sind. Deshalb wird zunächst in Mischungen geschmolzener Salze bei 500—700°C mit Fluorwasserstoff behandelt. Dabei wird das Uran in UF_4 verwandelt. Das resultierende UF_4 wird anschließend mit BrF_5 zum leicht flüchtigen UF_6 fluoriert, welches dann noch einer fraktionierten Destillation unterworfen werden muß.

In dem Bestreben, wäßrige Aufarbeitungsprozesse zu umgehen, wurden zur Aufarbeitung spezieller Brennelemente eine Reihe von *pyrometallurgischen Ver-*

fahren entwickelt [S 58]. Sie haben neben der Einsparung langwieriger chemischer Prozesse den Vorteil kürzester Abkühlungszeiten. Mit Rücksicht auf die Strahlungszersetzung von Chemikalien und Lösungsmitteln wird bei der wäßrigen Aufarbeitung eine Abkühlungszeit von 30—100 Tagen eingehalten, die sich bei pyrometallurgischen Verfahren einsparen läßt. Weiterhin machen diese Verfahren eine Rückreduktion zum Metall nach der Aufarbeitung überflüssig und liefern die abgetrennten Spaltprodukte in einer sehr kompakten Form, so daß deren Lagerung billig wird. Allerdings erfordert die erhebliche Restaktivität, die nachfolgende Brennelementfabrikation hinter Schutzwänden mit Fernbedienung vorzunehmen.
Die pyrometallurgische Verfahrensentwicklung verfolgte 2 Ziele, einmal die Isolierung von Plutonium aus dem Mantelmaterial von Brutreaktoren und zum zweiten die Rückgewinnung des spaltbaren Materials und die Abtrennung der Spaltprodukte aus dem hochangereicherten Kernmaterial dieser Reaktoren.

Dem erstgenannten Zweck dienen 3 Verfahren:

Destillation;
Extraktion mit geschmolzenen Salzen;
Extraktion mit geschmolzenen Metallen.

So gelingt es, das Plutonium durch Vakuumdestillation bei 1500—1800°C mit einer Ausbeute von 99% vom geschmolzenen Uran abzutrennen. Bei einer Extraktion des flüssigen metallischen Mantelmaterials mit geschmolzenem Magnesiumchlorid lassen sich 90% des gebildeten Plutoniums in der Salzphase isolieren. Diese Methode wäre auch für homogene Reaktoren, die mit flüssigen Metallen arbeiten, diskutabel.
In gleicher Weise kann man die geschmolzenen Kernbrennstoffe mit flüssigem Silber oder Magnesium ausschütteln, wobei sich das Plutonium vornehmlich in den genannten Metallen löst. Das Magnesium hat allerdings beim Schmelzpunkt des Urans bereits einen recht hohen Dampfdruck, während der Nachteil des Silbers in einer schlechten Abtrennung vom Plutonium besteht.
Bei der Aufarbeitung des hochangereicherten Brennstoffs aus dem Reaktorkern interessiert lediglich die Abtrennung der Spaltprodukte. Dafür wurden ebenfalls 3 Methoden erprobt:

Schmelzen und Umgießen;
oxydative Verschlackung;
Elektroraffination.

Das erstgenannte Verfahren besteht in einem einfachen Umgießen des geschmolzenen Uranmetalls, wobei die gasförmigen und leichtflüchtigen Spaltprodukte entweichen. Die ferngesteuerte Gießapparatur arbeitet unter Edelgasatmosphäre. Es lassen sich Reinigungsfaktoren von 10^2 erreichen.
Setzt man darüber hinaus dem geschmolzenem Brennstoff geringe Mengen Sauerstoff in Form von zersetzlichen Oxyden zu, so bilden sich zuerst die stabilsten Oxyde, also die der Seltenen Erden. Die gebildeten Schlacken schwimmen auf der Metalloberfläche und können abgezogen werden.

Man kann auch das gesamte Brennelement als Anode in einer Schmelzelektrolyse schalten. Im Anodenschlamm sammeln sich dann die edleren Metalle unter den Spaltprodukten, während die anderen im Salzbad verbleiben. Gewöhnlich werden als Kathode solche Metalle verwendet, die niedrigschmelzende Legierungen mit Uran bilden, so daß eine kontinuierliche Entfernung des Urans aus der Zelle erfolgen kann. Von allen pyrometallurgischen Verfahren ist die Elektroraffination die einzige, welche auch die Masse der edleren Spaltprodukte vom Uran abtrennt. Mit dieser Methode lassen sich Reinigungsfaktoren von 100 bis 300 erzielen.
Alle genannten Verfahren erfordern die Lösung schwieriger Korrosionsprobleme, da nicht nur bei hohen Temperaturen, sondern meist auch mit recht aggressiven Schmelzen oder Gasen gearbeitet wird.
Die angeführten Aufarbeitungsmethoden sollten lediglich eine grobe Übersicht von den möglichen Verfahren geben. Ihre Entwicklung ist nur in wenigen Fällen bis zum halbtechnischen Maßstab fortgeschritten und alle großtechnischen Anlagen sind zur Zeit den Solventextraktionsverfahren vorbehalten.
Der Extraktionsreinigung ist zunächst ein Auflöseverfahren vorgeschaltet, das sehr von der Art des Brennelementes abhängig ist. Darauf folgt die Einstellung der wäßrigen Lösung auf ein Nitratsystem bestimmter Konzentration und Acidität. Nach der Extraktion, die zumeist in verschiedenen Trennstufen verläuft, werden Plutonium und Uran einer Feinreinigung unterzogen. Dazu dienen wiederum Extraktionsverfahren oder Ionenaustauschmethoden. Ein besonders umfangreiches Problem bildet die Bearbeitung der wäßrigen radioaktiven Prozeßabfälle. Auf eine Behandlung dieses vielseitigen Arbeitsgebietes soll im Rahmen des vorliegenden Buches nicht eingegangen werden.

1.2 Vorbereitung der Brennelemente für den Extraktionsprozeß

1.21 *Der Aufbau eines Brennelementes*

Inwiefern eine Betrachtung der Brennelementtypen für die chemische Aufarbeitung von Bedeutung ist, geht u. a. aus den Ausführungen hervor, die W. K. Davis, Direktor der Abteilung für Reaktorentwicklung der USAEC auf einer Konferenz in Dancover (29. 6. 55) machte:
„Ein Teil der Schwierigkeiten bei der Aufarbeitung entsteht infolge der Tatsache, daß diejenigen, welche Reaktoren konstruieren, oft versäumen, sich die Tragweite ihres Tuns in bezug auf nachfolgende Arbeitsgänge vorzustellen. Es ist gut, korrosionsbeständige Brennelemente zu haben, aber manchmal sind sie dann ebensogut resistent gegen eine Aufarbeitung. Man schenkt dem gesamten Brennstoffkreislauf nicht die entsprechende Beachtung, wie den Überlegungen, die nur die Brennelemente selbst betreffen.“ Im gleichen Sinne äußerte sich G. F. Quinn, Leiter der Produktionsabteilung der AEC [Q1]: „Wir unterstützen die Diskussionen der mit der Aufarbeitung, dem Reaktorbetrieb und der Herstellung von

Brennelementen Beschäftigten der AEC über die Auswirkung der Brennelementzusammensetzung auf die AEC-Aufarbeitungsanlagen. Unsere Erfahrungen in der AEC haben den Wert einer engen Zusammenarbeit zwischen diesen Partnern bestätigt.“

Bei der Brennelementfabrikation werden 3 Ziele verfolgt:

Erzeugung von Brennelementen, die hohe Temperaturen vertragen, um den Wirkungsgrad der Dampfturbinen maximal steigern zu können.
Verlängerung der Lebensdauer des Elementes im Reaktor, um nicht aus Stabilitätsgründen oft aufarbeiten zu müssen.
Einsparung von Material und Herstellungskosten.

Den Aufbau eines Brennelementes zeigt Abb. 1 [H50].

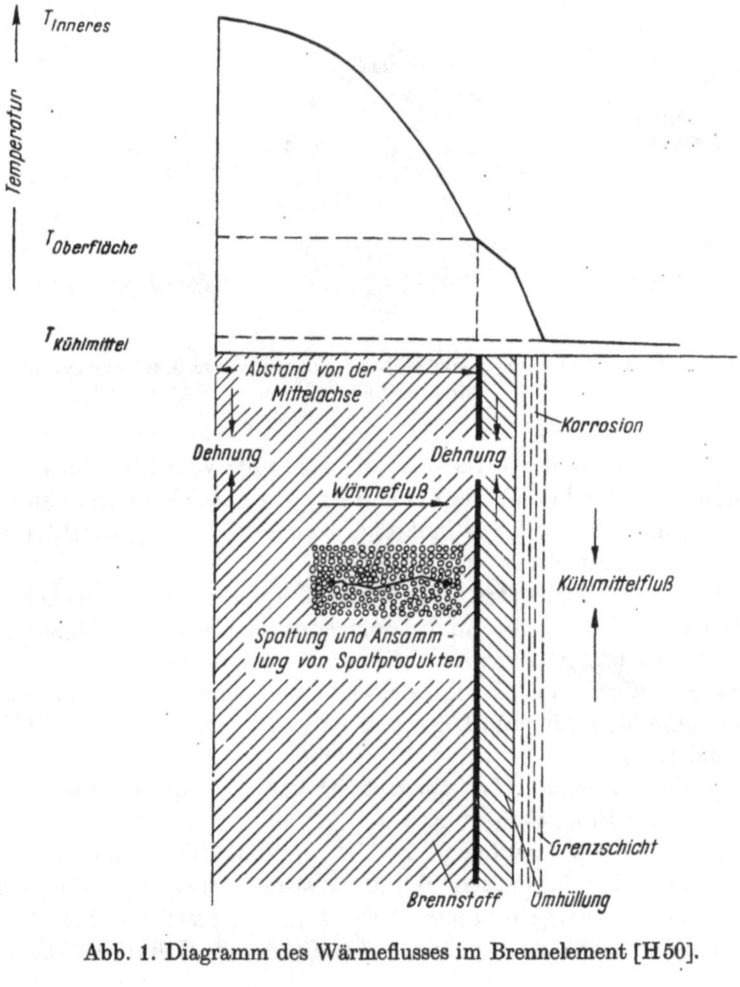

Abb. 1. Diagramm des Wärmeflusses im Brennelement [H50].

Das Brennelement besteht aus einem Kern, der das spaltbare Material enthält und einer Hülle, die den Kern vor Korrosion schützt, das Eindringen von Spaltprodukten in das Kühlmittel verhindert und den Wärmeaustausch vermittelt. Welchen Anforderungen muß der Kern des Brennstabes genügen?

Er darf keine, bzw. nur geringe mechanische Veränderungen unter Strahleneinwirkung erleiden.
Er soll eine gute Wärmeleitfähigkeit besitzen.
Er soll möglichst korrosionsfest sein, für den Fall, daß Leckstellen in der Hülle auftreten.
Er darf keine mechanische Deformation durch wiederholtes Aufheizen und Abkühlen beim Anfahren und Abstellen des Reaktors erleiden.

Vom Hüllenmaterial werden die gleichen Eigenschaften gefordert; darüber hinaus muß die Wärmeausdehnung von Kern und Hülle ähnlich sein.

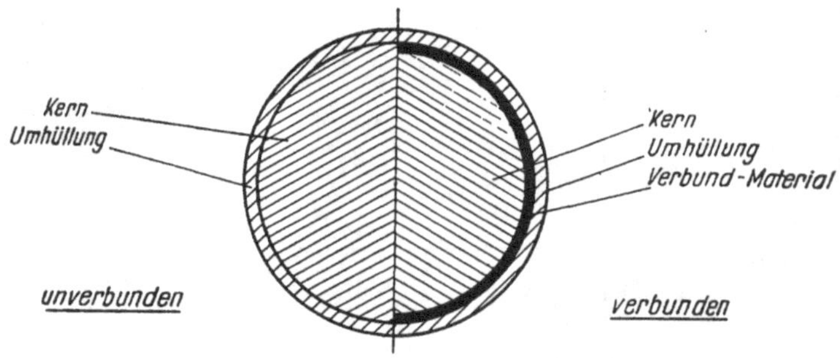

Abb. 2. Schematischer Querschnitt von verbundenen und unverbundenen zylindrischen Brennelementen.

Besondere Beachtung verdient die Wärmeübertragung vom Kern über die Hülle an das Kühlmittel. Man braucht dafür entweder eine gute metallurgische Bindung zwischen Kern und Hülle oder es muß eine Zwischenlegierung zugefügt werden, die den Kontakt vermittelt.
Bei „unverbundenen“ Elementen, ohne Zwischenlegierung, geschieht der Wärmeübergang vorwiegend durch Strahlung, weniger durch Leitung. Das kann zu einer starken Wärmestauung im Kern und bei metallischen Elementen zum Schmelzen führen. Deshalb führt man als wärmeleitende Zwischenschicht Nickel oder eine eutektische Aluminium-Silizium-Legierung ein und verbindet durch Hartlöten mit Hülle und Kern.
Abb. 2. zeigt einen schematischen Querschnitt von verbundenen und unverbundenen zylindrischen Brennelementen.
Bei keramischen Brennelementen (z. B. UO_2) erlaubt die thermische Stabilität des Kernmaterials, daß der größere Teil der Wärmeübertragung durch Strahlung erfolgt. Die Temperatur im Kernzentrum steigt dabei bis zu 2000° C an. Meist werden die in den Hüllen steckenden keramischen Stoffe mit Helium abgedrückt, das

der besseren Wärmeübertragung dient und die Feststellung von Leckstellen während des Betriebes durch Kontrolle des Heliumdruckes ermöglicht.
Als Hüllenmaterial für relativ niedrige Temperaturen findet Aluminium Verwendung, da es billig und leicht zu verarbeiten ist, sowie einen geringen Neutroneneinfangquerschnitt aufweist. Es ist bis zu 300° C unter Reaktorbedingungen gegen Luft korrosionsfest und normalerweise bis zu 100° C gegen Wasser resistent. Neuerdings wurden Aluminiumhüllen entwickelt, die bis zu 300° C in Wasser beständig sind. Für höhere Temperaturen werden rostfreier Stahl, Zirkon bzw. Zirkon-Aluminium-Legierungen eingesetzt.

1.22 *Arten von Brennelementen*

Man kann zunächst eine grobe Einteilung in *feste* und *flüssige Brennstoffe* vornehmen.

1.221 Feste Brennstoffe

Zu den festen Brennstoffen gehören die Metalle und Legierungen, die keramischen Stoffe und die Metallkeramiken.

Metalle und Legierungen:

Unter dieser Gruppe finden sich Elemente aus natürlichem oder leicht angereichertem Uran, aus Uran-Plutonium-Legierungen und mittel- bis hochangereichertem Uran, die mit „Verdünnungsmitteln“ wie Aluminium oder Zirkon, Molybdän, Niob, Chrom u. a. legiert sind. Auch Elemente, bei denen der Kernbrennstoff als UAl_4 in Aluminium suspendiert ist, sowie Brennstofflegierungen mit 2% Zusatz von Spaltproduktelementen werden verwendet.
Für Brennelemente, die vorwiegend aus metallischem Uran bestehen, ist dessen besonderes Verhalten unter Reaktorbedingungen ausschlaggebend. Es gibt eine Reihe von Temperatur- und Bestrahlungseffekten, die die Stabilität metallischer Uran-Brennelemente beeinflussen können. Beim Erhitzen bis zum Schmelzpunkt tritt das Uran in 3 allotropen Modifikationen auf:

$$\underset{\text{(orthorhombisch)}}{\alpha\text{-Phase}} \leftrightarrows 668°\,C \leftrightarrows \underset{\text{(tetragonal)}}{\beta\text{-Phase}} \leftrightarrows 774°\,C \leftrightarrows \underset{\text{(kubisch-raumzentriert)}}{\gamma\text{-Phase}} \leftrightarrows 1133°\,C \text{ Smp.}$$

In gegossenem Material führt wiederholtes Erhitzen und Abkühlen, wie es unter Reaktorbedingungen geschieht, zur Aufrauhung der Oberfläche. Unterhalb 660° C (α-Phase) bearbeitetes Uran dehnt sich vorzugsweise in der Bearbeitungsrichtung aus. Die Größe des Effektes ist von der Zahl der Erhitzungszyklen abhängig. Diese Schwierigkeit läßt sich durch Bearbeiten in der β-Phase oder durch pulvermetallurgische Verarbeitung umgehen.
Auch unter Neutroneneinwirkung erfährt das Uran ein Aufrauhen der Oberfläche und eine Ausdehnung in der Bearbeitungsrichtung. Neben diesen Bestrahlungs-

effekten ist vor allem für die mechanische Stabilität der Brennelemente unter Reaktorbedingungen von Bedeutung, daß das Volumen der entstehenden Spaltprodukte viel größer als das des zerfallenden Urans ist, wodurch ein Anschwellen mit der Ansammlung von Spaltprodukten eintritt. Es entstehen Gashohlräume durch die Edelgasspaltprodukte. Außerdem verursachen die energiereichen Rückstoßatome Gitterschäden.

Keramische Stoffe:

Für keramische Brennelemente werden UO_2, UC_2 oder UO_2 im Gemisch mit BeO bzw. Kohlenstoff verwendet. Auch Anordnungen von Urancarbid in Kohlenstoff und UO_2/ThO_2-Mischungen sind bekannt. Keramische Elemente sind besonders geeignet für Leistungsreaktoren, bei denen man hohe Temperaturen anstrebt.

Metallkeramiken:

Es finden Dispersionen von UO_2 in Aluminium oder austenitischem Stahl Verwendung. Metallkeramiken eignen sich ebenfalls für hohe Reaktortemperaturen.

1.222 Flüssige Brennstoffe

Im Gegensatz zu den *heterogenen Reaktoren* verwendet man in *homogenen Reaktoren* flüssige Brennstoffe bzw. wäßrige Suspensionen von Spaltmaterialien. Die flüssigen Brennstoffe lassen sich in 3 Gruppen einteilen: die wäßrigen Lösungen bzw. Suspensionen, die niedrigschmelzenden Salze und die niedrigschmelzenden Metallegierungen. Der Vorteil flüssiger Brennstoffe liegt in der Möglichkeit einer einfachen und kontinuierlichen Aufarbeitung. Schwierigkeiten bereitet neben der Korrosion vor allem das Umpumpen der Flüssigkeiten. Bisher wurden Uranylsulfat, -nitrat und -phosphat, in H_2O oder D_2O gelöst, erprobt, ebenso Suspensionen von UO_2 oder ThO_2. Auch Salzschmelzen als flüssige Reaktorbrennstoffe wurden versuchsweise eingesetzt. Zur Anwendung gelangten Mischungen von UF_4 mit LiF/BeF_2 (Smp 510° C) oder NaF/BeF_2 (Smp 360° C) oder NaF/ZrF_4 (Smp 510° C). Als flüssigen metallischen Brennstoff hat man Wismut-Uran-Legierungen benutzt.

Von den drei wichtigsten Reaktoreinrichtungen: Leistungs-, Forschungs- und Plutoniumproduktionsreaktoren verwenden die ersteren meist stab-, rohr- oder plattenförmig ausgebildete Brennelemente, die mit keramischen Spaltmaterial angefüllt sind, welches in Form von scheiben- oder kugelförmigen Preßlingen eingelagert ist. Die Forschungsreaktoren arbeiten vorwiegend mit angereichertem Uran, metallisch oder mit Aluminium legiert, aber auch mit UO_2 in Aluminium suspendiert. Die Brennelemente bilden oft flache oder gewölbte Platten (Abb. 3).

In den Plutoniumproduktionsreaktoren wird Natururan eingesetzt. Hier ist die Wärmeausnutzung uninteressant, deshalb brauchen keine besonders oberflächenreichen Brennelemente verwendet zu werden. Es genügen einfache Stäbe oder Rohre.

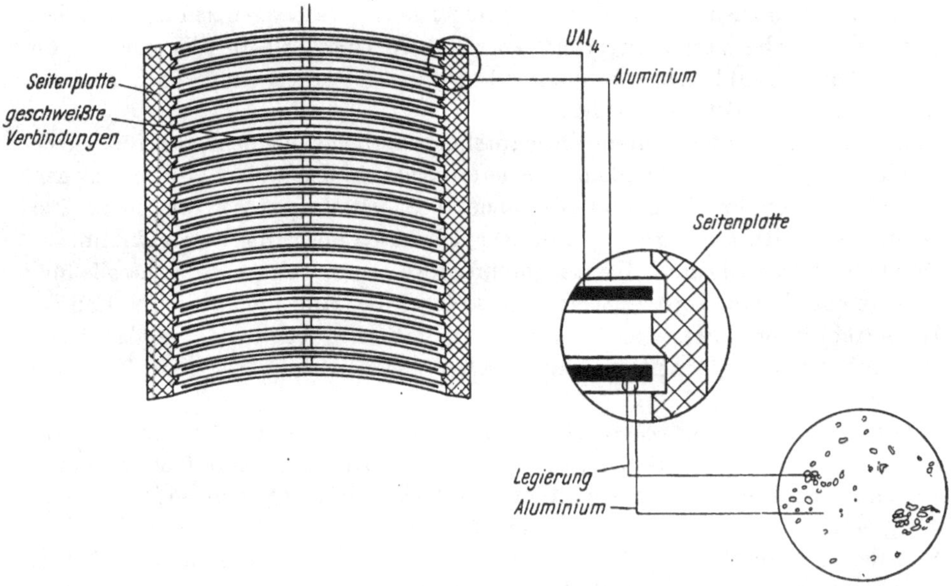

Abb. 3. Querschnitt einer Brennelementanordnung vom Plattentyp [H 50].

1.23 *Auflösen der Brennelemente und Herstellung der wäßrigen Phase*

Das Lagern, Auseinandernehmen, Entmanteln und Auflösen der Brennstäbe erfordert je nach Art der Elemente verschiedene Verfahren [C 51].
Die Lagerzeit der ausgebrannten Stäbe richtet sich nicht nur nach der Abklingkurve für die Summe der Spaltprodukte, sondern auch nach der Umwandlungszeit für das 6,75-Tage-^{237}U, 2,33-Tage-^{239}Np und 27,4-Tage-^{233}Pa [C 8].
Soll das abgetrennte Uran nach der Spaltproduktenentfernung ohne Schutz bearbeitet werden (d. h. nicht mehr als 0,5 mC ^{237}U/kg U), so braucht man bei einem Ausbrand von 10000 MWd/t eine Lagerzeit von ca. 180 Tagen. Will man trägerfreies ^{233}U herstellen, so muß man das ^{233}Pa abtrennen und darf deshalb nicht länger als einen Monat abkühlen.

1.231 Entmantelung

Das *Auseinandernehmen* der in Körben angeordneten Brennelemente geschieht meist unmittelbar am Reaktor, während das *Entmanteln*, d. h. Entfernen des Hüllenmaterials vom aktiven Brennstoff, in der Aufbereitungsanlage vorgenommen wird. Man kann das Entmanteln nach mechanischen oder chemischen Verfahren durchführen. Der Vorteil *mechanischer Entmantelung* liegt im geringen wäßrigen Abfallvolumen. Außerdem braucht man für die nachfolgende Auflösung des Brennelementkernes selbst weniger korrosive Reagenzien anzuwenden. Das mechanische Verfahren bringt aber höhere Uranverluste mit sich, da die Stäbe wegen Strahlungsverformung oft uneben geworden sind. Auch sind die Anlage- und Arbeitskosten recht hoch.

Von den vielen untersuchten Entmantelungsmethoden eignen sich für unverbundene oder Na—K-gebundene Elemente vor allem das Walzen, Fräsen, Ziehen, Abschleifen, Abschweißen und Abspanen. Die metallurgisch verbundenen Elemente lassen sich nur durch Walzen oder Schneiden mechanisch entmanteln.

Man kann die Arbeit unter Wasser durchführen, dann ist eine gute Kontrolle über die entstehenden Staubpartikel oder Späne gegeben. Dafür muß aber eine ständige Wasserreinigung durchgeführt werden. Operationen, bei denen in das Kernmaterial selbst eingeschnitten wird, werden besser in einer trockenen Zelle ausgeführt.

Bei der *Entmantelung* auf *chemischem Wege* ist man bestrebt, die Auflösung auf das Hüllenmaterial zu beschränken, um das aktive Material gesondert behandeln zu können. Wird zuviel von dem spaltbaren Material mit angegriffen, so ist es besser, das gesamte Brennelement gemeinsam zu lösen.

Von den 3 wesentlichsten Hüllenmaterialien: Aluminium, Zirkon bzw. Zirkonlegierungen und rostfreier Stahl lassen sich die *Aluminiumhüllen* am einfachsten auf chemischem Wege selektiv entfernen. Die Stäbe werden mit einer $NaNO_3$-Lösung bedeckt (Verringerung der H_2-Entwicklung) und 18 m Natronlauge zugegeben, bis ein Verhältnis $Al:NaOH:NaNO_3 = 1:1{,}65:1{,}47$ erreicht ist. Der Uranverlust bleibt unter 0,04%. Bestimmte Sorten rostfreien Stahls dienen als Behältermaterial.

Hüllenmaterial aus *Zirkon* oder *Zirkonlegierungen* löst man entweder in wäßriger Flußsäure oder wäßrigem Ammoniumfluorid. Eine selektive Ablösung der Hülle ist natürlich nur möglich, wenn der Kern aus UO_2 besteht. Das Auflösen in Flußsäure wurde bisher nur im Labormaßstab mit unbestrahlten Elementen ausprobiert. Die Uranverluste bleiben unter 0,5%. Es ist aber fraglich, wie hoch sie werden, wenn radiolytisch H_2O_2 gebildet wird, wodurch UO_2F_2 in Lösung gehen kann. Nur Monelmetall kann — Abwesenheit von Oxydationsmittel vorausgesetzt — als Konstruktionsmaterial eingesetzt werden.

Bei der Auflösung in Ammonfluorid wird mit einer Mischung von 6 m NH_4F und 1 m NH_4NO_3 gearbeitet. Der Nitratzusatz bewirkt die Lösung des Zinns in Zirkonlegierungen. Die ungelöste Metazinnsäure würde UO_2-Partikel einschließen und höhere Uranverluste mit sich bringen. Als Konstruktionsmaterial können nur bestimmte Sorten rostfreien Stahls verwendet werden.

Die *Hüllen* aus *rostfreiem Stahl* können nach dem *Sulfexprozeß* abgelöst werden. Dabei löst man die Hülle in siedender 6 m H_2SO_4 und behandelt den UO_2-Kern anschließend mit 8 m HNO_3. Die selektive Ablösung der Hülle gelingt nicht, wenn das Kernmaterial aus gesintertem rostfreiem Stahl mit UO_2 (Metallkeramik) besteht. Auch hier tritt die Schwierigkeit auf, daß radiolytisch entstandenes H_2O_2 die Uranauflösung erheblich steigern kann. Die Auflösungsbehälter werden aus niobhaltigen rostfreien Spezialstählen hergestellt.

1.232 Lösen der Kerne

Das Auflösen von *Kernen* aus *metallischem Uran* ist in den jetzigen Großanlagen die Hauptaufgabe der Lösestationen, da Brennstäbe aus anderen als den Plutoniumproduktionsreaktoren nur zu einem geringen Anteil anfallen und außerdem meist in speziellen Versuchsanlagen bearbeitet werden. Der Lösungsvorgang [B 53] bietet beim Verarbeiten von metallischem Uran außer den bekannten Problemen der Abgasbehandlung und der Wärmeableitung keine besonderen Schwierigkeiten. In 8 m Salpetersäure verläuft die Auflösung des metallischen Urans nach der Gleichung

$$U + 4\,HNO_3 \leftrightharpoons UO_2(NO_3)_2 + 2\,H_2O + 2\,NO\,,$$

während bei höheren Salpetersäurekonzentrationen hauptsächlich NO_2 als Abgas entsteht. In der Praxis verwendet man 13 m Salpetersäure, wobei 5,5 Mol Säure pro Mol Uran verbraucht werden.

$$U + 5{,}5\,HNO_3 \leftrightharpoons UO_2(NO_3)_2 + 2{,}25\,NO_2 + 1{,}25\,NO + 2{,}75\,H_2O\,.$$

Man kann den Salpetersäureverbrauch durch Einblasen von Luft senken, so daß NO zu NO_2 oxydiert wird. Unter Verwendung intensiver Rückflußkühlung läßt sich dann das NO_2 für erneute Auflösungsvorgänge ausnutzen.

$$2\,NO + O_2 \leftrightharpoons 2\,NO_2$$

$$3\,NO_2 + H_2O \leftrightharpoons 2\,HNO_3 + NO\,.$$

Der Salpetersäureverbrauch pro Mol Uran sinkt dadurch auf 2,5—3 Mol herab.
Wesentlich kompliziertere Verhältnisse liegen vor, wenn Zirkon- oder stahllegierte Brennelementkerne, metallkeramische und keramische Kerne gelöst werden müssen.
Für das *Auflösen zirkonhaltiger Brennelemente* wurden 6 verschiedene Methoden erprobt, von denen allerdings nur die ersten 3 bisher praktische Anwendung fanden.

a) Das Auflösen in einer Fluorid-Salpetersäure-Mischung

Außer Brennelementen mit Zirkon-Uran-Kern werden auch solche mit Zirkon-Hülle und Uran oder Uranlegierungen im Kern vollständig nach diesem Verfahren gelöst. Das Fluorid-Zirkon-Molverhältnis muß zwischen 4 und 5 liegen, damit ZrF_4 durch Komplexbildung genügend löslich ist. Als Konstruktionsmaterial eignet sich Monelmetall. Das Oxydationsmittel wird erst nach der Lösung des Zirkons zugesetzt, nachdem man die Lösung in ein Gefäß aus rostfreiem Stahl überführt hat und Aluminium zur Bindung des Fluorids zugegeben wurde, so daß der Korrosionsangriff gering bleibt.

b) Der Zircex-Prozeß

Man behandelt das gesamte Brennelement bei 400—800° C mit HCl-Gas, das entstandene $ZrCl_4$ destilliert ab, während das gebildete UCl_3 entweder in HNO_3 gelöst und extraktiv behandelt oder in geschmolzenem $NaF-ZrF_4$ zum UF_4 hydrofluoriert und danach zum destillierbaren UF_6 fluoriert wird. Der Zircex-Löseprozeß ist für Metallkeramiken oder auch Zirkon-Uran-Metallegierungen anwendbar. Die Hydrochlorierung kann man im Temperaturgebiet von 400—600° C mit Nickel- oder Cobalt-Legierungen als Konstruktionsmaterial durchführen, während für das Lösen des UCl_3 in HNO_3 andere Gefäßmaterialien, z. B. Titanlegierungen erforderlich sind. Die Hydrofluorierung und Fluorierung des UCl_3 kann in Nickelgefäßen erfolgen.

Man kann die Hydrochlorierung auch in geschmolzenen Salzen vornehmen. So werden in geschmolzenem Ammonium-Aluminiumchlorid unter HCl-Einleitung Zirkon, Zirkonlegierungen und Niob-Zirkon-Uran-Legierungen gelöst. Unter Rückflußbedingungen wird bei 400° C das $ZrCl_4$ aus der Schmelze verflüchtigt und in einer 2. Stufe das $AlCl_3$ zur Wiederverwendung absublimiert.

Der Rückstand von UCl_3 wird in HNO_3 zur extraktiven Aufarbeitung gelöst. Nur Molybdän und Gold eignen sich als Konstruktionsmaterialien. Zirkon- und niobhaltige Brennelemente kann man auch durch Rückflußkochen mit $ZrCl_4 \cdot 2 POCl_3$ bei 360° C auflösen. Das überschüssige $ZrCl_4 \cdot 2 POCl_3$ wird danach verflüchtigt und zur Wiederverwendung mit $POCl_3$ ergänzt.

c) Lösen in wasserfreier alkoholischer Salzsäure

Wasserfreie alkoholische Salzsäure ist ein vielversprechendes Lösungsmittel für Zr-, Mo-, und Nb-haltige Brennelemente und zur Entmantelung von Oxydbrennstoffen, die mit Zirkonlegierungen umkleidet sind. Das Verfahren wird in 3 Stufen durchgeführt:

Auflösen;
Entfernung des Äthanols durch Verdampfen;
Verwandlung der Chlorid- in Nitratlösung durch Destillation aus 8—10 m HNO_3.

Man muß die Lösungstemperatur bei 25° C halten, damit kein Wasser nach

$$HCl + C_2H_5OH \leftrightharpoons C_2H_5Cl + H_2O$$

entsteht, was zur Bildung von Hydrolyseprodukten des Zirkons führen würde.

d) Oxydieren oder Hydrieren und Lösen in Salpetersäure

Zirkonhaltige Brennelemente können bei 500—1000° C oxydiert oder bei 850° C hydriert und anschließend in HNO_3 gelöst werden. Das Verfahren hat sich nicht bewährt.

e) Anodisches Auflösen in Salzsäure

Zirkonhaltige Brennelemente lassen sich bei einer Stromdichte von 0,34 Amp/cm^2 anodisch in Salzsäure auflösen. Da aber 2—25% des Zirkons dabei als metallisches Sol dispergiert bleibt, hat sich das Verfahren als ungeeignet erwiesen.

f) Der Sulfex-F-Löseprozeß

Die Auflösung in Schwefelsäure-Flußsäure gelingt gut, es treten aber schwierige Korrosionsprobleme auf. Man schützt die Gefäße durch einen Bleiüberzug.

Für eine diskutable Lösungsgeschwindigkeit ist ein großer Schwefelsäureüberschuß erforderlich ($SO_4^{--} : F^- = 6:1$). Das Verfahren wird als unwirtschaftlich bezeichnet.

Versuche zur Auflösung in Königswasser verliefen unbefriedigend, da die Lösungsgeschwindigkeit zu klein ist. Man hat auch eine Auflösung in geschmolzenem Zink erprobt. Obwohl das Verfahren im Prinzip durchführbar ist, bleibt es unwirtschaftlich, da pro Mol Zirkon 8 Mole Zink verbraucht werden.

Für das *Auflösen stahlhaltiger Brennelemente* wurden 6 Verfahren entwickelt, von denen die ersten beiden erfolgversprechend sind:

a) Darex-Prozeß

Er ist anwendbar für alle Brennelemente, die mit rostfreiem Stahl umkleidet sind oder aus Legierungen von Uran, Nickel und Eisen bestehen. Man löst in einer Mischung von 2 m HCl und 5 m HNO_3, so daß möglichst wenig Lösungsmittelverluste durch Nitrosylchloridbildung eintreten. Nach dem Lösen kann im diskontinuierlichen Verfahren durch Zusatz von 15,8 m HNO_3 und Eindampfen auf $^1/_4$ des ursprünglichen Volumens die Salzsäure bis auf 30 ppm abdestilliert werden oder man treibt im kontinuierlichen Verfahren das Chlorid mit HNO_3-Dampf aus. Das Verfahren ist bereits bis zur halbtechnischen Anlage entwickelt. Als Konstruktionsmaterial werden Titanlegierungen verwendet.

b) Sulfex-Prozeß

Man löst zunächst in 6 m Schwefelsäure und setzt dann Salpetersäure zu, um den keramischen Grundkörper in Lösung zu bekommen.

c) Anodisches Auflösen in Salpetersäure

Das Auflösen soll bei 0,36 Amp/cm² und 5—10 Volt gut vonstatten gehen. Als Hauptproblem wird die Konstruktion einer arbeitsfähigen Zelle mit Fernbedienung bezeichnet.

d) Carborieren und Auslaugen mit HNO_3

Beim Behandeln mit $CH_4 + H_2$ bei 1000° C bilden sich Chromcarbide, so daß der austenitische Stahl an Chrom verarmt und der Rest (Fe + Ni) in HNO_3 gelöst werden kann. Sulfurierung oder Nitrierung sind ebenfalls möglich, aber weniger vorteilhaft.

Für das Auflösen in Salpetersäure unter Zusatz von Chromat oder das Lösen in 14 m Flußsäure ist die Lösungsgeschwindigkeit zu gering.

Entmantelte Brennstäbe aus keramischem Spaltmaterial enthalten UO_2/PuO_2 oder ThO_2/UO_2 Kerne. Erstere werden in 13 m HNO_3 unter Zusatz von 0,005 m HF gelöst. Für letztere ist ein höherer Fluoridzusatz erforderlich. Reine Urandioxydkerne lassen sich in 16 m HNO_3 lösen.

Das nach der Abdestillation des Lösungsmittels (H_2O, D_2O) verbleibende Spaltmaterial homogener Reaktoren wird gewöhnlich ebenfalls in Salpetersäure gelöst und dann nach bekannten Extraktionsverfahren aufgearbeitet.

1.3 Zusammensetzung der Lösung

Wie aus den Darlegungen über die Auflösung von Brennelementen ersichtlich ist, laufen alle Lösungsverfahren darauf hinaus, schließlich zu einer salpetersauren Lösung zu gelangen, die der Extraktion unterworfen werden kann. Über die Zusammensetzung der in Lösung vorhandenen Spaltprodukte gibt die folgende Tabelle Auskunft:

Tabelle 1:
Chemische Zusammensetzung und Aktivität der Spaltproduktelemente nach 230 Tagen Bestrahlung und 104 Tagen Abkühlungszeit

Element	Atom %	Gew. %	Curie pro Grammatom des Elementes	
			β	γ
Antimon	0,02	0,02	0	0
Barium	4,42	5,22	2140	640
Brom	0,07	0,05	0	0
Cadmium	0,03	0,03	25100	500
Cäsium	7,86	9,06	1830	1690
Cer	7,44	9,01	257000***)	56800***)
Europium	0,08	0,11	0	0
Gadolinium	0,01	0,02	0	0
Indium	0,01	0,01	0	0
Jod	0,62	0,68	274	274
Krypton	2,09	1,52	2970	22,6
Lanthan	3,10	3,69	3500	3500
Molybdän	11,48	9,61	vernachlässigbar	vernachlässigbar
Neodym	9,70	12,03	187	187
Niob	0,35	0,28	3740000	3740000
Palladium	0,63	0,57	0	0
Praseodym	2,78	3,36	474000	0
Promethium	1,11	1,40	138000	0
Rhodium	1,39	1,23	0	0
Rubidium	1,94	1,43	0	0
Ruthenium	5,63	4,92	50200**)	75800**)
Samarium	1,25	1,57	0	0
Selen	0,20	0,14	0	0
Silber	0,01	0,01	0	0
Strontium	4,75	3,63	76600*)	0
Technetium	3,05	2,48	0	0
Tellur	1,27	1,42	14900	29800
Xenon	10,43	11,96	0,292	0,292
Yttrium	2,60	1,99	260000	22630
Zinn	0,04	0,04	0	0
Zircon	15,64	12,51	49900	49400
Summe	100,00	100,00		

*) Einschl. Aktivität des ^{90}Y.
**) Einschl. Aktivität des ^{103m}Rh und ^{106}Rh.
***) Einschl. Aktivität des ^{144}Pr.

Tabelle 2

Lagerung

↓

Auseinandernehmen der Brennstoffkassetten

<table>
<tr><th colspan="3">gemeinsames Auflösen von Hülle und Kern</th><th colspan="4">Entmanteln</th></tr>
<tr><th>Al-Hülle
U-Kern</th><th>Zr-legierte
Brennelemente</th><th>stahllegierte
Brennelemente</th><th>mechanisch</th><th colspan="3">chemisch</th></tr>
<tr><td rowspan="2">HNO_3</td><td rowspan="2">a) $HF–HNO_3$
b) Zirkex (HCl)
c) $HCl–C_2H_5OH$</td><td rowspan="2">a) Darex ($HCl–HNO_3$)
b) Sulfex (H_2SO_4, HNO_3)</td><td rowspan="2">Walzen
Schneiden
Schleifen
usw.</td><th>Al-Hülle</th><th>Zr-Hülle</th><th>Stahl-Hülle</th></tr>
<tr><td>$NaOH + NaNO_3$</td><td>b) HF
b) $6\,m\,NH_4F + 1\,m\,NH_4NO_3$
c) HCl</td><td>$6\,m\,H_2SO_4$
(Sulfex)</td></tr>
<tr><td colspan="3"></td><td colspan="4">↓
Lösen der Brennstoffkerne</td></tr>
<tr><td colspan="3"></td><td colspan="4">a) U-metallisch: $8\,m\,HNO_3$
b) $UO_2–PuO_2$; $ThO_2–UO_2$: $13\,m\,HNO_3$ mit Fluoridzusatz
c) UO_2: $16\,m\,HNO_3$
d) Legierungen: siehe gemeinsames Auflösen von Hülle und Kern</td></tr>
</table>

Der Zerfall der Spaltprodukte bei der Lagerung wird in den folgenden Abbildungen 4 und 5 gezeigt [B 39]. Analoge Darstellungen finden sich in [B 37].
Außer den Hauptbestandteilen Uran oder Thorium und Plutonium sowie den Spaltprodukten, den Bestandteilen der Brennelementlegierungen und Korrosions-

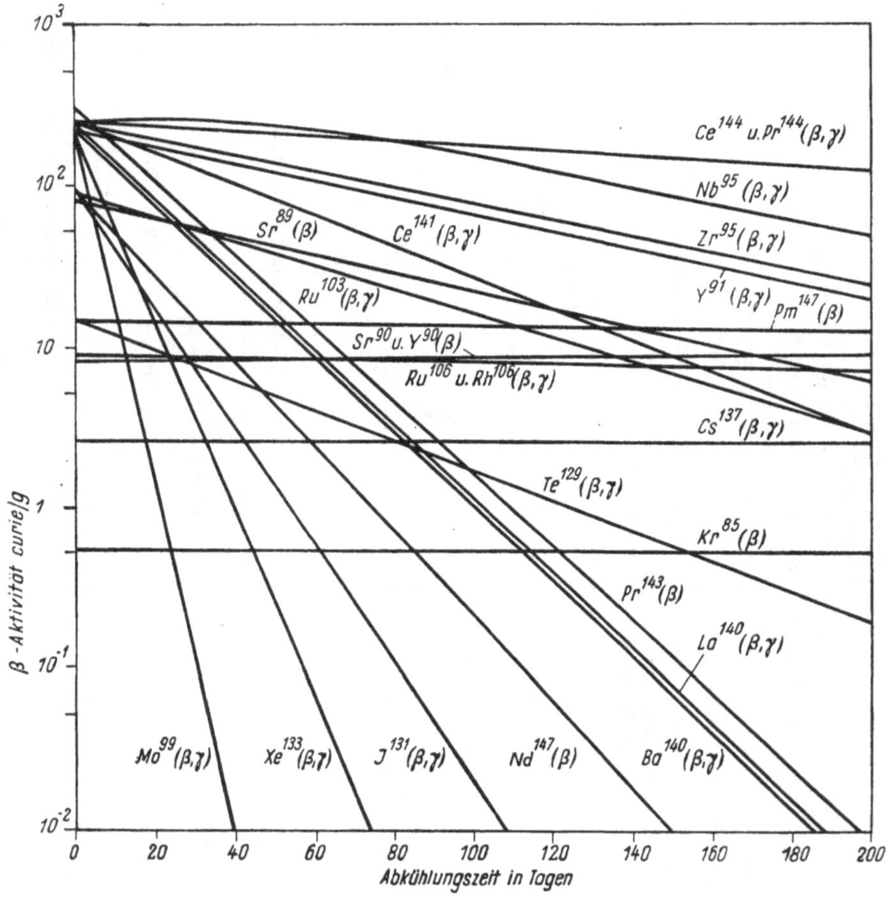

Abb. 4. β-Aktivität langlebiger Spaltprodukte als Funktion der Abkühlungszeit [B 39].

produkten der Behältermaterialien finden sich in der Lösung eine Reihe höherer Actiniden, die sich im Laufe der Bestrahlung gebildet haben (Abb. 6). Sie rufen beachtliche Schwierigkeiten bei der Behandlung und sicheren Lagerung der radioaktiven Abfälle hervor, wohingegen zur Zeit ihr Einsatz lediglich von rein wissenschaftlichem Interesse ist. Es sind neben dem Plutonium besonders die Isotope ^{237}Np, ^{241}Am, ^{242}Cm, die wegen ihrer Gefährlichkeit das Abfallproblem komplizieren. Nach 10—15 Jahren Lagerzeit stellen sie neben ^{90}Sr die gefährlichsten Substanzen dar [Abb. 6, M 30].

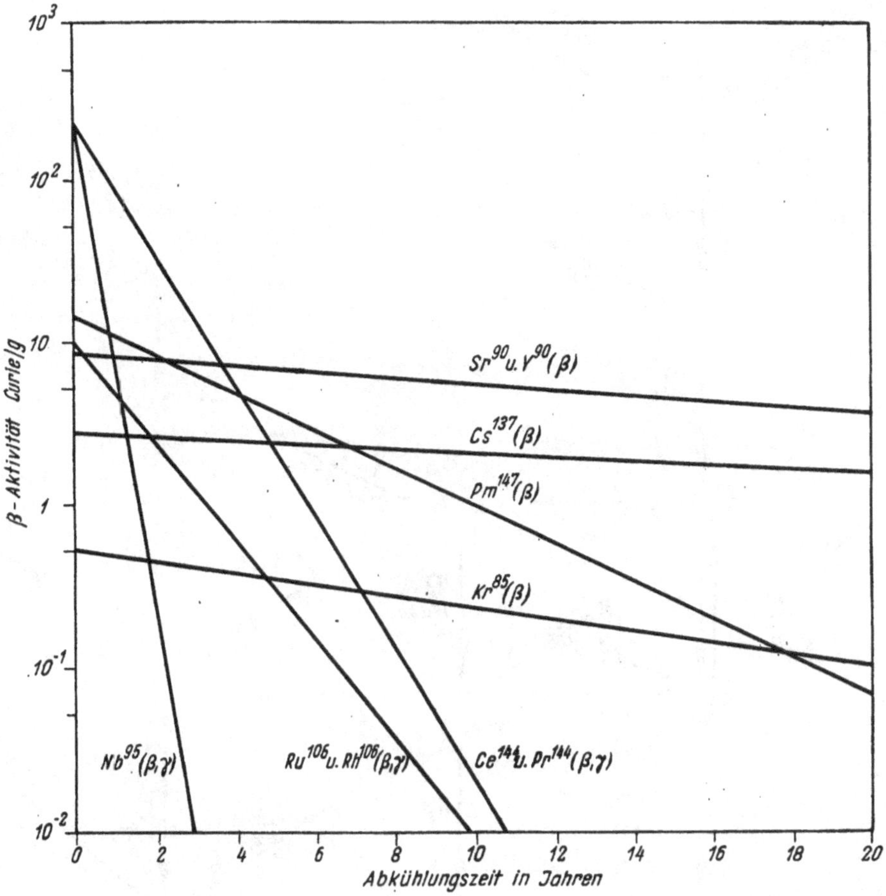

Abb. 5. β-Aktivität langlebiger Spaltprodukte als Funktion der Abkühlungszeit [B 39].

In der Tabelle 2 wird eine zusammenfassende Übersicht von den bisher besprochenen Problemen gegeben. Aus ihr ist zu entnehmen, welche Brennelemente (Hülle und Kern) mit welchem Lösungsvorgang zu behandeln sind, um einen der angegebenen Reinigungsprozesse anschließen zu können.

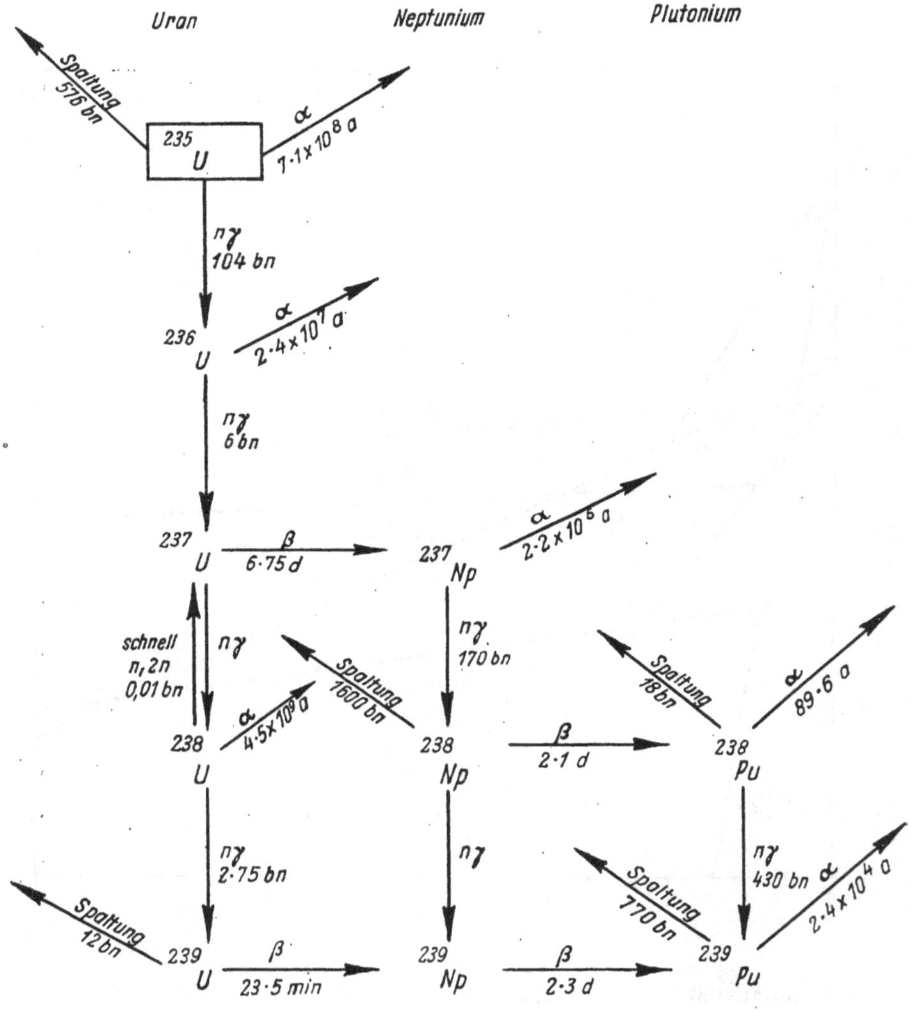

Abb. 6. Produkte der Bestrahlung von ^{235}U mit thermischen Neutronen [M30].

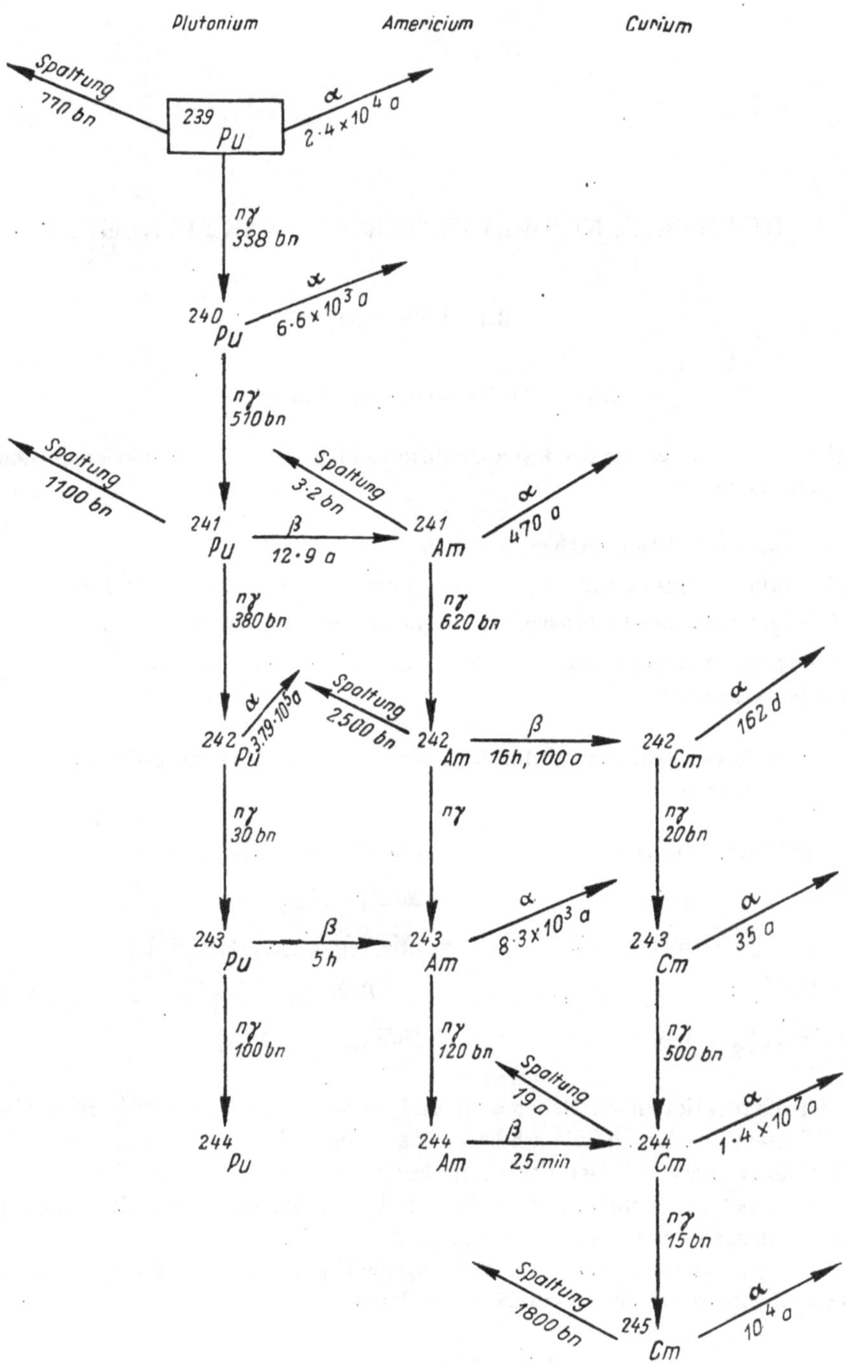

Abb. 7. Produkte der Bestrahlung von ^{239}Pu mit thermischen Neutronen [M 30].

2 DIE WIRKUNGSWEISE DER EXTRAKTIONSMITTEL

2.1 Einleitung

2.11 *Die Extraktionsmechanismen*

Nach der Wirkungsweise der Extraktionsmittel lassen sich 5 Extraktionsmechanismen unterscheiden.

a) Ionenpaarextraktion (Äther, Alkohole)
b) Neutralkomplexextraktion (neutrale phosphororganische Verbindungen)
c) Flüssiger Kationenaustausch (saure phosphororganische Verbindungen)
d) Flüssiger Anionenaustausch (Amine und quart. Ammoniumsalze)
e) Chelatextraktion.

Man kann diese Mechanismen durch folgende einfache Reaktionsgleichungen zum Ausdruck bringen:

$$\text{a)}\ [Me^{n+}{}_{aq}] + n[X^-_{aq}] \leftrightharpoons [Me^{n+}]_{org} + n[X^-]_{org}$$

$$\text{b)}\ MeX_{n\,aq} + q\,S_{org} \leftrightharpoons MeX_n \cdot qS_{org}$$

$$\text{c)}\ [Me^{n+}]_{aq} + n\,[H^+][R^-]_{org} \leftrightharpoons [Me^{n+}][R^-]_{n\,org} + n[H^+]_{aq}$$

$$\text{d)}\ [MeX_{n+}\ ]^{q-}_{aq} + q[R_4N^+][X^-]_{org} \leftrightharpoons q \cdot [R_4N^+]_{aq} + [MeX_{n+q}{}^{q-}_{org}] + q[X^-]_{aq}$$

$$\text{e)}\ [Me_{n+}]_{aq} + n\,HR_{org} \leftrightharpoons MeR_{n\,org} + n[H^+]_{aq}.$$

Bei der Extraktion nach Schema c) und e) gehen von xn-wertigen Kationen n · x Wasserstoffionen in die wäßrige Phase über, d. h. der pH ändert sich im Verlauf der Extraktion. Der Verteilungskoeffizient wird stark pH-abhängig.
Man muß betonen, daß die fünf beschriebenen Mechanismen Grenzfälle darstellen, zwischen denen es alle Übergänge gibt.
Die starke pH-Abhängigkeit der Verteilungsgleichgewichte beim flüssigen Anionenaustausch wird durch das sekundäre Gleichgewicht

$$[X^-]_{aq} + [H^+]_{aq} = HX_{aq}$$

verursacht.

2.12 *Die Extraktionsvariablen*

Für die Extraktionswirkungen sind die Lage der Verteilungsgleichgewichte und die Geschwindigkeiten ihrer Einstellung von Bedeutung. Die Geschwindigkeit der Gleichgewichtseinstellung wird von der Geschwindigkeit der chemischen Reaktionen in den einzelnen Phasen und der Geschwindigkeit des Stoffübergangs zwischen denselben bestimmt. Wichtige Kenngrößen zur Charakterisierung der Verteilungsgleichgewichte sind:

Der Verteilungskoeffizient,
der Trennkoeffizient und
die Kapazität der Extraktionsmittel.

Während die Kapazität für ein betreffendes Salz im wesentlichen nur vom Extraktionsmittel abhängt, kann man die anderen beiden Größen durch die Einstellung verschiedener Bedingungen weitgehend variieren, wobei die Variationsmöglichkeiten für den Verteilungskoeffizienten am größten sind.
Der Verteilungskoeffizient VK_{Me} für die Verteilung einer das Metall Me enthaltenen Substanz ist gleich dem Quotienten der Konzentrationen $c_{Me_{org}}$, und $c_{Me_{aq}}$ der Substanz in der organischen und der wäßrigen Phase

$$VK_{Me} = \frac{c_{Me\,org}}{c_{Me\,aq}}.$$

Unter dem Trennkoeffizienten TK versteht man den Quotienten der Verteilungskoeffizienten zweier Metalle Me_1 und Me_2 im gleichen Extraktionssystem

$$TK = \frac{VK_{Me_1}}{VK_{Me_2}}.$$

Als Kapazität eines Extraktionsmittels wird die maximale Beladungsmenge pro Menge des Extraktionsmittel definiert (in Gewichtseinheiten, Äquivalenten oder molaren Einheiten). Je nach dem Extraktionsmechanismus benutzt man die zweckentsprechenden Einheiten. Zum Beispiel gibt man die Kapazität flüssiger Ionenaustauscher in mval/g und die von Ketonen im allgemeinen in g/l an.
Die praktisch wichtigsten Vertreter aus den einzelnen Extraktionsmittelklassen sollen im folgenden verglichen werden. Als extrahierbares Vergleichselement wurde U-VI in der maximal möglichen Konzentration gewählt. Alle übrigen Variablen, wie Aussalzstärke, pH, Anionen usw. sollen den optimalen Bedingungen entsprechen. Trotz dieser Festlegung kann der folgende Vergleich (Tabelle 3) nur grob sein, da es z. B. noch besondere Variationsmöglichkeiten in der Wahl des Verdünners gibt, wie bei den Aminen, deren Extraktionseigenschaften u. a. vom Verdünner beeinflußt werden.

Tabelle 3: Vergleich einiger Extraktionsmittel

Art des Extraktionsmittels	VK	Kapazität
Keton (Methylisobutylketon)	↓ *)	↑ *)
Neutralphosphat (Tributylphosphat)		
Amin (Trioctylamin)		
Saurer Phosphorsäureester (Di-(2-äthylhexyl)-phosphorsäure)		
Chelatbildner (Thenoyltrifluoraceton)		

*) Die Richtung des Pfeiles gibt steigende Werte an.

Eine ausführliche Behandlung der Abhängigkeit des Verteilungskoeffizienten von den Extraktionsbedingungen findet man bei Diamond [D13].

Die wichtigsten Variablen für die Größe des Verteilungskoeffizienten sind:

Die Art und Struktur des Extraktionsmittels.

Die Konzentration des Extraktionsmittels im Verdünner.

Die Aussalzstärke in der wäßrigen Phase. Von ihrer Wirkung macht man besonders bei der Ionenpaar- und Neutralkomplexextraktion Gebrauch.

Der pH-Wert, der besonders bei der Chelatextraktion und beim flüssigen Anionen- und Kationenaustausch von großer Bedeutung ist.

Art und Konzentration von Komplexbildnern in der wäßrigen Phase.

Die Struktur des Verdünners, die besonders auf die Aminextraktion einen großen Einfluß hat.

Die Temperatur, deren Einfluß in den meisten Fällen allerdings gering ist.

Die Extraktion von Uran aus aufgelösten Uran-Aluminium-Brennstäben nach den in [C2] zusammengestellten Verfahren bietet ein Beispiel für das Zusammenwirken verschiedener obenerwähnter Faktoren. Das Uran wird aus einer Lösung von Uranyl- und Aluminiumnitrat extrahiert. Die hohe Aussalzstärke des Aluminiumnitrats verlangt Extraktionsmittel von geringem Extraktionsvermögen. Deshalb gleicht man die starke Extraktionswirkung des eingesetzten TBP durch eine große Verdünnung (5%ige Lösung in einem Kohlenwasserstoff) aus oder verwendet das etwas schwächere Methyl-isobutylketon. Würde man bei der vorhandenen hohen Aussalzstärke mit einem starken Extraktionsmittel extrahieren, so gingen auch die im Vergleich zum Uranylnitrat schwerer extrahierbaren Spaltprodukte zu einem großen Teil in die organische Phase über und der Entseuchungsfaktor wäre sehr gering. Andererseits ergibt die Kombination eines schwachen Aussalzmittels mit einem schwachen Extraktionsmittel eine schlechte Uranextraktion und damit große Uranverluste im Prozeß. In der zweiten Stufe der Reinigung wird im angeführten Beispiel Salpetersäure als Aussalzmittel verwendet. Dessen geringe Aussalzwirkung wird durch eine höhere TBP-Konzentration (20%) im Verdünnungsmittel ausgeglichen.

Die schlechtere Extrahierbarkeit des Uranylsulfates dagegen verlangt ein im Vergleich zum TBP stärkeres Extraktionsmittel, wie z. B. Tri-octyl-phosphinoxyd. Man kann auch die Aussalzstärke durch Zugabe von Aluminiumnitrat erhöhen und damit gleichzeitig durch die steigende Konkurrenz der Aluminiumionen um die Sulfationen den Einfluß der Sulfationen auf die Uranextraktion verringern.
Die Chelatextraktion wird im wesentlichen durch pH-Wert, Art und Konzentration von Komplexbildnern in der wäßrigen Phase und Art des Verdünners gesteuert.

2.13 *Beschreibung des Verteilungsgleichgewichtes*

Rozen [R 2] gibt eine Ableitung, in der die Thermodynamik der Uranylnitratverteilung, insbesondere der Einfluß der Solvatation dargestellt wird. Ausgehend von der vereinfachten Reaktionsgleichung für die Verteilung

$$UO^{++}_{2,aq} + 2NO^{-}_{3,aq} \leftrightarrows UO_2(NO_3)_{2,org},$$

unter Benutzung des Massenwirkungsgesetzes und der Verteilungsgleichung

$$\frac{a_{UO_2(NO_3)_2,org}}{a_{UO_2(NO_3)_2,aq}} = k,$$

wobei

$$a_{UO_2(NO_3)_2\,aq} = a_{UO_2^{++}\,aq} \cdot a^2_{NO_3^-\,aq} = c_{UO_2^{++}\,aq} \cdot c^2_{NO_3^-\,aq} \cdot f^3_{\pm}$$

und

$$a_{UO_2(NO_3)_2\,org} = c_{UO_2\,org} \cdot f_{org} \text{ ist,}$$

erhält man den einfachen Ausdruck

$$VK_U = k \cdot c^2_{NO_3^-\,aq} \cdot \frac{f^3_{\pm}}{f_{org}}.$$

Eine Solvatation des Uranylnitrats in der organischen Phase muß sich in seinem Aktivitätskoeffizienten (f_{org}) thermodynamisch ausdrücken.
Wenn bekannt ist, daß das Salz mit einer bestimmten Anzahl von Wassermolekülen in den Äther extrahiert wird und dabei mit (q) Molekülen vom Lösungsmittel (S) solvatisiert ist, so kann man den daraus folgenden Einfluß auf den Aktivitätskoeffizienten rechnerisch darstellen. Die Gleichung für VK_U nimmt dann die Gestalt

$$VK_U = K \cdot c^2_{NO_3^-\,aq} \cdot f^3_{\pm} \cdot a^n_{H_2O} \cdot \frac{a^q_S}{f^*_{org}}$$

an. a_S kann man näherungsweise gleich der Volumenkonzentration des freien, nicht im Solvat gebundenen Solvatationsmittel setzen. Es gilt demnach

$$f_{org} = \frac{f^*_{org}}{a^n_{H_2O} \cdot a^q_S}.$$

Die Benutzung des Faktors f* ist nach ROZEN nur zweckmäßig, wenn die durch die Solvatation und Hydratation bedingte Abweichung vom idealen Verhalten $\left(\frac{1}{a_{H_2O}^n \cdot a_S^q}\right)$, den bedeutenden Teil (90—100%) ausmacht. f* bringt den Teil der Abweichung vom idealen Verhalten zum Ausdruck, der durch andere zwischenmolekulare Kräfte verursacht wird. Die Methode von GLÜCKAUF und Mitarbeiter [G1], welche die Abweichung vom idealen Verhalten ausschließlich der Solvatation zuschreiben und dabei mit veränderlichen Solvatationszahlen operieren (z. B. Cyclohexan von 2 bis 11), hält ROZEN [R2] für einseitig und unzulässig. Man darf auch der in vielen Fällen gültigen Beziehung

$$\log f_{org} = j \cdot c_{org}$$

(j = Konstante) [s. a. K4] nur empirischen Charakter zuschreiben, da alle einfachen Beziehungen, die f als Funktion von c [H3] darstellen, lediglich als empirische Näherungsformeln zu betrachten sind.

2.14 *Der Einfluß der Extraktionsmittelkonzentration auf die Verteilung*

Bei der Bildung definierter nichtionisierter Solvate aus ionisierten Formen nach der Reaktionsgleichung

$$Me_{aq} + nX_{aq} + qS_{org} \leftrightharpoons MeX_nS_{q\,org}$$

gilt auf Grund des MWG für die Ableitung des VK

$$VK \sim a_S^q,$$

wobei man in erster Näherung für die Extraktionsmittelaktivität a_S die Konzentration $c_{S\,frei}$ des ungebundenen Extraktionsmittels setzen kann.

$$a_S \sim c_{S\,frei} = c_S - q \cdot c_{MeX_nS_q}.$$

VDOVENKO [V7] leitet eine Beziehung für die Extraktion durch Extraktionsmittelgemische ab, die er an Hand der Extraktion von HNO_3 und Uranylnitrat mit verschiedenen Äthern und Ketonen prüft.
Findet keine Solvatbildung statt, so gilt für die Extraktion in Extraktionsmittelgemischen die Gleichung

$$\log VK_{MeM} = \log VK_{Me\,A} \cdot (1 - \gamma_B) - \log VK_{Me\,B} \cdot \gamma_B.$$

Dabei ist γ_B der Molenbruch des Extraktionsmittels B in der Mischung M. IRVING und ROSOTTI [I4] leiteten diese Gleichung unter Benutzung einiger Näherungen aus der allgemeinen Beziehung

$$\overline{G}_M^\circ = (1 - \gamma_B) \cdot \overline{G}_A^\circ + \gamma_B \overline{G}_B^\circ$$

($\overline{G}^{\circ}_{M}$, usw. sind die chemischen Standardpotentiale) ab. Sie prüften diese für die Extraktion des $InBr_3$. Von NIESE [N 2] wurde diese Gleichung für die Extraktion des $Th(NO_3)_4$ mit Keton-Keton-Gemischen bestätigt.
KUZNETSOV [K 18] erläuterte an Hand der $HgCl_2$-Extraktion in Keton und Alkohol das Prinzip der immitierten Extraktionsmittel. Danach kann man die Extraktionswirkung eines Methylalkylketons oder n-Alkohols mit der Extraktionswirkung eines Gemisches aus einem niederen Alkohol oder Keton und einem Kohlenwasserstoff mit demselben Verhältnis von C:O gleichsetzen.

2.15 *Aussalz- und Verdrängungseffekte*

Aussalz- und Verdrängungseffekte spielen bei der Ketonextraktion und bei der Extraktion durch neutrale Phosphorsäureester eine bedeutende Rolle.
Als *Aussalzeffekt* soll die Erhöhung des Verteilungskoeffizienten eines extrahierbaren Stoffes durch Zugabe nichtextrahierbarer Salze bezeichnet werden. Dabei sind 2 Einflüsse von Bedeutung:

a) Der Einfluß gleichioniger Zusätze, der nach dem MWG durch Erhöhung des Anteils leichtextrahierbarer Formen wirkt.
b) Der SETCHENOW-Aussalzeffekt. Er beruht auf der Erhöhung des Aktivitätskoeffizienten der extrahierbaren Form in der wäßrigen Phase unter der Wirkung des Elektrolytzusatzes. Es werden verschiedene Theorien zur Erklärung herangezogen [Übersicht in N 2]. Eine von ihnen besagt, daß das zugegebene Salz zu seiner Hydratation Wasser benötigt und damit die Konzentration des freien Wassers abnimmt. Die Verringerung der Konzentration des freien Wassers macht sich in einer scheinbaren Erhöhung der Konzentration der gelösten Stoffe bemerkbar. Zu quantitativen Aussagen gelangt man unter Benutzung der elektrostatischen Theorie von AULEY und DEBYE: Die Veränderung der Dielektrizitätskonstante des Wassers unter der elektrostatischen Wirkung der zugesetzten Ionen führt zu einer Veränderung der Phasenübergangsarbeit der Ionenpaare und damit zu einer Veränderung des Verteilungskoeffizienten.

Als *Verdrängungseffekt* bezeichnet man die Erniedrigung des Verteilungskoeffizienten einer Substanz unter dem Einfluß der Extraktion einer anderen Substanz, die eine größere Bindungskraft zum Extraktionsmittel hat bzw. in größeren Konzentrationen vorliegt und eine vergleichbare Bindungskraft zum Extraktionsmittel besitzt.
Die Verdrängungseffekte lassen sich am einfachsten bei den solvatbildenden Extraktionsmitteln erklären. Mit der Erhönung der Konzentration an Uranylnitrat in der organischen Lösung wird eine wachsende Menge Extraktionsmittel gebunden. Die Konzentration des freien Extraktionsmittel sinkt, und damit auch der Verteilungskoeffizient der extrahierten Substanz (z. B. HNO_3, Uranylnitrat, Nitrate der Spaltprodukte). Mehrere leichtextrahierbare Stoffe, die in geringen Konzentrationen vorliegen, beeinflussen ihre Verteilungskoeffizienten gegenseitig nicht,

sofern zwischen den Stoffen keine Wechselwirkung besteht. Liegen mehrere solche Stoffe in hohen Konzentrationen vor, so konkurrieren sie um das Extraktionsmittel. Die am besten extrahierbare Substanz geht bevorzugt in die organische Phase, während die anderen daraus verdrängt werden. Über die Reihenfolge der Verdrängung in TBP wird von CARLESON [C20] ausführlich berichtet. Salpetersäure bewirkt bei niederen Konzentrationen eine Erhöhung der Verteilung des Uranylnitrats auf Grund der Wirkung gleichioniger Zusätze und des SETCHENOW-Aussalz-Effektes, während bei höheren Salpetersäurekonzentrationen eine Erniedrigung des Verteilungskoeffizienten für Uran als Folge des Verdrängungseffektes eintritt. Bei der Extraktion der Nitrosylrutheniumnitrate durch TBP

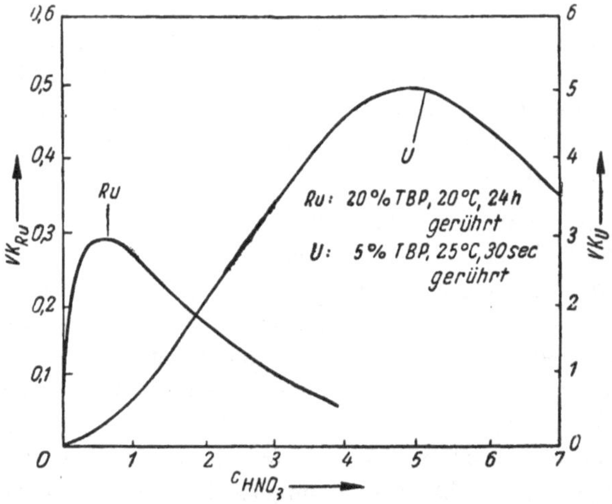

Abb. 8. Verteilung der Uranyl- und Nitrosylrutheniumnitratokomplexe zwischen TBP/Kerosin und wäßriger Salpetersäure [F17].

macht sich der Verdrängungseffekt besonders bemerkbar, da die Nitrosylrutheniumnitrate nur schwach dissoziiert sind und deshalb die Wirkung gleichioniger Zusätze gering ist (Abb. 8).

Die Aussalzwirkung verschiedener Salze wurde erstmalig von SETCHENOW [S28] eingehend untersucht. Eine ausführliche theoretische Ableitung gibt DIAMOND [D7]. HIGGINS [H41] veröffentlicht Angaben über die Löslichkeit von TBP in wäßrigen Salzlösungen bei verschiedenen Temperaturen und Konzentrationen. Die Aussalzwirkung verschiedener Nitrate wird von mehreren Autoren beschrieben. JENKINS [J4] untersuchte die Wirkung von Nitraten auf die Uranylnitratextraktion, BOCK [B4] und NIESE [N3] beschäftigten sich mit deren Einfluß auf die Thoriumnitratextraktion, CULLER [C31] auf die Plutonium-IV-nitrat-, FLANARY [F20] auf die Neptunium-IV-nitrat- und FLETCHER [F17] auf die Nitrosylrutheniumnitratextraktion. Für den Vergleich verschiedener Aussalzmittel kann man als allgemeine Regel annehmen, daß die Aussalzwirkung verschiedener Salze bei gleicher Art und Konzentration der Anionen um so größer wird, je höher die Ladung und je kleiner der Radius des Kations ist.

Das Aluminiumnitrat nimmt unter den nichtflüchtigen Aussalzmitteln eine bevorzugte Stellung ein, einmal wegen seiner großen Aussalzwirkung, zum anderen wegen seiner hydrolytischen Eigenschaften. Die Bildung löslicher hydrolysierter Formen von der Art $Al(NO_3)_2(OH)$ führt zu einer Pufferwirkung. Man kann damit einen solchen pH-Wert einstellen, bei dem eine Reihe von Spaltprodukten wie Zr, Nb und Ru bereits hydrolysieren, das Uran dagegen noch nicht. Die Abhängigkeit des pH von der Aluminiumnitrat- und der Salpetersäurekonzentration wird in Abb. 9 dargestellt [C31].

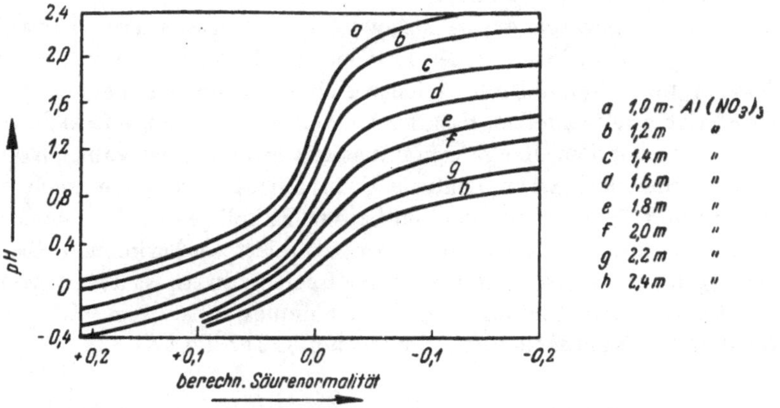

Abb. 9. pH wäßriger Aluminiumnitratlösungen [C31].

Die Abweichung von der stöchiometrischen Zusammensetzung des $Al(NO_3)_3$ bezeichnet man dabei als *Säureüberschuß* bzw. *Säureunterschuß*. Eine Lösung, die 2 m an Aluminiumnitrat ist, wovon aber 10% als $Al(OH)^{++}$ vorliegen, hat einen Säureunterschuß von 0,2 n. Derselbe Säureunterschuß wird erhalten, wenn man die entsprechende Menge Natronlauge zu einer Aluminiumnitratlösung stöchiometrischer Zusammensetzung gibt.

2.2 Ketone, Äther, Alkohole und Carbonsäureester als Extraktionsmittel

2.21 *Wirkungsweise*

Die extraktive Aufarbeitung von Kernbrennstoffen bedient sich stets der Nitratsysteme. Dafür sind folgende Gründe maßgebend:

Salpetersäure eignet sich gut zur Auflösung der Brennelemente.

Man besitzt Erfahrungen im Korrosionsschutz bei Anwesenheit von Salpetersäure.

Die Nitrate der Spaltmaterialien und der Spaltprodukte lassen sich extraktiv gut voneinander trennen.

Deshalb soll im folgenden der Extraktion von Nitraten mit Ketonen, Äthern und Carbonsäureestern die meiste Beachtung geschenkt werden.
Die Extraktion der Spaltmaterialien verläuft im allgemeinen nach einem Reaktionsmechanismus, der zwischen reiner Ionenpaarextraktion und der Neutralkomplexextraktion eingeordnet werden kann. Uranylnitrat ist in nicht allzu konzentrierten wäßrigen Lösungen fast vollständig dissoziiert. In der organischen Phase liegt es als undissoziiertes Molekül vor, das mit dem Extraktionsmittel nur wenig stabile Komplexe bildet.
Der Extraktionsvorgang wird [F1] wie folgt dargestellt: Das hydratisierte Uranylion und die Nitrationen stehen im Gleichgewicht mit geringen Anteilen von undissoziiertem Uranylnitrat, welches sich zwischen den beiden Phasen verteilt. Es ist dabei festzustellen, daß der Übergang von Uranylnitrat in die organische Phase auch mit dem Übergang von Wasser verbunden sein kann. In der organischen Phase finden sich dann neutrale Uranylnitratformen, die wechselnde Mengen Wasser und Extraktionsmittel enthalten. Es soll jedoch hier noch einmal daran erinnert werden, daß auch Ionenpaare extrahiert werden können. Das Extraktionsvermögen für die Spaltmaterialien und Spaltprodukte ist um so größer, je stärker die Tendenz zur Bildung von Nitratkomplexen ist. Eine Übersicht über die Neigung zur Komplexbildung findet man in Tabelle 4.

Tabelle 4. Nitratkomplexbildung verschiedener Ionen

Ionen	Art der Komplexe	relative Stärke
UO_2-II, PuO_2-II	Di- und Trinitrato-	stark
Pu-IV, U-IV, Zr-IV, Ce-IV,	Tetra- und Hexanitrato	stark
Ru(NO)-III	Trinitrato-	stark
Pu-III, S. E. Nb	Trinitrato- und höhere	schwach
Ru-IV, Rh, Tc, Mo, Cs, Ba, Sr		sehr schwach, bzw. keine Komplexbildung

Die Extrahierbarkeit der verschiedenen Elemente in Abhängigkeit von der HNO_3- und Nitratkonzentration ist aus den Tabellen 5 bis 7 zu ersehen [V3].
Die Extraktionswirkung einer organischen Verbindung hängt im wesentlichen von der Basizität des für die Komplexbildung oder Oniumbindung vorgesehenen Sauerstoffatoms ab. KUZNETSOV [K3] gibt dafür folgende Reihenfolge an:

$$R_2O < ROH < RCOOH < RCOOR < RCOR < RCHO\,.$$

Tabelle 5:
Spaltproduktverteilung zwischen Diäthyläther und wäßrigen Lösungen, die ursprünglich 3,5 m $Ca(NO_3)_2$ und verschiedene Mengen Säuren enthielten

c_{HNO_3}	Verteilungskoeffizienten				
	Cs	Rb	Sr	La	Ce^{3+}
0.32	$2 \cdot 10^{-5}$	$2 \cdot 10^{-5}$	$3 \cdot 10^{-4}$	$1 \cdot 10^{-4}$	$7 \cdot 10^{-4}$
0,65	$3 \cdot 10^{-5}$	—	—	$1 \cdot 10^{-4}$	—
0,99	$4 \cdot 10^{-5}$	$3 \cdot 10^{-5}$	$8 \cdot 10^{-4}$	$2 \cdot 10^{-4}$	$4 \cdot 10^{-4}$
1,33	$5 \cdot 10^{-5}$	$6 \cdot 10^{-5}$	—	—	—
1,68	$9 \cdot 10^{-5}$	$1 \cdot 10^{-4}$	$1 \cdot 10^{-3}$	$3 \cdot 10^{-4}$	$9 \cdot 10^{-3}$
2,03	$2 \cdot 10^{-4}$	$2 \cdot 10^{-4}$	—	—	—
2,40	$6 \cdot 10^{-5}$	$1 \cdot 10^{-4}$	—	—	$1 \cdot 10^{-2}$
2,78	$7 \cdot 10^{-5}$	—	$1 \cdot 10^{-3}$	$4 \cdot 10^{-4}$	—
3,15	$8 \cdot 10^{-5}$	$2 \cdot 10^{-4}$	—	—	—
3,58	$1 \cdot 10^{-4}$	—	—	—	—
	Y	Eu	Ce^{4+}	Zr	Nb
0,32	$1 \cdot 10^{-4}$	$1 \cdot 10^{-4}$	$3 \cdot 10^{-2}$	$4 \cdot 10^{-3}$	$1 \cdot 10^{-3}$
0,65	$2 \cdot 10^{-4}$	—	—	$1 \cdot 10^{-2}$	$1 \cdot 10^{-3}$
0,99	$4 \cdot 10^{-4}$	$3 \cdot 10^{-4}$	$8 \cdot 10^{-2}$	$1 \cdot 10^{-2}$	$2 \cdot 10^{-3}$
1,33	—	—	—	$3 \cdot 10^{-2}$	$3 \cdot 10^{-3}$
1,68	—	$4 \cdot 10^{-4}$	$1 \cdot 10^{-1}$	$7 \cdot 10^{-2}$	$6 \cdot 10^{-3}$
2,03	$1 \cdot 10^{-3}$	—	—	—	—
2,40	—	$8 \cdot 10^{-4}$	$3 \cdot 10^{-1}$	—	—
2,78	—	$1 \cdot 10^{-3}$	1	$2 \cdot 10^{-2}$	$1 \cdot 10^{-2}$

Tabelle 6:
Verteilung von Ce und Zr zwischen Diäthyläther und wäßrigen Lösungen verschiedener Konzentrationen an HNO_3 und NH_4NO_3
(c^0_{Zr} bzw. $c^0_{Ce} = 0{,}1$ m)

$c^0_{HNO_3}$	$c^0_{NH_4NO_3}$	$VK_{Ce^{3+}}$	$VK_{Ce^{4+}}$	VK_{Zr}
7,0	—	$1{,}4 \cdot 10^{-1}$	—	$3{,}4 \cdot 10^{-2}$
5,6	—	$6{,}4 \cdot 10^{-2}$	1,0	—
3,5	—	$2{,}5 \cdot 10^{-2}$	0,7	$6{,}9 \cdot 10^{-4}$
1,4	—	$1 \cdot 10^{-2}$	0,1	$1{,}6 \cdot 10^{-4}$
0,14	—	$5 \cdot 10^{-3}$	—	—
0	—	$< 10^{-4}$	—	$< 1{,}5 \cdot 10^{-4}$
0	4,1	$< 10^{-4}$	—	$< 10^{-4}$
0	1,6	$< 10^{-4}$	—	$< 10^{-4}$
0	0,6	$< 10^{-4}$	—	$< 10^{-4}$

Tabelle 7:
Verteilung verschiedener Nitrate zwischen Diäthyläther und wäßrigen Lösungen in Gegenwart verschiedener Aussalzmittel

(8,0 m NH_4NO_3, 1,4 m HNO_3, 0,1 m untersuchtes Nitrat bzw. 6,0 m $Al(NO_3)_3$, 1,3 m HNO_3, 0,1 m untersuchtes Nitrat)

Element Me	VK_{Me} in Gegenw. v.		Element Me	VK_{Me} in Gegenw. v. NH_4NO_3
	NH_4NO_3	$Al(NO_3)_3$		
U	2,3	208	Na	$<1 \cdot 10^{-4}$
Pu-VI	1,5	—	K	$<1 \cdot 10^{-4}$
Th	$3,4 \cdot 10^{-3}$	0,32	Mg	$<1 \cdot 10^{-4}$
Zr	$1,1 \cdot 10^{-3}$	$1,1 \cdot 10^{-2}$	Ca	$<1 \cdot 10^{-4}$
Bi	$3,1 \cdot 10^{-4}$	$2,1 \cdot 10^{-2}$	Al	$<1 \cdot 10^{-4}$
Fe-III	$<1 \cdot 10^{-4}$	$1,7 \cdot 10^{-3}$	La	$<1 \cdot 10^{-4}$
Ag	$<1 \cdot 10^{-4}$	$1,0 \cdot 10^{-3}$	Cr-III	$<1 \cdot 10^{-4}$
Cu	$<1 \cdot 10^{-4}$	$8,2 \cdot 10^{-4}$	Sr	$<1 \cdot 10^{-4}$
Hg	$<1 \cdot 10^{-4}$	$3 \cdot 10^{-4}$	Mn-II	$<1 \cdot 10^{-4}$
Cd	$<1 \cdot 10^{-4}$	$2 \cdot 10^{-4}$	Be	$2,0 \cdot 10^{-3}$
Li	$3 \cdot 10^{-4}$		Sm	$<9 \cdot 10^{-4}$
Rb	$1,4 \cdot 10^{-4}$		Y	$<9 \cdot 10^{-4}$
Co	$<1 \cdot 10^{-4}$		Ce-III	$<9 \cdot 10^{-4}$
Ni	$<1 \cdot 10^{-4}$		Nd	$<9 \cdot 10^{-4}$
Ba	$<1 \cdot 10^{-4}$		Pu-III	$<1 \cdot 10^{-3}$
Zn	$<1 \cdot 10^{-4}$			

Aus Tabelle 8 und den Ausführungen in Abschnitt 2.3 kann man entnehmen, daß sich die phosphororganischen Ester als stärkere Extraktionsmittel in Richtung steigender Wirkung anschließen lassen.

Tabelle 8:
Verteilung von Uranylnitrat zwischen verschiedenen organischen Lösungsmitteln und Wasser bei 25°C

Extraktionsmittel	Verteilungskoeffizienten c_{org}/c_{aq}	
	bei $c_{u,aq} = 0,2$	bei $c_{u,aq} = 1,0$
Diäthyläther (18°)	0,003	0,14
Dibutylcellosolve	$<0,001$	0,026
Dibutylcarbitol (DBC)	0,01	0,32
Pentaäther	0,12	1,0
Methylisobutylketon (MIBK)	$<0,004$	0,16
Cyclohexanon	0,17	0,9
Isoamylalkohol	0,004	0,15
Tri-n-butylphosphat (TBP)	5,5	1,8

Die Lösungwärmen der Uranylnitrathydrate in den entsprechenden Extraktionsmitteln bestätigen die steigende Bindungsfestigkeit der organischen Lösungsmittel.

Für die Extraktion von Oniumsalzen formuliert KUZNETSOV [K3] die Reaktionsgleichung

$$MeX_n + HX + R_2O \leftrightharpoons (R_2O \cdot H)^+(MeX_{n+1})^-.$$

Nach diesem Mechanismus extrahieren Ketone, Äther und Ester die komplexen Nitratosäuren des Ce-IV, Th-IV und Au-III, ebenfalls die Tetrachlorosäuren dreiwertiger Metalle.

Der Einfluß sterisch hindernder Gruppen wurde von SPECKER [S21] am Beispiel substituierter Cyclohexanone studiert. Die Extraktion ist für CdJ_2, $Co(SCN)_2$, $UO_2(NO_3)_2$ und $Th(NO_3)_4$ mit 2-Methylcyclohexanon schlechter als mit 4-Methylcyclohexanon. Somit sind für die Selektivität der Extraktion neben der Komplexbildung in der wäßrigen Phase auch sterische Gründe maßgebend.

Die ursprüngliche Annahme, daß Uranylnitrat in der organischen Phase mit einer konstanten Molzahl Wasser hydratisiert ist, kann nur eine grobe Näherung darstellen; durch die Gleichung (G3]

$$m_{H_2O\,org} = m_0 + A \cdot c_{u\,org} + 0,5 \cdot B \cdot c_{u\,org}^2,$$

in der m_0, A und B Konstanten darstellen, wird die Abhängigkeit des Wassergehaltes der organischen Phase von der Urankonzentration zum Ausdruck gebracht.

Die Gleichgewichtskonstanten für die berechneten Hydrate in Dibutylcarbitol (DBC) werden wie folgt angegeben [G2]:

$$\frac{a_{UO_2(NO_3)_2 \cdot 3\,H_2O}}{a_{UO_2(NO_3)_2 \cdot 2\,H_2O} \cdot a_{H_2O}} = 2,0$$

$$\frac{a_{UO_2(NO_3)_2 \cdot 4\,H_2O}}{a_{UO_2(NO_3)_2 \cdot 2\,H_2O} \cdot a_{H_2O}^2} = 1,9.$$

Aus Infrarotspektren schloß MOORE [M24], daß das Wasser in Ketonen nicht physikalisch gelöst ist, sondern eine geringe Bindung zum Carbonylsauerstoff besitzt (Wasserstoffbrückenbildung).

In verstärktem Maße werden solche Bindungsformen für das Wasser bei den Trialkylphosphorsäuren beobachtet.

Über den Zustand der Säuren, insbesondere der HNO_3 in Extraktionsmitteln liegen viele Angaben vor. KOOJ [K 5] gibt die Massen- und Konzentrationsverteilungskoeffizienten von HNO_3 zwischen Diäthyläther, MIBK und Dibutylcarbitol und Wasser bei 25°C an. Von TUCK [T1] wird festgestellt, daß HNO_3 in DBC als Monohydrat vorliegt, und daß die entsprechende Additionsverbindung das Molverhältnis Säure: DBC = 1:1 hat. Erst bei hohen Säurekonzentrationen wird an einem zweiten Sauerstoffatom ein Mol Säure gebunden. Das Mischungsdiagramm des Systems $H_2O - HNO_3 -$ MIBK bei 25°C beschreibt CULLER [C31].

2.22 *Literaturangaben über die Extraktion von Metallsalzen durch Äther, Ketone, Alkohole und Ester*

Einige Übersichtsarbeiten von MORISSON, HECKER und KUZNETSOV [M1, H4 und K3] geben Daten für die Extraktion durch Äther, Ketone, Alkohole und Ester wieder. Bei KATZ und SEABORG [K17] wird die Anwendung von MIBK zur Reinigung von Thorium nach einem in Ames angewendeten Verfahren beschrieben. Das Extraktionssystem hatte die Zusammensetzung MIBK — H_2O — 3 m HNO_3 — 3 m $Ca(NO_3)_2$ — 0,445 m $Th(NO_3)_4$. Von GOBLE und anderen [G15] wird die Verwendung des Diisopropylketons zur Gewinnung von Pa aus Uranerzrückständen beschrieben und dabei die Abhängigkeit des VK_{Pa} von der HCl-Konzentration angegeben.
Über die erste extraktive Uranabtrennung berichtete PELIGOT [P14], der die Löslichkeit von Uranylnitrat in Diäthyläther entdeckte. Ausführliche Angaben über die Extraktion von Spaltprodukten findet man in der Arbeit von VDOVENKO [V3]. Von CARLESON und RYDBERG [C20, R3] werden Übersichten zur MIBK-Extraktion von Aktiniden und Spaltprodukten gegeben. Aus der erstgenannten Arbeit sind Angaben über die Extraktion mit Dibutylcarbitol (DBC) zu entnehmen. Die Verteilung von Uranyl- und Plutoniumnitraten zwischen Dibutylcarbitol und wäßrigen Lösungen beschreibt Tabelle 9 [H1].

Tabelle 9: Extraktion von Uranyl- und Plutoniumnitrate mit DBC

Nitrat	Vk_{Me} bei $c_{HNO_3\,aq} = 3$	VK_{Me} bei $c_{HNO_3\,aq} = 0{,}2$, $c_{NH_4NO_3\,aq} = 8$
UO_2-II	1,5	3
PuO_2-II	1,8	2,5
Pu-IV	7	7
Pu-III	kleiner als 0,01	kleiner als 0,002

Ausgedehnte Untersuchungen über die Extraktion einer großen Zahl von Nitraten insbesondere des Thoriumnitrats in Gegenwart von Aussalzmitteln mit Diäthyläther stammen von BOCK [B4]. Die Extraktion des Thoriums mit einer großen Anzahl von Alkoholen und Ketonen untersuchten ROTHSCHILD und Mitarbeiter [R4] und die Th-Extraktion aus Kalzium- bzw. Ammoniumnitratlösungen mit Diäthylcellosolve bzw. Pentaäther beschreibt HYDE [H19]. GOBLE [G4] berichtet über die Extraktion von Pa und SEREBRENNIKOV [S2] über die von Ce-IV mit Diäthyläther. Die Uranylnitratextraktion mit Methylcyclohexanon wird von SEIDL [S19] ausführlich dargestellt und in der Arbeit von VESELY [V1] wird die Eignung dieses Extraktionsmittels für die Kernbrennstoffaufbereitung geprüft. VDOVENKO [V2) studierte die extraktive Trennung der Spaltprodukte von den Spaltmaterialien mit einem Gemisch, das zu 85% aus Dibutyläther und zu 15%

aus Tetrachlorkohlenstoff besteht. Von BRANICA und BONA [B35] wird die Verteilung geringer Mengen U-VI und Th-IV als Nitrat zwischen Tetrahydrosylvan, Tetrahydropyran, 2-Äthyltetrahydrofuran und 2,5-Dimethyltetrahydrofuran und wäßrigen Salpeter- bzw. Perchlorsäurelösungen verschiedener Konzentrationen beschrieben. Ihre Extraktionswirkung ist größer als die von MIBK und DBC.

2.3 Die Extraktion mit neutralen Organophosphorverbindungen

2.31 *Übersicht über die Verbindungsklassen*

Zur Extraktion werden benutzt [B1]:

Trialkylphosphate $(RO)_3PO$,
Dialkyl-alkylphosphonate $(RO)_2RPO$,
Alkyl-dialkylphosphinate $(RO)R_2PO$ und
Trialkylphosphinoxyde R_3PO.

Alkylgruppen können teilweise oder vollständig durch Phenyl-, Halogenalkylgruppen oder Wasserstoff ersetzt werden. Weiterhin wurden Extraktionsmittel mit mehreren Phosphoratomen, die über -O-, $-CH_2-CH_2-$ oder $-O-CH_2-CH_2-O$-Gruppen verbunden sind, auf ihre Brauchbarkeit geprüft.

2.32 *Der Einfluß der Struktur auf das Extraktionsvermögen*

Die neutralen Organophosphorverbindungen sind in der Lage, mit den Salzen der Seltenen Erden (SE), des Zr, Hf, Th, U, Pu-III usw. stabile Komplexe der allgemeinen Formel $Me(X)_n(Ester)_m$ zu bilden. Die Basizität ist umgekehrt proportional der Bindungsfestigkeit der P-O-Bindung. Als Maß für

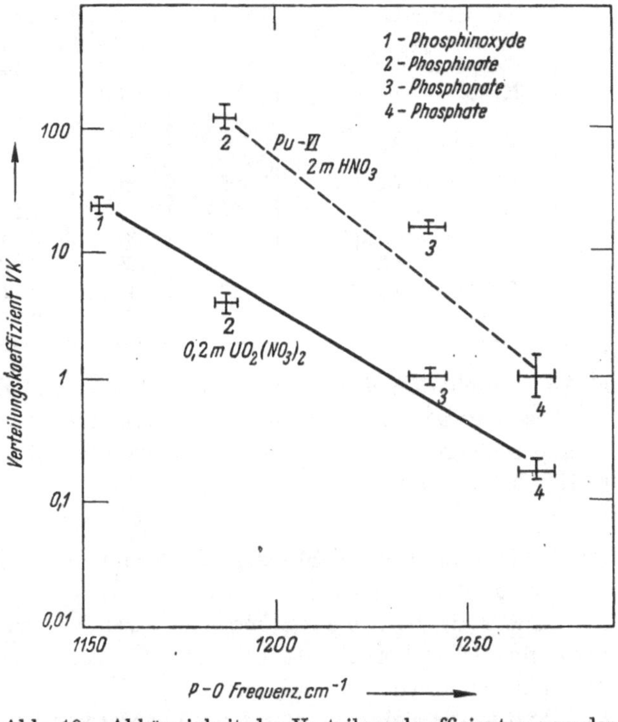

Abb. 10. Abhängigkeit des Verteilungskoeffizienten von der Schwingungsfrequenz der P-O-Bindung [C2].

die Basizität des Extraktionsmittels kann deshalb die Schwingungsfrequenz der P–O-Bindung angesehen werden.

In Abb. 10 ist der Verteilungskoeffizient von U-VI und Pu-VI gegen die Infrarotfrequenz von P–O-Bindungen verschiedener Stoffklassen aufgetragen [C2]. Der Einfluß der Struktur auf die Verteilungskoeffizienten von Uran, Thorium und Zirkon wird in Tabelle 10 und 11 dargestellt [H 6, S 3, H 23]. Für die Selektivitätsunterschiede der verschiedenen Ester gibt es auch sterische Gründe. Dabei wirken Verzweigungen in der Nähe der Phosphorylgruppe stärker als am Kettenende, wie es besonders am Beispiel der Tributylphosphinoxyde zu erkennen ist (Tabelle 12).

Tabelle 10:
Einfluß der Struktur auf das Extraktionsvermögen und die Selektivität

Verbindungen	Verteilungs- und Trennkoeffizienten				
	U	Th	Zr	U/Zr	Th/Zr
Phosphate[a])					
Tri-n-butyl	25	2,9	0,22	105	13
Tri-i-amyl	34	4,2	0,12	280	35
Tri-n-hexyl	38	3,0	0,14	270	21
Tricyclohexyl	106	3,5	0,64	166	5,5
Tri-n-octyl	33	2,4	0,14	240	17
Tris(-2-äthylhexyl)	58	2,5	0,14	410	18
Mittel	49	3,1	0,23	245	17
Phosphonate[a])					
Di-n-butyl-n-butyl	92	24	0,17	530	140
Di-n-butyl-cyclohexyl	125	17	0,14	890	120
Di-n-amyl-n-amyl	133	33	0,092	1450	360
Di-n-hexyl-n-hexyl	89	26	0,070[b])	1270	370
Bis(2-äthylhexyl)	176	10,6	0,12	1470	90
Mittel	123	22	0,12	1172	216

a) Als typische Gleichgewichtskonzentrationen an Salpetersäure in der wäßrigen Phase wurden für Phosphate 3,0 m und für Phosphate 0,80 m gewählt. Das sind Bedingungen, wie sie bei Trennprozessen häufig auftreten.

b) Extrapolierter Wert.

Der Einfluß der Kettenlänge der Alkylgruppen auf die Selektivität ist ebenfalls aus der Tabelle 10 zu sehen.

Die Longitudinalschwingungsfrequenzen für P–O liegen für Alkylphosphate bei 1270, für Alkylphosphonate bei 1242, für Alkylphosphinate bei 1192 und für Alkylphosphinoxyde bei 1157 cm^{-1}.

Die Einführung elektronegativer Gruppen erniedrigt die Solvatationskraft [C2]: Der Uranverteilungskoeffizient für Tri-(2-chloräthyl)phosphat ist mit 0,01 neunzehnmal kleiner als der für TBP. Der Induktionseffekt von Phenylgruppen, die über ein Sauerstoffatom mit dem Phosphoratom verbunden sind, senkt ebenfalls die Solvatationskraft. Der Uranverteilungskoeffizient wird dann geringer als 0,01. Die Gegenwart eines Äthersauerstoffs im Substituenten hat nur einen geringen Einfluß auf die Uranextraktion. Im Vergleich zu 0,19 für TBP ist der $VK_{\ddot{U}}$ für Dibutyl-äthoxyäthyl-phosphat und Tributoxyäthylphosphat 0,14. Die direkte Verknüpfung der Phenylgruppen mit dem Phosphor (C–P-Bindung) reduziert die Solvatationskraft nicht wesentlich.

Tabelle 11: Einfluß der Struktur auf das Extraktionsvermögen

Extraktionsmittel R (0,19 m in Benzol)		VK_U $c_{HNO_3\,aq} = 0{,}5$	Molverh. R:U bei U-Sättg.
Tributylphosphinoxyd	Bu_3PO	380	2:1
Butyl-dibutylphosphinat	$BuOBu_2PO$	120	2:1
Dibutyl-butylphosphonat	$(BuO)_2BuPO$	10,8	2:1
Tetrabutyläthylen-diphosphonat	$((BuO)_2POCH_2\text{-})_2$	5,7	1:1
Tetrabutylmethylen-diphosphonat	$((BuO)_2PO)_2CH_2$	1,0	1:1
Tri-sec-butylphosphat	$(sec\text{-}BuO)_3PO$	0,54	2:1
Tri-n-butylphosphat	$(BuO)_3PO$	0,25	2:1
Tri-i-butylphosphat	$(i\text{-}BuO)_3PO$	0,25	2:1
Dibutylallylphosphat	$(BuO)_2AllOPO$	0,14	2:1
Dibutylhydrogenphosphonat	$(BuO)_2HPO$	0,12	2:1
Diallylbutylphosphat	$BuO(AllO)_2PO$	0,032	2:1
Triallylphosphat	$(AllO)_3PO$	0,018	2:1
Dibutylphenylphosphat	$(BuO)_2PhOPO$	0,0035	2:1
Tetrabutylpyrophosphat	$(BuO)_4P_2O_3$	0,001	1:1
Triphenylphosphat	$(PhO)_3PO$	0,00067	ca. 22:1

In Tabelle 12 sind die Koeffizienten für die Verteilung von U, Pu, Zr und Nb zwischen 30 verschiedenen Organophosphorverbindungen und 0,5, 1 und 2 m wäßrigen Salpetersäurelösungen angegeben [P 19].

2.33 *Der Zustand gelöster Salze in neutralen Organophosphorverbindungen*

Aus Leitfähigkeitsmessungen mit Nitraten in TBP, die z. T. durch spektroskopische Messungen ergänzt wurden, kann man entnehmen, daß $UO_2(NO_3)_2$, $Pu(NO_3)_4$, HNO_3 und $Nd(NO_3)_3$ undissoziiert und $Co(NO_3)_2$, $NaNO_3$, $LiNO_3$, NH_4ClO_4, $LiClO_4$, $HClO_4$ und $UO_2(ClO_4)_2$ dagegen in ionisierter Form, z. T. als Ionenpaar vorliegen [H 5, N 8]. Parallel zur Leitfähigkeit verhält sich auch der Wassergehalt der extrahierten Formen. Uranylnitrat und Salpetersäure verdrängen das Wasser

Tabelle 12: Extraktion einiger Elemente mit neutralen Organophosphor-

Extraktionsmittel (0,5 m in CCl_4)	VK_U		
	$c^0_{HNO_3} = 0{,}5$	1	2
$(C_5H_{11}O)_2P-C_3H_7$ $\searrow O$	9,40	22,30	73,80
$(C_4H_9O)_2P-C_4H_9$ $\searrow O$	8,98	24,00	65,30
$(C_4H_9O)_2P-C_5H_{11}$ $\searrow O$	8,26	25,75	103,5
$(i-C_5H_{11}O)_2P-C_5H_{11}$ $\searrow O$	13,65	28,40	58,40
$(i-C_5H_{11}O)_2P-C_5H_{11}-i$ $\searrow O$	7,68	21,10	30,95
$(i-C_5H_{11}O)_2P-C_8H_{17}$ $\searrow O$	9,60	11,50	85,4
$(C_4H_9O)_2P-CH_2C_6H_5$ $\searrow O$	2,45	6,34	21,10
$(C\ H_9O)P-CH_2OCH_3$ $\searrow O$	1,13	3,09	7,79
$(C_4H_9O)_2P-CH_2OC_2H_5$ $\searrow O$	1,31	3,11	8,86
$(C_4H_9O)_2P-CH_2CH_2OC_4H_9$ $\searrow O$	3,15	8,68	42,20
$(C_4H_9O)_2P-CH(CH_3)CH_2COOC_4H_9$ $\searrow O$	2,30	6,35	34,50
$(C_4H_9O)_2P-CH_2CH_2COOC_4H_9$ $\searrow O$	2,14	5,57	16,46
$(C_4H_9O)_2P-CH_2-P(C_4H_9O)_2$ ‖ ‖ O O	1,73	12,55	17,26
$(i-C_5H_{11}O)_2P-CH_2-P(OC_5H_{11}-i)_2$ ‖ ‖ O O	1,32	2,98	9,60
$(C_4H_9)_3PO$	1880	1360	352
$(i-C_4H_9)_3PO$	5,33	7,26	7,19

verbindungen (Rührzeit: 30 Minuten, Temperatur: $20 \pm 1\,°C$, $V_{org}/V_{aq} = 2$

$VK_{Pu\text{-}IV}$			$VK_{Zr/Nb}$			VK_{Nb}		
0,5	1	2	0,5	1	2	0,5	1	2
2,02	7,46	14,15	–	0,013	0,099	0,0022	0,0027	0,0022
2,82	9,46	17,50	0,0034	0,024	0,097	<0,001	0,0028	0,025
2,45	8,91	17,65	0,0032	0,024	0,111	0,11	0,0035	0,032
2,50	9,00	15,75	0,012	0,036	0,13	0,011	0,022	0,074
2,18	7,69	13,05	0,011	0,031	0,13	0,0017	0,0024	0,0031
2,65	8,92	17,00	0,016	0,038	0,13	0,0012	0,001	0,029
0,47	1,19	6,00	0,0034	0,0084	0,022	0,00092	0,0011	0,0012
0,28	1,16	4,24	0,029	0,075	0,12	0,0029	0,0046	0,0061
0,34	1,50	5,03	0,43	0,42	0,42	0,0046	0,0057	0,0067
0,80	3,26	10,95	0,031	0,077	0,0620	0,0050	0,0060	0,012
0,15	2,35	6,39	0,021	0,025	0,043	0,0031	0,0041	0,0058
0,79	238	16,24	0,074	0,12	0,057	0,0058	0,0080	0,0066
2,71	6,72	19,24	0,23	0,28	0,29	0,011	0,011	0,041
3,33	8,45	24,70	0,41	0,41	0,42	0,032	0,031	0,031
365	299	83,2	1,00	1,84	2;45	0,64	0,60	0,47
16,45	21,85	22,55	0,61	0,55	0,55	3,95	4,40	2,15

Tabelle 12

Extraktionsmittel (0,5 m in CCl_4)	VK_U		
	0,5	1	2
$(C_4H_9O)_3PO$	0,68	1,42	4,65
$(C_4H_9O)_2P(=O)-CH_3$	4,50	10,35	21,50
$(i-C_5H_{11}O)_2P(=O)-CH_3$	6,95	21,10	70,60
$(C_6H_{13}O)_2P(=O)-CH_3$	5,72	18,45	45,70
$(C_7H_{15}O)_2P(=O)-CH_3$	21,30	107,1	103,1
$(C_8H_{17}O)_2P(=O)-CH_3$	22,10	50,70	178,0
$(C_9H_{19}O)_2P(=O)-CH_3$	27,60	32,60	61,40
$(C_{10}H_{21}O)_2P(=O)-CH_3$	6,73	14,65	34,30
$(C_6H_{11}O)_2P(=O)-CH_3$	17,45	44,10	101,0
$(C_6H_5O)_2P(=O)-CH_3$	0,033	0,053	0,15
$(C_4H_9O)(C_6H_{13}O)P(=O)-CH_3$	13,43	28,80	69,90
$(C_4H_9O)(C_7H_{15}O)P(=O)-CH_3$	12,20	36,2	65,8
$(C_4H_9O)_2P(=O)-C_2H_5$	4,97	13,05	44,20
$(i-C_4H_9O)_2P(=O)-C_2H_5$	7,58	22,50	57,30
$(C_4H_9O)_2P(=O)-C_3H_{17}-n$	10,45	22,20	74,70

(Fortsetzung)

VK_{Pu-IV}			$VK_{Zr/Nb}$			VK_{Nb}		
0,5	1	2	0,5	1	2	0,5	1	2
0,19	0,67	2,73	0,64	0,86	1,05	0,011	0,014	0,01
5,46	11,15	14,90	0,0058	0,0040	0,015	0,0001	0,0020	0,017
1,53	7,43	16,90	0,15	0,22	0,33	0,52	0,34	0,20
3,51	11,65	18,95	0,10	0,053	0,13	0,0050	0,012	0,021
3,25	10,95	17,15	0,0078	0,040	0,12	0,00040	0,00045	0,00080
5,71	13,65	19,45	0,037	0,14	0,28	0,0061	0,019	0,044
23,25	24,15	21,70	0,97	0,67	0,55	0,013	0,014	0,017
16,60	21,65	21,50	0,38	0,40	0,54	0,0043	0,0043	0,0060
4,47	17,35	25,15	0,020	0,061	0,30	0,015	0,013	0,0057
1,84	1,34	1,71	1,31	1,42	0,86	0,40	0,15	0,086
3,80	11,60	19,60	0,24	0,26	0,24	0,0056	0,0053	0,0062
7,89	17,85	24,50	0,80	0,47	0,47	0,0038	0,0041	0,0051
2,58	7,58	14,85	0,031	0,091	0,33	—	—	—
2,53	7,67	14,85	0,0085	0,018	0,11	0,0021	0,0089	0,039
2,58	8,65	16,75	0,0039	0,10	0,020	0,00016	0,0028	0,0063

Tabelle 13: Solvate mit Organophosphorverbindungen

Salz	Ester	q	sonstige Angaben	Lit.
$UO_2(NO_3)_2$	Tri-n-butylphosphat	2	Smp. 6°C	K 15
	Butyl-dibutylphosphinat	2		C 2
	Dibutyl-phenylphosphinat	2		C 2
	Triphenylphosphinoxyd	2	Zersetzung erst ab 290°C	C 2
	Tributylphosphinoxyd	2		C 2
	Trineopentylphosphat	2	orthorh. Kristalle. Abstände der U-At. 17,1, 11,9 u. 13,3 Å	S 3
	Tricyclohexylphosphat	2	zersetzt sich ohne zu schmelzen bei 120°C	S 3
	Di-n-butylcyclohexylphosphat	2	Smp. 65°C	S 3
	Triisobutylphosphat	2	Smp. 72°C (N 8)	S 34
	Tri-sec-butylphosphat		fest	S 34
	Trimethylallylphosphat		fest	S 34
	Triisoamylphosphat		fest	S 34
	Tris(3-methyl-2-butyl)-phosphat		fest	S 34
	Tri-3-amylphosphat		fest	S 34
	Di-n-butyl-n-butylphosphinat		fest	S 34
	Di-n-amyl-n-amylphosphonat		fest	S 34
$Pu(NO_3)_4$	Tri-n-butylphosphat		flüssig bei Zi.-T.	S 3
$Th(NO_3)_4$	Tri-n-butylphosphat		flüssig bei Zi.-T.	H 5
$Th(NO_3)_4$	Tri-iso-butylphosphat		Smp. 102°C anal. Zusammensetzung $Th(NO_3)_4$ $(TBP)_{2,7}$	N 8
	Di-n-butyl-n-butylphosphonat		flüssig b. Zi.-T. $Th(NO_3)_4$ $(Ester)_{2,7}$	S 3
	Triamylphosphat		flüssig b. Zi.-T.	S 3
	Di-amyl-amylphosphonat		flüssig b. Zi.-T.	S 3
	Di-n-butyl-cyclohexylphosphat		flüssig b. Zi.-T.	S 3
$Zr(NO_3)_4$	Tri-n-butylphosphat		flüss. $Zr(NO_3)_{3,5}$ $(TBP)_{1,9}$ fest	H 5 S 34
$Ce(NO_3)_4$	Tri-iso-butyl-phosphat		Smp. 85°C $Ce(NO_3)_{3,5}$ $(TBP)_{1,6}$	N 8
$La(NO_3)_3$	Tri-n-butylphosphat		fest	S 34
HNO_3	Tri-n-butylphosphat	1	flüssig	K 34

bei deren Extraktion aus der TBP-Phase, dagegen werden Uranylperchlorat [S48], HJ, HBr, LiJ, HCl, NaJ, LiBr, KJ und LiCl [B57] gemeinsam mit zusätzlichem Wasser extrahiert.
Viele Untersuchungen über den Zustand der Salze in den Solventien dienen der Bestimmung des Solvatationszustandes. So konnte festgestellt werden [C2, H5, H6, S3 und H22], daß Uranylnitrat in Trialkylphosphaten, Dialkylalkylphosphonaten, Alkyldialkylphosphinaten und Trialkyl- oder -arylphosphinoxyden den Komplex $UO_2(NO_3)_2(Ester)_2$ bildet.

Zur Bestimmung der Solvatationszahl q wurden folgende Angaben herangezogen.

Die Analyse fester Verbindungen oder dritter flüssiger Phasen aus Salz und Solvens.
Die Analyse der Zusammensetzung der gesättigten Lösung und deren Temperaturabhängigkeit.
Die Abhängigkeit des Verteilungskoeffizienten von der Solvenskonzentration bei geringen Salzkonzentrationen und geringer Konzentration des Solvens im Verdünner.
Dampfdruckmessungen am System Extraktant, Verdünner und Salz [H6].

Während beim Extraktionsprozeß die Bildung dritter flüssiger oder fester Phasen vermieden werden muß, kann man für die Aufklärung der Struktur der extrahierten Formen oder zur Reinigung der Ester [S34] gerade diese Erscheinung mit heranziehen. Da die dritte flüssige Phase oder die feste Phase meist aus dem reinen Solvat des extrahierten Salzes besteht und verhältnismäßig gut in dem Verdünner, besonders in aromatischen oder halogenierten Kohlenwasserstoffen löslich ist, kommt es nur bei hohen Salz- und Esterkonzentrationen zu deren Bildung.
Die Literaturangaben über die Zusammensetzung und die Eigenschaften solcher fester oder flüssiger Phasen sind in der Tabelle 13 zusammengestellt.
Die Temperatur der unteren Grenze der Mischbarkeit von 1 g Di-n-butyl-cyclohexylphosphatkomplex mit 2 ml verschiedener Kohlenwasserstoffe ist in Tabelle 14 angeführt.

Tabelle 14: Mischungstemperatur des Di-butyl-cyclohexylphosphatkomplexes mit verschiedenen Kohlenwasserstoffen [S3]

Kohlenwasserstoff	Mischungstemperatur
n-Hexan	7°C
Decalin	15°C
2,2,4,6,6-Pentamethylheptan	32°C
n-Dodekan	38°C
n-Hexadekan	46°C
Smp. des Komplexes	65°C

Die Löslichkeit des bei 72° C schmelzenden Adduktes von $UO_2(NO_3)_2$ mit Tri-iso-butylphospat wird in Tabelle 15 angegeben [N 8].

Tabelle 15: Löslichkeit des $UO_2(NO_3)_2(TiBP)_2$ in verschiedenen Lösungsmitteln bei 20°C

Lösungsmittel	Löslichkeit in Gew.-% Komplex
Pentan	85,9
n-Hexan	77,6
n-Heptan	43,6
n-Octan	26,7
n-Dodekan	8,3
Cyclohexan	80,8
Benzol	87,7
Trichloräthan	81,3
Tetrachlorkohlenstoff	75,3
TiBP	60,3

Tabelle 16: Zusammensetzungen gesättigter Lösungen verschiedener Nitrate in TBP

Nitrat	t°C	TBP:Me (Molverh.)	H_2O/Me (Molverh.)	q aus Vert. dat.
HNO_3	25	—	—	1
$LiNO_3$	10	2,74	2,63	—
	25	2,61	2,54	2
	50	2,18	2,16	—
$NaNO_3$	25	64	—	3
KNO_3	25	1500	—	—
$CsNO_3$	25	2000	—	—
$Ca(NO_3)_2$	25	3,52	1,70	3
$Sr(NO_3)_2$	25	17	—	—
$Co(NO_3)_2$	25	9	—	3
$Cu(NO_3)_2$	25	2,78	2,00	—
$Al(NO_3)_3$	25	75	—	—
$Ce(NO_3)_3$	25	3,10	0,12	3
Y, Tb, Tm, Am-III	25	—	—	3
$Ce(NO_6)_2(NH_4)_2$	25	2,4	0,0	2
$Th(NO_3)_4$	0	2,63	—	—
	26,4	2,53	0,06	2
	50	2,34	—	—
	103—130	2,01	—	—
Zr, Np, Pu-IV	25	—	—	—
$UO_2(NO_3)_2$	0	2,01	—	—
	25	1,99	0,04	2
	50	1,98	—	—
(Np, Pu)-ylnitrat	25	—	—	2

Aus den Werten der Tabellen 14 und 15 sieht man, daß die Löslichkeit der Addukte in kurzkettigen aliphatischen Kohlenwasserstoffen besser ist als in langkettigen, in cyclischen und halogenierten Kohlenwasserstoffen besser als in aliphatischen und in verzweigten besser als in geradkettigen.
Die Zusammensetzung gesättigter Lösungen können, insbesondere wenn sie keine Temperaturabhängigkeit zeigen, zur Bestimmung der Solvatationszahl herangezogen werden. Tabelle 16 gibt die Werte für Lösungen in TnBP an [H 5]. Die gesättigte Lösung von $Th(NO_3)_4$ in Di-n-butyl-n-butyl-phosphonat hat ein Th:P-Verhältnis von 1:2,34. Da aus Molekulargewichtsbestimmungen nicht auf die Polymerisation geschlossen werden konnte und aus den Verteilungsdaten im log VK_{Th}-c_{DBBP}-Diagramm bei verdünnten Lösungen die Neigung 3 erhalten wurde, schloß SIDDAL [S 3] auf die Existenz von gemischten Addukten mit den Molverhältnissen 2:1 und 3:1 für Ester:Metall.
Daß es sich bei den Uranylnitrat-TBP-Solvaten um sehr stabile Verbindungen handeln muß, ist auch aus der Erniedrigung der Symmetrie der Nitratgruppen beim Übergang vom Hydratzustand in den Solvatzustand zu erkennen (Infrarotmessungen: F 17).
Die Existenz des Oniumsalzes $UO_2(NO_3)_2 \cdot HNO_3$–TnBP bei hohen Salpetersäurekonzentrationen vermutet ROZEN [R 2] auf Grund entsprechender Verteilungsdaten.
Mit schwächeren Extraktionsmitteln bildet Uranylnitrat Trisolvate so z. B. mit Triphenylphosphat, Triphenylbutylphosphat und Dibutylcarbitol [H 7].
Uranylnitrat bildet mit neutralen Organophosphorverbindungen der Gruppierung =P—O—Y—O—P=, ($Y{=}CH_2$, C_2H_4 oder O) bei hoher Reagenzkonzentration und geringer Solvenskonzentration das Disolvat $UO_2(NO_3)_2$ (Ester)$_2$, dagegen bei Uransättigung das polymere $(UO_2(NO_3)_2(\text{Ester})_n$ [H 6]. Die geringe Extraktionswirkung des Pyrophosphates (s. Tab. 11) ist eine Folge der Elektronegativität des Sauerstoffes in der P—O—P-Gruppierung.
Die Stabilität der TnBP-Solvate steigt in der Reihenfolge: H_2O-TBP $<$ $Pu(NO_3)_3(TBP)_3$ $<$ $Pa(NO_3)_5(TBP)_3$ $<$ $HNO_3 \cdot TBP$ $<$ $Th(NO_3)_4(TBP)_2$ $<$ $PuO_2(NO_3)_2(TBP)_2$ $<$ $Pu(NO_3)_4(TBP)_2$ $<$ $UO_2(NO_3)_2(TBP)_2$ [C 20]. Als angenäherte Bildungskonstanten wurden für $UO_2(NO_3)_2$, $Pu(NO_3)_4$, $Ru(NO)(NO_3)_3$, $RuNO(NO_3)_2$ und $RuNO(NO_3)$ 500, 30, 100, 2 und 0,1 und als Gleichgewichtskonstanten bei 25°C für die Reaktionen

$$UO_{2\,aq}^{++} + 2\,NO_{3\,aq}^{-} + 2\,TBP_{org} \leftrightharpoons UO_2(NO_3)_2(TBP)_{2\,org}$$

und

$$H_{aq}^{+} + NO_{3\,aq}^{-} + TBP_{org} \leftrightharpoons HNO_3 \cdot TBP_{org}$$

werden 7,7 bzw. 0,2 angegeben [H 26].

2.34 *Der Zustand des Wassers und der Salpetersäure in TBP-KW-Gemischen*

Die Löslichkeit von TBP in Wasser beträgt 0,0015 Mol/Liter. Das hohe Dipolmoment (3,10) und die niedrige Dielektrizitätskonstante (7,79 bei 25°C) sind von großer Bedeutung für das Verhalten einiger Substanzen in TBP-KW-Gemischen. Trägt man die maximale Konzentration des Wassers in der TBP-Phase gegen den TBP-Gehalt auf, so erhält man bei 100% TBP auf 1 TBP 0,9 H_2O. Die Abhängigkeit kann man für TBP-KW-Gemische durch die Beziehung $c_{H_2O\,org} = (c_{TBP})^n$ mit $n = 1{,}6$ ausdrücken. Bei Verwendung von CCl_4 als Verdünner wird $n = 2$. Bei Zugabe von Wasser zu TBP verschiebt sich das Phosphormaximum (im IR-Spektrum) von 1283 cm^{-1} nach 1267 cm^{-1}. Bestimmte Angaben lassen darauf schließen, daß die wassergesättigte TBP-Lösung vorwiegend aus der Verbindung TBP · H_2O besteht. Die Abweichungen vom idealen Verhalten in aliphat. KW werden durch Lösung von polarem TBP im unpolarem Verdünner erklärt. Die entgegengesetzte Abweichung bei aromatischen Verdünnern weist auf eine Wechselwirkung zwischen Benzol als Donator und dem TBP-Hydrat als Akzeptor hin [A 1].

Die Salpetersäure liegt nach ALCOOK [A 1] in einem breiten Konzentrationsgebiet in TBP als Produkt im Molverhältnis 1:1 vor. Dafür sprechen folgende Faktoren:
In der organischen Phase ist $c_{HNO_3} \approx$ proportional c_{TBP}.
Die organische Phase ist gesättigt, wenn das Verhältnis 1:1 erreicht ist.
Bei niedrigen TBP-Konzentrationen gilt

$$\frac{a_{HNO_3 \cdot TBP}}{a_{HNO_3} \cdot a_{TBP}} = k\,.$$

Bei hohen Säurekonzentrationen kann eine dritte Phase der Zusammensetzung HNO_3 · TBP auftreten.
Der Verbindung wird die Formel $(BuO)_3P{-}O{\rightarrow}HONO_2$ zugeschrieben. Setzt man für die TBP-Aktivität in obige Gleichung $c_{TBP} - c_{HNO_3\,org}$ ein und für die Komplexaktivität $c_{HNO_3\,org}$, so erhält man für k den Wert 0,16. Bei höheren Säurekonzentrationen löst sich mehr Säure in der organischen Phase als dem 1:1-Addukt entspricht. Ob sich dann an den Butoxygruppen Salpetersäure anlagert oder ob diese nur einfach gelöst vorliegt, kann nicht gesagt werden [A 1]. Es wurde festgestellt, daß das Tributylphosphat-Salpetersäure-Addukt bei noch geringen Salpetersäurekonzentrationen ein Mol Wasser enthält. Bei höheren Säurekonzentrationen überwiegt der unhydratisierte Komplex. Bei Konzentrationen wo c_{HNO_3}/c_{TBP} größer als 1 ist, steigt der Wassergehalt wieder stark an, möglicherweise auf Grund der Bildung von Salpetersäurehydraten, die nicht an TBP gebunden sind. Dagegen nimmt die Löslichkeit von TBP in Wasser mit steigender HNO_3-Konzentration wegen deren Aussalzwirkung ab. DIAMIANI und FAHORE [D 18] wiederholten die Bestimmungen des Gehaltes an Salpetersäure und Wasser in TBP in Abhängigkeit von der HNO_3-Konzentration der im Gleichgewicht mit der organischen Phase befindlichen wäßrigen Phase. Sie nahmen die Existenz der Komplexe TBP · H_2O, TBP-H_2O-HNO_3, TBP · HNO_3 und TBP · H_2O · 2HNO_3 an. Bei dem letztgenannten Komplex soll das zweite Molekül HNO_3 an eine Butoxygruppe gebunden sein. Aus den Verteilungsdaten wurden die Gleichgewichtskonstanten der 4 Verbindungen und ihre Existenzgebiete in Abhängigkeit von der HNO_3-Konzentration berechnet.

2.35 *Beständigkeit der Phosphororganischen Verbindungen und ihrer Lösungen in Verdünnern gegenüber Strahlung und chemischer Einwirkung*

2.351 Chemische Reaktionen [C 2]

Am ausführlichsten ist das chemische Verhalten des TBP beschrieben. TBP reagiert bei Zimmertemperatur sehr langsam mit Bichromat- und mit Permanganatlösungen. Seine Beständigkeit gegenüber HNO_3 ist einer der wichtigsten Vorteile.

Bei 135° C können im System TBP-Uranylnitrat-HNO_3-H_2O heftige Reaktionen eintreten. Ebenso wirkt schnelles Erhitzen auf 130° C mit 15 m HNO_3 oder Erhitzen auf über 160° C mit 4 m HNO_3. Bei hohem Druck treten die Reaktionen schon bei geringeren Konzentrationen auf. Die Zersetzungstemperatur kann durch Glaswolle um 30—40° C erniedrigt werden.

Für das Hydrolyseverhalten des TBP ist die Bildung des DBP die wichtigste Erscheinung. Die Hydrolyse geht weiter über das MBP bis zur H_3PO_4. Alle Hydrolyseprodukte führen zur Erhöhung der Spaltproduktverteilung und müssen bei der Solvensreinigung durch alkalische Wäsche entfernt werden.

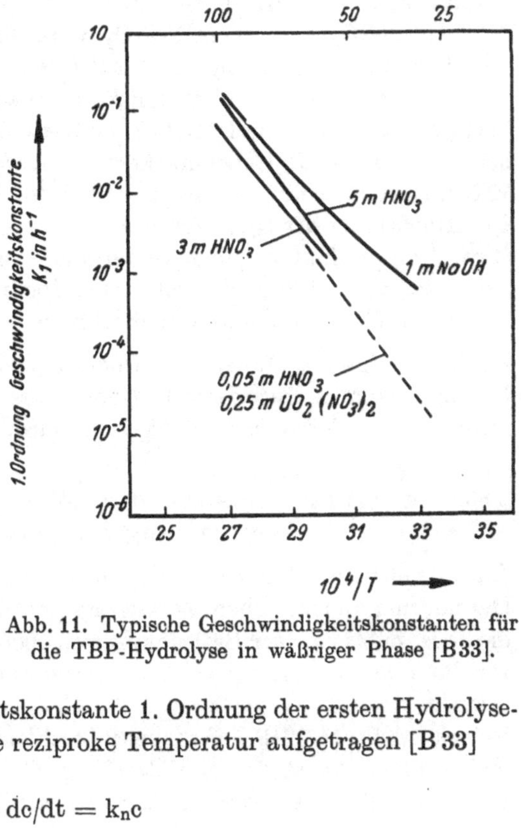

Abb. 11. Typische Geschwindigkeitskonstanten für die TBP-Hydrolyse in wäßriger Phase [B 33].

In Abb. 11 wird die Geschwindigkeitskonstante 1. Ordnung der ersten Hydrolysestufe in Einheiten von h^{-1} gegen die reziproke Temperatur aufgetragen [B 33]

$$-\,dc/dt = k_n c$$

(c = Ester-Konzentration). Halogenwasserstoffsäuren katalysieren die Hydrolyse besser als Schwefelsäure. Die Reihenfolge der Wirksamkeit für die dritte Hydrolysestufe ist

$$HJ > HBr > HCl > HNO_3 > H_2SO_4.$$

Obgleich die Hydrolysegeschwindigkeit in der wäßrigen Phase um den Faktor 10 bis 100 größer ist als in der organischen Phase, entstehen mehr als 30% des

insgesamt gebildeten Dibutylphosphates in der organischen Phase, da die TBP-Löslichkeit in der wäßrigen Phase äußerst gering ist.
Die Reaktion der Verdünner mit der HNO_3 führt zu Produkten, die nicht bei der Reinigung entfernt werden können und sich deshalb im Kreislauf des Solvens akkumulieren. Die Verbindungen enthalten Carbonyl- und Carboxylgruppen von der Oxydationsreaktion, Nitro- und Nitrosogruppen aus direkter Nitrierung und nachfolgender Reaktion mit salpetriger Säure. Die Nitrosogruppen haben den größten Einfluß auf die Abtrennung von Spaltprodukten. Man kann die in gleicher Weise bewirkte Erhöhung der Uranverteilung als Testmethode verwenden. Erhitzt man 30% TBP in Shell E-2342 (naphthenische Kerosinfraktion) 48 h auf 70° C mit HNO_3 und 0,05 m $NaNO_2$, wäscht mit Wasser und Soda und bestimmt mit einer wäßrigen Lösung von 1 g U/l den VK_U vor und nach der Erhitzung mit Säure, so findet man eine Erhöhung von 0,014 auf 2,70. Erhitzt man dagegen 72 h in Gegenwart von 0,1 m NH_2SO_3H an Stelle des Natriumnitrits, so bleibt der VK_U bei 0,005. Die SP-Entseuchung kann als ausreichend betrachtet werden, wenn der VK_U unter 0,02 bleibt. Harnstoff wird ebenfalls zur Nitritbeseitigung eingesetzt.
Die Einwirkung der Salpetersäure auf das Lösungsmittel führt zur Bildung von Oxydationsprodukten und Nitroverbindungen. Dabei wirkt die salpetrige Säure autokatalytisch. Einige der gebildeten Produkte reagieren weiter mit salpetriger Säure und bilden Verbindungen, die ihrerseits stark die SP-Verteilung beeinflussen.

Hoch gereinigte Paraffine, wie n-Dodekan sind bei 70° C sehr stabil gegenüber dem Lösungssystem im Purexprozeß. Weniger beständige Verdünner können verwendet werden, wenn Sulfaminsäure zugesetzt wird.

2.352 Wirkung ionisierender Strahlung auf phosphororganische Verbindungen und ihre Verdünner

Die Strahleneinwirkung auf langkettige Kohlenwasserstoffe liefert Wasserstoff, Methan und andere höhere Zersetzungsprodukte [H 31]. Dementsprechend steigt die Jodzahl bis zu einer Bestrahlung von 1000 Wh/l an, bleibt dann aber konstant. Da dann Polymerisation eintritt, werden die gebildeten Doppelbindungen verbraucht.
Reines trockenes TBP liefert unter Strahleneinfluß gasförmige Produkte wie H_2 und Kohlenwasserstoffe der Kettenlänge C_1 bis C_4.
Unter den flüssigen Produkten finden sich die bekannten Hydrolyseprodukte HDBP und H_2MBP sowie nicht definierte polymere Substanzen.
Zugesetzte Substanzen in vergleichbaren Konzentrationen wirken wie folgt auf den G-Wert (Zahl der zersetzten oder gebildeten Moleküle pro 100 eV absorbierter Energie): H_2O erniedrigt den G-Wert bei gleicher Molarität an TBP. Ebenso verringert Butanol diesen Wert um 30% bei gleichen Volumen der organischen Phase. Benzol erniedrigt proportional dem Molenbruch des Benzols bei gleichbleibender TBP-Konzentration. In Tetrachlorkohlenstoff erhöht sich der G-Wert um das 9fache. Bei Gegenwart von HNO_3 tritt erhöhte Zersetzung ein; Paraffinkohlenwasserstoffe zeigen dagegen nur einen geringen Einfluß.

Wagner und andere [W 4] untersuchten die Strahlenbeständigkeit anderer phosphororganischer Verbindungen und fanden, daß Phosphonate eine etwas größere Beständigkeit als Trialkylphosphate aufweisen. Aromatische Reste in Dialkylarylphosphaten wirken gleichermaßen stabilisierend wie Benzol als Verdünner.
Die Strahlenzersetzung hat einen Einfluß auf die Plutoniumrückhaltung [R 23] (Tab. 17, Abb. 12).
Im TBP-Prozeß bei Gegenwart von Aluminiumnitrat zersetzt Strahlung das TBP zu DBP und Monobutylphosphat (MBP) im Verhältnis 12:1. Diese Zersetzungsprodukte bilden mit U, Pu, Zr und Nb Komplexe und verringern den Trennfaktor. Sie sind weiterhin in der Lage, Uran bzw. Plutonium im Solvens zurückzuhalten. Aus uranfreier Lösung wird DBP mit Al-Lösung unter Bildung eines weißen Grenzflächenschlammes von $Al[OP(OC_4H_9)_2]_3$ entfernt. In Gegenwart von Uran und Spaltprodukten tritt die Verbindungsbildung von Aluminium mit DBP nicht ein. In einigen Versuchen wurden die Entseuchungsfaktoren (EF) nach verschiedenen Kontaktzeiten von Solvens und hochaktiver Lösung bestimmt und es ist aus den Ergebnissen (Tabelle 17a) zu ersehen, daß die Entseuchungsfaktoren mit steigender Kontaktzeit stark abfallen [B 25].

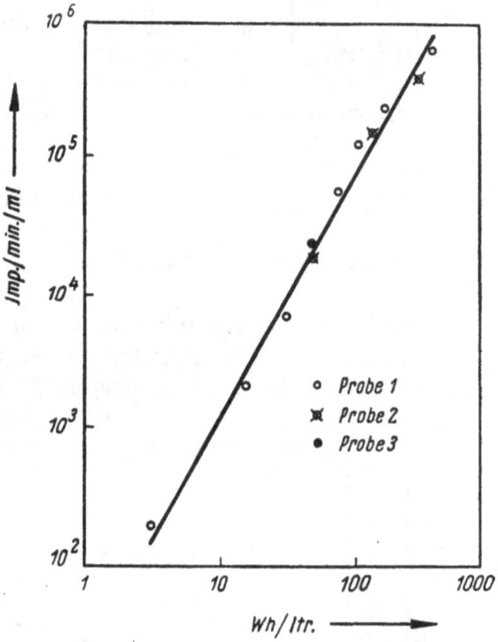

Abb. 12. Plutoniumzurückhaltung in bestrahltem TBP-KW-Gemisch. Proben 1 und 2 wurden mit unbestrahltem Solvens verdünnt, um einen geringeren Wert für wh/l zu erhalten. Die Rückhaltung ist im relativen Maß angegeben. (Imp./min/ml) [R 23].

Tabelle 17: Einfluß der Strahlung einer ^{60}Co-Quelle auf die TBP-Extraktion (System Spaltmaterial-Spaltprodukte-HNO_3–H_2O–TBP-KW)

Bestr. Wh/l	Entseuchungsfaktor f. U	im Solvens nach der Rückextraktion		
		Pu (%)	U (%)	Beta-Aktivität (Imp./min/ml)
0	5000	0,008	0,004	550
24	1300	0,05	0,007	225
4,3	2200	0,32	0,02	110
27	220	0,22	0,2	4000
30	600	—	0,6	130000
280	21	0,62	2,1	140000

Tabelle 17a: Einfluß der Bestrahlung auf die Entseuchungsfaktoren

Kontakt-zeit (Std.)	Solvens Bestr. (Wh/l)	Entseuchungsfaktor		Im Solvens zurückgeh. Mengen		
		EF_β	EF_γ	Pu µg/ml	β Imp/ml	γ Imp/ml
1/2	0,33	$1{,}6 \cdot 10^4$	$4{,}1 \cdot 10^3$	2,7	$2{,}2 \cdot 10^8$	$1{,}1 \cdot 10^8$
18	8,5	$4{,}3 \cdot 10^3$	$1{,}4 \cdot 10^3$	7,3	$6{,}6 \cdot 10^8$	$3{,}2 \cdot 10^8$
67	28	$5{,}4 \cdot 10^2$	$5{,}2 \cdot 10^2$	9,2	$9{,}2 \cdot 10^8$	$4{,}6 \cdot 10^8$

2.36 *Literaturübersicht*

Über die Anwendung des TnBP im Purexprozeß wird im Kapitel 5 eingehender berichtet.

Eine große Zahl von Veröffentlichungen beschäftigt sich mit Verteilungsdaten im Nitratsystem. Diese Angaben dienen der Erarbeitung theoretischer Grundlagen der Extraktionsprozesse bzw. der Ermittlung von günstigen Prozeßvariablen.

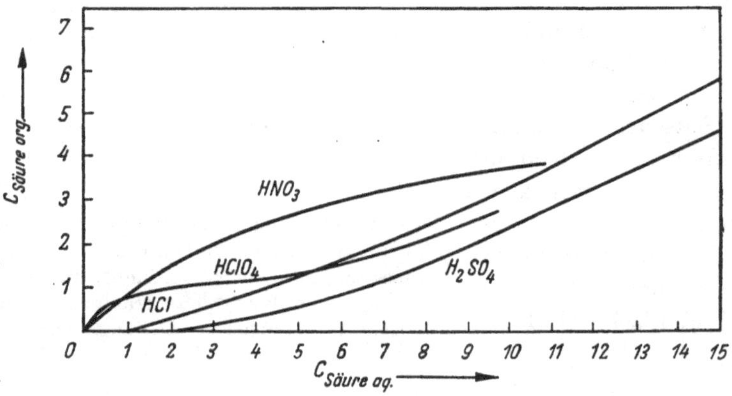

Abb. 13. Extraktion von Mineralsäuren durch 100% TBP bei 22° oder 25°C (K 32).

Codding u. a. [C 4] teilen Werte mit über die Verteilung von U-VI, Pu-IV und Th-IV im System TBP — Verdünner — H_2O — HNO_3 in Abhängigkeit von den Konzentrationen an TBP, HNO_3 und U-VI. Sie beschreiben eine Methode für die Interpolation von Zwischenwerten. Zusammenfassende graphische Darstellungen von Verteilungsdaten werden in den Abb. 13—22 wiedergegeben [K 32]. Bei Best [B 28] findet man Angaben über die Pu-Extraktion und bei Sato [S 4, S 17, und S 18] Angaben über die U-Extraktion in Abhängigkeit von verschiedenen Faktoren. Brown, Coleman, Crouse und Ryon [B 17], Hesford und Carleson [H 18, C 20] beschreiben die Verteilung von Actiniden und Spaltprodukten zwischen TBP-haltigen und wäßrigen Lösungen, während Bruce [B 31] die Verteilung von Spaltprodukten in Abhängigkeit von der Uransättigung des Solvens sowie der TBP- und HNO_3-Konzentration mitteilt. Moore [M 26] erläutert den Mechanismus der Uranextraktion mit TBP und Gross [G 18], Long und McDevit [L 12] beschreiben ternäre Systeme mit TBP zur Extraktion aus der wäßrigen Phase. Bovy [B 40] behandelt die Rolle des Lösungsmittels bei der Uranextraktion. Goldschmidt u. a. [G 19] vergleichen berechnete und gemessene Uran- und HNO_3-Verteilungskoeffizienten für die Extraktion mit 40% TBP, während Benedict und Pigford [B 39] Berechnungen der VK_U und VK_{HNO_3} aus den Konstanten des MWG ausführten. Die TBP-Verteilung von Th, Sc und Pr in Abhängigkeit von der HNO_3-Konzen-

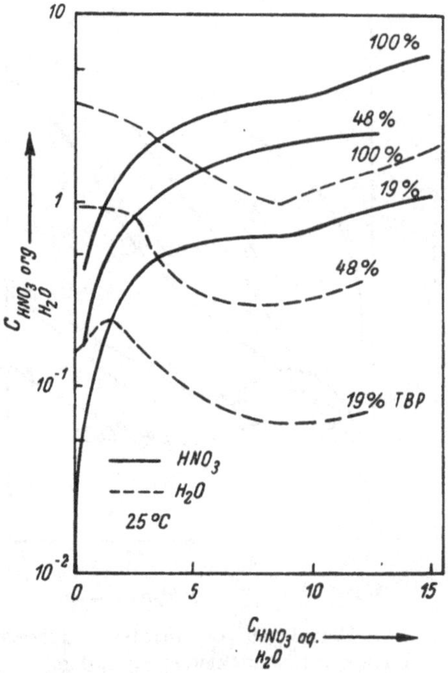

Abb. 14. Extraktion von HNO_3 und H_2O durch 19, 48 und 100% TBP bei 25°C [K 32].

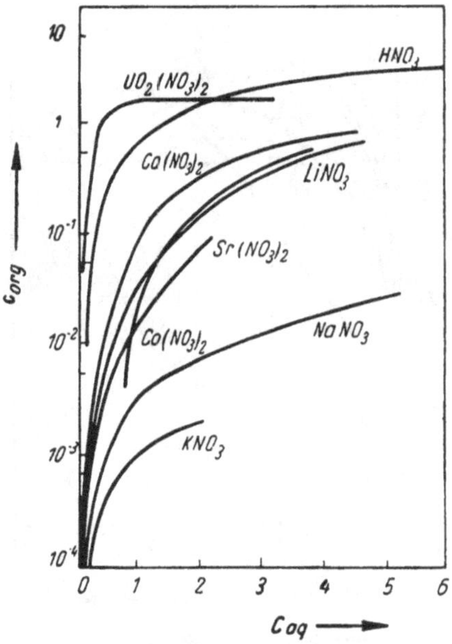

Abb. 15. Nitratextraktion mit 100% TBP bei 25°C [K 32].

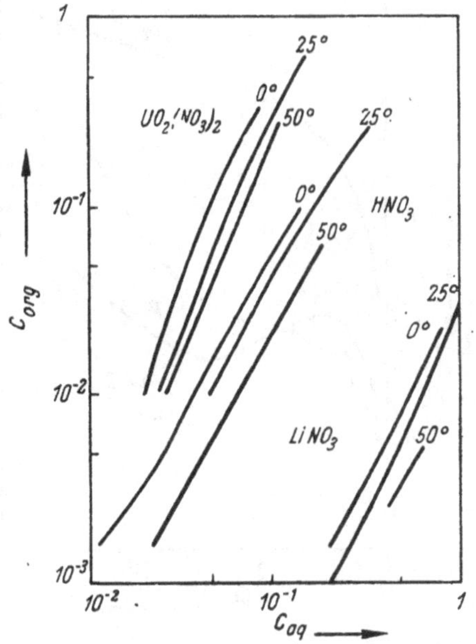

Abb. 16. Temperatureinfluß auf die Nitratextraktion mit 100% TBP [K 32].

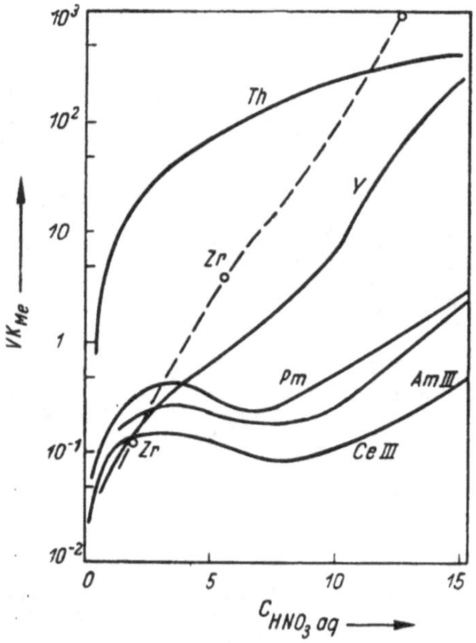

Abb. 17. Extraktion von Nitraten in Tracerkonzentrationen (kleiner als 0,01 m) mit 100% TBP bei 25°C [K32].

tration wird von PEPPARD, MASON und MOLINE [P10] beschrieben. HEALY [H7] erweiterte die Versuche auf verschiedene andere Neutralphosphate. Mitteilungen über die Th-Extraktion mit 42% TBP/Decalin in einer pulsierenden Kolonne findet man bei DUNN [D11].

Nach BLAKE [B5], der die Verteilung der Nitrate Seltener Erden mittels Tributylphosphinoxyd (TBPO) und Trioctylphosphinoxyd (TOPO) untersuchte, geht der VK beim Sm durch ein Maximum (bei 0,1 m TOPO/Kerosin, 0,2 m NO_3^-, pH = 1 ist $VK_{La} = 0,3$, $VK_{Sm} = 1,4$ und $VK_{Yb} = 0,3$). Die Beladung des 0,1 m TOPO ist auf ein Verhältnis 4:1 für TOPO:SE begrenzt. (Bei 0,78 m SE und 2 m HNO_3.)

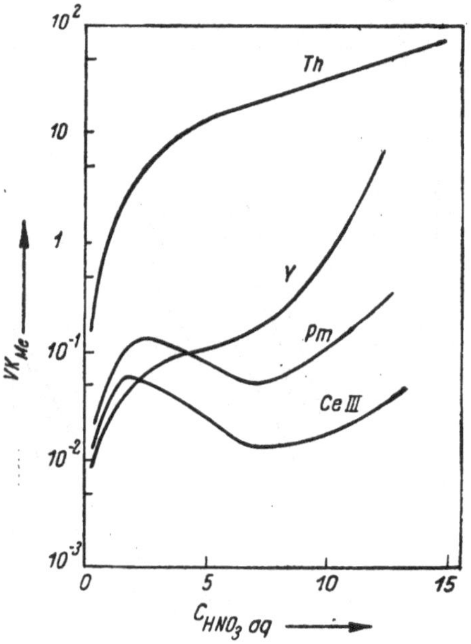

Abb. 18. Extraktion von Nitraten in Tracerkonzentrationen durch 48% TBP bei 25°C [K32].

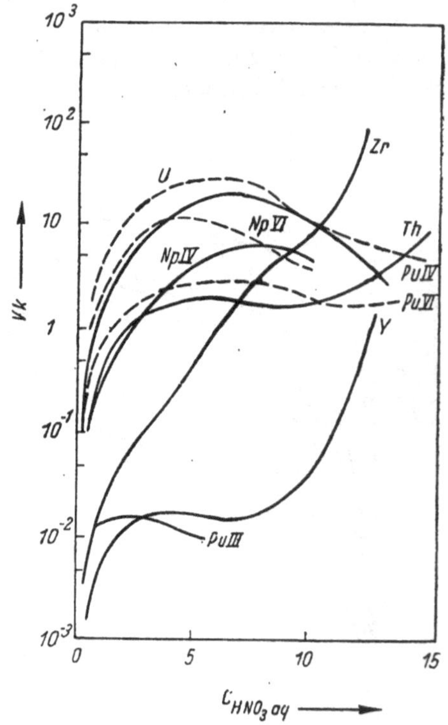

Abb. 19. Extraktion von Nitraten in Tracerkonzentrationen durch 19% TBP bei 25°C in Gegenwart von HNO_3 [K32].

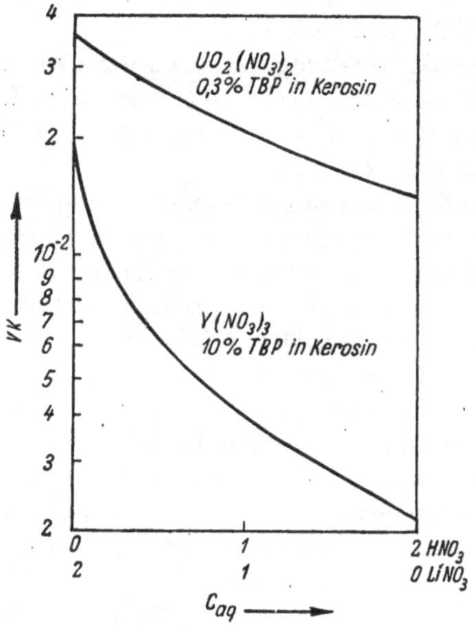

Abb. 20.
Extraktion von Nitraten in Tracerkonzentrationen durch TBP in Gegenwart wechselnder Mengen Lithiumnitrat und Salpetersäure bei gleicher Nitratkonzentration [K 32].

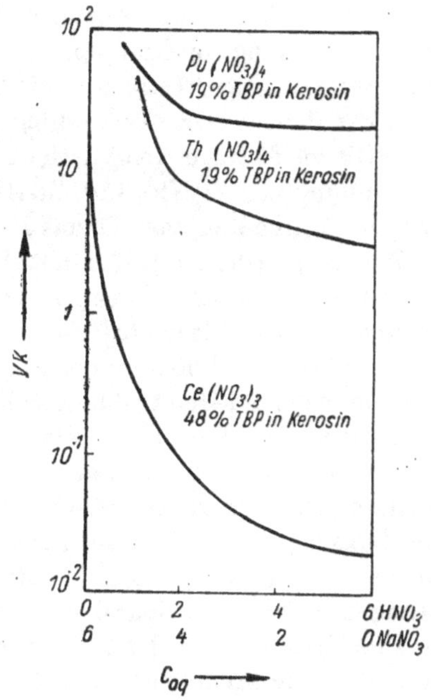

Abb. 21.
Extraktion von Nitraten in Tracerkonzentrationen durch TBP bei 25°C in Gegenwart von HNO_3 und $NaNO_3$ bei gleicher Nitratkonzentration [K 32].

Angaben über die Extraktion von Chloriden mit TBP findet man bei Peppard, Mason und Maier [P 9] (Th, Sc, Zr) und Jenkins [J 3]. Nach Katz und Seaborg [K 17] kann man aus Sulfatlösungen U-VI in Gegenwart von Rhodanid als $UO_2(SCN)_2(TBP)_2$ extrahieren.

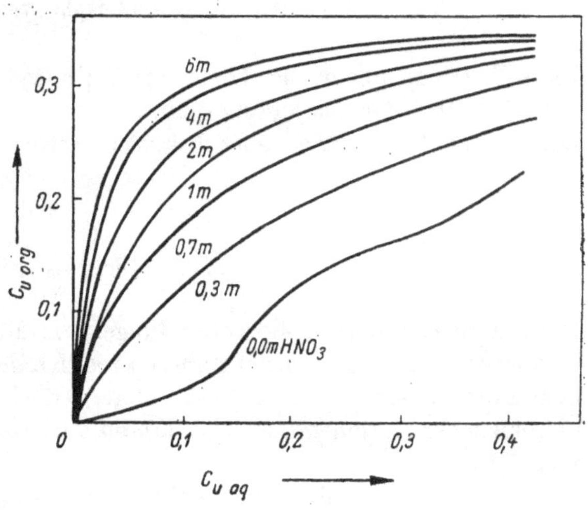

Abb. 22. Extraktion von Uranylnitrat in Makrokonzentration durch 20% TBP in Benzol in Gegenwart von HNO_3 [K 32].

Die Perchlorate werden nach Povitskij [P 22] und Shevchenko [S 48] von TBP gemeinsam mit Wasser extrahiert. Während die Bildung definierter Solvate von Shevchenko [S 23] für Uranylperchlorat ursprünglich beschritten wurde, kommen

SHEVCHENKO [S 48] und SOLOVKIN [S 49] auf Grund der Zusammensetzung der gesättigten Lösung von Uranylperchlorat in TBP und der Verteilungsdaten zur Annahme wasserhaltiger Disolvate mit $UO_2(ClO_4)_2$ und $Pu(ClO_4)_4$.
Neben der industriellen Anwendung für die Aufbereitung von Kernbrennstoffen wird TBP vielfach für analytische und präparative Zwecke eingesetzt, so z. B. zur Trennung von Zr-Nb [S 5], Zr-Hf [C 14, C 16) und der Seltenen Erden [P 1] sowie zur Abtrennung von Th aus Pechblende [C 32, P 2].
Die Trennung Seltener Erden mit TBP erfolgt aus salpetersaurer Lösung. Bei niederen Säurekonzentrationen steigt der Verteilungskoeffizient mit steigender Ordnungszahl des Elementes bis zu einem Maximum bei Gd an und sinkt dann wieder ab. Durch Erhöhung der Salpetersäurekonzentration verschiebt sich das Maximum nach höheren Ordnungszahlen und erreicht bei 6 m HNO_3 das Ende der Lanthanidenserie. Bei hohen Säurekonzentrationen sinkt der VK einzelner Elemente mit steigender Salzkonzentration, wobei dieser Effekt mit wachsender Atomnummer ansteigt. Deshalb können ohne äußeren Rückfluß keine konstanten Operationslinien für Mehrstufenextraktoren aufgestellt werden. WEAVER und KAPPELMANN [zitiert in B 1] benutzen ein Doppelrückflußsystem zur Konstanthaltung der Salz- und Säurekonzentrationen (nahe der Sättigung), mit dem sie eine gute Trennung der SE und maximalen Durchsatz erreichten.
Für analytische Trennungen wurde von BLAKE und Mitarb. [B 1] das TBP weitgehend durch Trioctylphosphinoxyd (TOPO) ersetzt. Sie beschreiben die Extraktion von Fe-III, Cr-VI und Zr mit diesem Reagenz.

2.4 Saure Organophosphorverbindungen

Es sollen vor allem die Mono- und Dialkylphosphorsäuren $(RO)PO(OH)_2$, $(RO)_2PO(OH)$, die Dialkylphosphinsäuren $R_2PO(OH)$ und die Alkylphosphonsäuren $RPO(OH)_2$ eingehender diskutiert werden [B 1].

2.41 *Wirkungsweise*

Die sauren Organophosphorverbindungen extrahieren Uran und andere Metalle vorwiegend durch Kationenaustausch zwischen dem extrahierbaren Metallion und dem Säurewasserstoff des Extraktanten. Jedoch wird das Extraktionsverhalten verschiedener Kationen nicht vollständig durch eine einfache Reaktionsgleichung vom Typ

$$Me_{aq}^{+n} + n\,HX_{org} \leftrightharpoons MeX_{n\,org} + n\,H_{aq}^{+}$$

beschrieben. Ein Grund dafür ist, daß der Extraktant HX im organischen Verdünner gewöhnlich assoziiert ist, vermutlich über Wasserstoffbrückenbindungen.

So sind die Dialkylphosphorsäuren und die Dialkylphosphinsäuren oft dimer, [B 6, K 6], wie durch die nachstehenden Formeln veranschaulicht wird

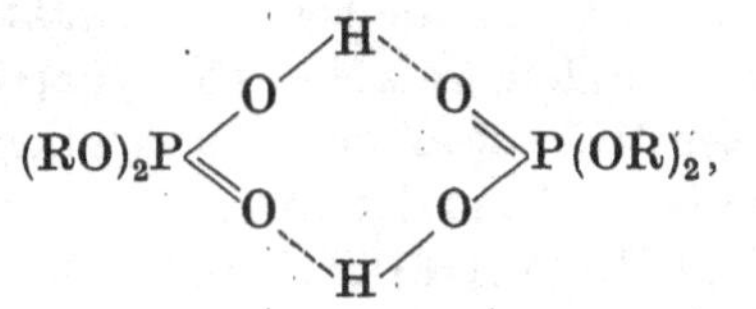

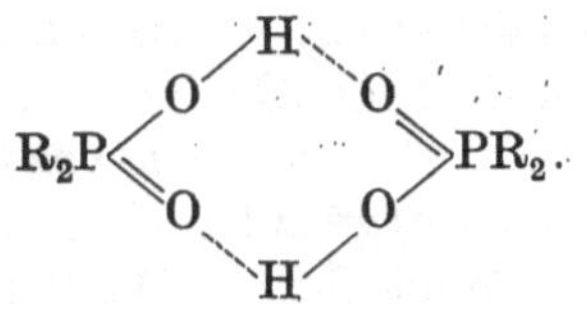

Der VK für undissoziiertes HDBP zwischen Kohlenwasserstoff und Wasser ist 7,2, und die Assoziationskonstante für die Dimerisation ist 4. Bei 100 ppm HDBP sind 99% monomer.
Dyrssen gibt die Dimerisationskonstanten für Dibutylphosphat in Chloroform, Hexon und Wasser mit log K = 4,48, 1,19 und 1,11 an [D 10]. Die VK für HDBP zwischen $CHCl_3$ und verdünnter wäßriger Perchlorsäure wurde gemessen und dabei festgestellt, daß der VK_{HDBP} bei 10^{-5} m HDBP von 1 auf 100 bei 0,5 m HDBP steigt. Die Zugabe von TBP führt zu einer Erhöhung des VK_{HDBP} auf Grund der Assoziation zwischen HDBP und TBP. Deshalb bevorzugt HDBP (Tab. 18) in Gegenwart von TBP die organische Phase. Bei Abwesenheit von TBP wird der VK_{HDBP} durch die Dimerisation der HDBP in der organischen Phase bestimmt [B 16] (Tab. 19).

Tabelle 18: Verteilung von HDBP in Gegenwart von TBP

Totale c_{HDBP}	10^{-5}	10^{-5}	10^{-5}	0,95	0,95	0,95
c_{HNO_3}	0,1	1	3	0,1	1	3
VK_{HDBP} (25° C)	5,0	11,0	15,8	6,5	14,2	19,1

Tabelle 19: Verteilung von HDBP in Abwesenheit von TBP

Totale c_{HDBP}	10^{-5}	10^{-5}	10^{-5}	0,05	0,05	0,05
c_{HNO_3}	0,1	1	3	0,1	1	3
VK_{HDBP} (25°C)	0,003	0,008	0,014	0,95	1,9	2,5

Bei den Monoalkylphosphorsäuren und den Monoalkylphosphinsäuren [H 6] wurden größere Aggregate gefunden. Solche Assoziationen beeinflussen direkt das Kationenaustauschverhalten. Ein weiterer Grund für das Fehlen einer reinen Kationenaustauschwirkung ist, daß die bei der Extraktion gebildeten Komplexe gewöhnlich nicht das einfache Metallsalz $Me^{+n}(X^-)_n$ darstellen, sondern zusätzliche Moleküle des Extrahenten HX enthalten oder mehrkernig aufgebaut sind.

Die Verhältnisse werden gut anhand der Extraktion von UO_2^{++} durch Di-2-äthylhexyl-phosphorsäure (D2EHPA) [B 6] illustriert. Bei verhältnismäßig niedrigen Urankonzentrationen findet man den Verteilungskoeffizienten VK_U dem Quadrat der D2EHPA-Konzentration direkt und dem Quadrat der wäßrigen Säurekonzentration umgekehrt proportional. Beide Abhängigkeiten sind in Übereinstimmung mit einer Kationenaustauschgleichung. Auch das Molverhältnis in der urangesättigten Phase von D 2 EHPA : U-VI = 2 stimmt damit überein. Wenn jedoch im Kohlenwasserstoffverdünner der Extraktant dimer ist, d. h. im Gleichgewicht der Reaktion des UO_2^{++} mit zwei Dimeren zu formulieren ist, so ergibt das einen Extraktionskomplex, der vier Dialkylphosphatgruppen enthält. Bei höheren Urankonzentrationen werden Kettenpolymere $(UO_2)_n(D2EHPA)_{2n+2}H_2$ gebildet.

Tabelle 20:

Viskosität von 0,087 m UO_2-$(DBP)_2$-Lösung in Benzol in Gegenwart von HDBP

c_{HDBP}	Viskosität (centipoise)
0	30,3
$4{,}4 \cdot 10^{-4}$	8,4
$8{,}8 \cdot 10^{-4}$	5,22
$1{,}176 \cdot 10^{-3}$	2,64
$8{,}8 \cdot 10^{-3}$	1,136
$4{,}36 \cdot 10^{-2}$	0,806
$2{,}62 \cdot 10^{-1}$	0,79

Der Uranyldi(dibutylphosphat)komplex $(UO_2(DBP)_2)$ [H 6] ist nur wenig in Wasser löslich ($2 \cdot 10^{-4}$m). Die Löslichkeit in wasserfreiem Äther und in n-Hexan beträgt $1 \cdot 10^{-5}$ bzw. $< 10^{-5}$ m. Er ist löslich in Pyridin, HDBP und in Lösungen dieser Reagenzien in Kohlenwasserstoffen. Im Gegensatz zu HDBP ist er nur schwer in TBP löslich. Die Löslichkeit im HDBP-KW-Gemisch erhöht sich linear mit ansteigendem HDBP-Gehalt. Die Neigung beträgt 10 : 1 zwischen $9{,}5 \cdot 10^{-4}$ und 2,4 m HDBP.
Der Komplex ergibt beim Erhitzen in Cyclohexan eine viskose Lösung, aus der er sich beim Abkühlen wieder abscheidet. Die überstehende Lösung ist nur ca. 10^{-4}m an Uran. Der Komplex läßt sich leicht mit Benzol in Lösung bringen. Die Vorstufe der Auflösung besteht in einer beträchtlichen Absorption von Benzol durch die feste Phase. Die Lösungen zeichnen sich durch eine hohe Viskosität aus, die nach Zugabe von HDBP, Pyridin oder Buttersäure beträchtlich absinkt (Tabelle 20). Die Erniedrigung der Viskosität beim Stehen im Licht ist auf die Bildung von Buttersäure (Zersetzungsprodukt der Phosphorsäureester) zurückzuführen.

Die hohe Viskosität der $UO_2(DBP)_2$-Lösungen in unpolaren Lösungsmitteln zeigt, daß der Komplex polymerisiert vorliegt.

Abb. 23 veranschaulicht eine Octakoordination im Ergebnis einer zusätzlichen U–O-Bindung. In Abb. 24 wird der Kettenbruch unter den Einfluß koordinationsfähiger Verbindungen mit Donatoratomen (Erniedrigung der Viskosität) und in

Abb. 25 die monomere Form gezeigt. BAES [B6] nimmt dagegen für die polymeren Formen Hexakoordination an.
Da pro Mol extrahiertes Uranylnitrat 2 Mol Salpetersäure frei werden, sinkt VK_U bei Erhöhung der HNO_3-Konzentration bis 2 m HNO_3 (Abb. 26). Der Extraktionsmechanismus kann folgendermaßen formuliert werden:

$$n\,UO_{2\,aq}^{2+} + (n+1)\,(HDBP)_{2\,org} \leftrightharpoons$$
$$\leftrightharpoons [UO_2(DBP)_2]_n(HDBP)_{2\,org} + 2n\,H^+_{aq}.$$

Der folgende Anstieg des VK_U bei Erhöhung der HNO_3-Konzentration von 3 auf 7 m steht nicht in Übereinstimmung mit dieser Gleichung. Da die Gestalt der Verteilungskurve zwischen 3 und 10 m ähnlich der mit TBP erhaltenen ist, läßt sich die

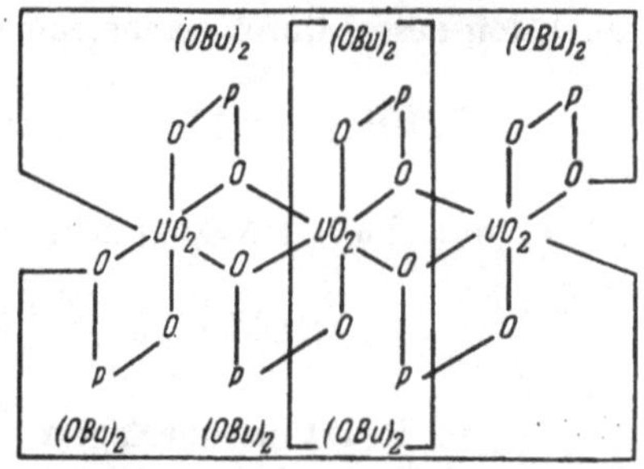

Abb. 23. Polymere Struktur in Abwesenheit von freiem Komplexbildner [H 6].

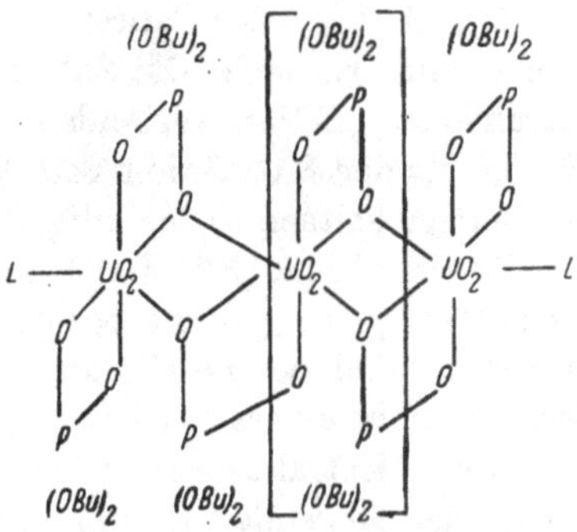

Abb. 24. Polymere Struktur in Gegenwart von freiem Komplexbildner L [H 6].

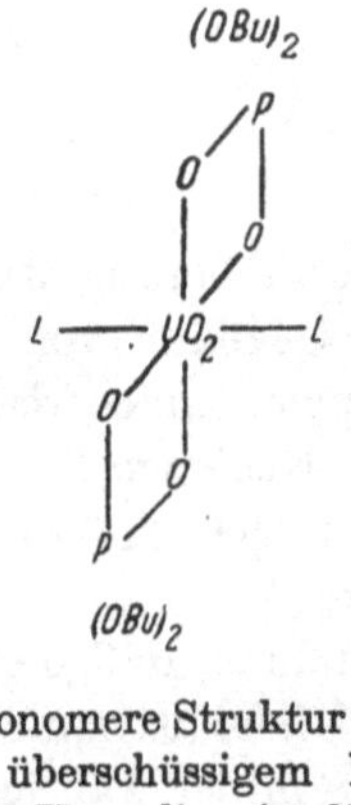

Abb. 25. Monomere Struktur in Gegenwart von überschüssigem Komplexbildner. Das Uranylion ist linear und die Uranylsauerstoffatome über und unter der Papierebene [H 6].

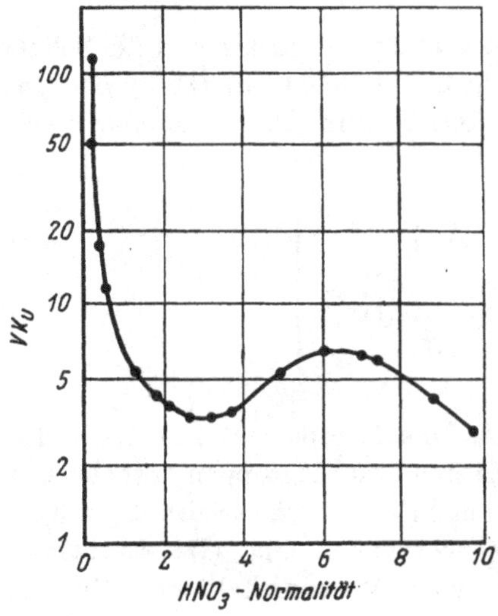

Abb. 26. Veränderung des VK_U mit der Salpetersäurekonzentration der wäßrigen Phase. Die organische Phase war eine Lösung von 0,14 m HDBP in Benzol, die wäßrige Lösung enthielt 0,018 m Uranylnitrat [H 6].

$V_{org} : V_{aq} = 1:2{,}5.$

Reaktion besser durch nachstehende Gleichung wiedergeben

$$UO_{2\,aq}^{2+} + 2\,NO_{3\,aq}^{-} + (HDBP)_{2\,org} = UO_2(NO_3)_2(HDBP)_{2\,org}.$$

HDBP extrahiert HNO_3 ähnlich wie TBP, so daß sich die Reaktion

$$(HDBP)_{2\,org} + 2\,HNO_{3\,aq} = 2\,HDBP \cdot HNO_{3\,org}$$

der obigen Reaktion überlagert. Es ist wahrscheinlich, daß bei hohen HNO_3-Konzentrationen alle drei Reaktionsgleichungen eine Rolle spielen.
Die in Tabelle 21 für Th-IV, Fe-III, Al-III und V-IV aufgeführten Reaktionen beruhen auf einer Studie [B1] über die Extraktion aus sauren Sulfatlösungen durch D2EHPA in Kerosin. Die Zahl der H^+-Ionen, die in jeder Phase freigemacht werden, wurde bestimmt durch die Säureabhängigkeit der Extraktion oder direkt aus dem Anstieg der Säurekonzentration bei der Extraktion einer bestimmten Menge eines Kations. Die Zahl der Extraktionsmitteldimeren, die sich mit dem extrahierten Kation verbinden, wurde wie im Beispiel des UO_2^{++} aus der Abhängigkeit der Extraktion von der D2EHPA-Konzentration abgeleitet. Die für dreiwertige Seltene Erden aufgeführten Reaktionen basieren auf den Ergebnissen von Peppard u. a. [P8]. U-VI, Th-IV, V-IV und die Seltenen Erden erreichen das Extraktionsgleichgewicht bei 25°C innerhalb von wenigen Minuten. Im Gegensatz dazu sind bei Fe-III und Al-III einige Stunden erforderlich, bis sich das Gleichgewicht eingestellt hat.
Die in den Extraktionsreaktionen für U-VI und Th-IV, Al-III und die Seltenen Erden sich zeigenden Komplexe stimmen in ihrem Gehalt an Dialkylphosphatgruppen mit der doppelten Kationenwertigkeit überein. Das kann einer Chelatstruktur zugeschrieben werden:

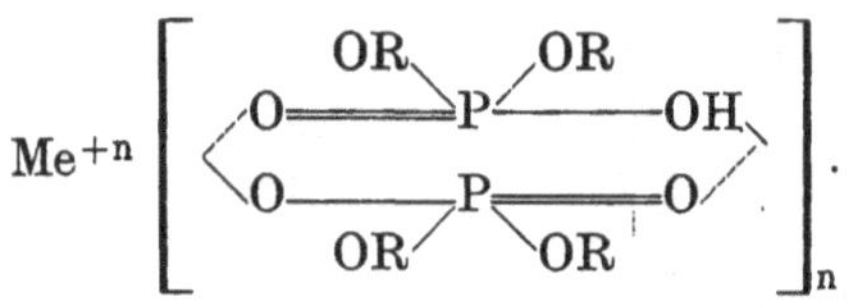

Diese Formulierung wurde versuchsweise auf die Komplexe des Fe-III und des V-IV ausgedehnt, von denen jeder vier Dialkylphosphatgruppen enthält. Dabei wurde angenommen, daß an Stelle von Fe^{+++} und $(VO)_2^{++++}$ die zweiwertigen hydrolysierten Kationen $FeOH^{++}$ und $(VO \cdot OH)_2^{++}$ vorhanden sind. (Das Extraktionsverhalten der Kationen ist unabhängig vom Wassergehalt des Kationenkomplexes.)
Die Annahme, daß der binucleare V-IV-Komplex hydrolysiertes VO^{++} enthält, steht in Übereinstimmung mit der Beobachtung, daß das Haupthydrolyseprodukt des VO^{++} in der wäßrigen Phase $(VO(OH)_2)^{++}$ ist.
Im Falle des U-VI, Fe-III, Al-III und Th-IV kann man in der organischen Phase Konzentrationen erhalten, die höher sind als sie aus den bei niederen Konzen-

Tabelle 21: **Reaktionen der Metallextraktion aus sauren Lösungen durch D2 EHPA in Kohlenwasserstoffen** $X = (RO)_2PO_2^-$

Metall	Extraktionsreaktion bei geringen Metallkonzentrationen	Molverhältnis gesättigte Lösung	X: Metall Niederschlag
U(VI)	$UO_{2\,aq}^{++} + 2(HX)_{2\,org} \leftrightharpoons UO_2X_4H_{2\,org} + 2H_{aq}^+$	2	
Fe(III)[a]	$Fe_{aq}^{+++} + 2(HX)_{2\,org} + H_2O \leftrightharpoons (FeOH)X_4H_{3\,org} + 3H_{aq}^+$	4	2
Al(III)	$Al_{aq}^{+++} + 3(HX)_{2\,org} \leftrightharpoons AlX_6H_{3\,org} + 3H_{aq}^+$	6	3
SE(III)[b]	$SE_{aq}^{+++} + 3(HX)_{2\,org} \leftrightharpoons SEX_6H_{3\,org} + 3H_{aq}^+$		3
Th(IV)	$Th_{aq}^{++++} + 4(HX)_{2\,org} \leftrightharpoons ThX_8H_{4\,org} + 4H_{aq}^+$	4	
V(IV)[a]	$2VO_{aq}^{++} + 2(HX)_{2\,org} + 2H_2O \leftrightharpoons VO(OH)_2X_4H_{2\,org} + 4H_{aq}^+$	2	

[a]) Bildung von FeX_4H gibt das gleiche Extraktionsverhalten wie die Bildung von $FeOHX_4H_2$ und $(VO)_2X_4$ das gleiche wie $VO(OH)_2X_4H_2$.
[b]) Dreiwertige Seltene Erden.

trationen gefundenen Reaktionen herausgelesen werden können (Tabelle 21). Das D2EHPA:Th-Verhältnis bei der Sättigung der organischen Phase beträgt 4, entsprechend der Verbindung ThX_4 ($X = (RO)_2PO^-$). Grenzverhältnisse für Fe-III und Al-III sind noch nicht in Lösung erhalten worden, sondern nur unter Bedingungen, bei denen diese Metalle Niederschläge bilden. Man findet ein Dialkylphosphorsäure:Metall-Verhältnis von 2 bzw. 3. Das stimmt mit den Salzen der Formel $(FeOH)X_2$ und AlX_3 überein. PEPPARD u. a. [P8] haben berichtet, daß die dreiwertigen Seltenen Erden mit D2EHPA Niederschläge der Zusammensetzung SEX_3, besonders bei hohen Konzentrationen an SE bilden. Nahezu alle in Tabelle 21 aufgeführten Kationen können Kombinationsverhältnisse liefern, die mit dem Metallsalz $Me^{+n}X_n^-$ übereinstimmen. Es muß jedoch betont werden, daß das Extraktionsverhalten stärker bestimmt wird durch die Bildung der weniger voraussagbaren Extraktionskomplexe, für welche die Koordinationsfähigkeit des Kations und evtl. Wasserstoffbrückenbindungen ausschlaggebend sind.

2.42 *Abhängigkeit des VK von den einzelnen Variablen*

2.421 Metallkonzentration

Der Einfluß der Metallkonzentration auf das Extraktionsverhalten wird in Abb. 27 gezeigt. Die Gleichgewichtskonzentration des extrahierten Metalls in der organischen Phase ist gegen die wäßrige Gleichgewichts-Konzentration für eine Reihe von

Extraktionen aufgetragen, bei denen die totale D2EHPA-Konzentration, die wäßrige Säurekonzentration und die Sulfatkonzentration konstant sind. Die Kurven wurden aus den in Tabelle 21 angegebenen Reaktionsgleichungen berechnet. Während die Werte für U-VI und Th-IV bei höheren Konzentrationen positive Abweichungen zeigen, die durch die Bildung zusätzlicher Extraktionskomplexe verursacht werden, sind die Punkte unterhalb $c_{Me\,org}:c_{D2EHPA} = 0{,}1$ ($c_{Me\,org} = 0{,}01$) in Übereinstimmung mit den Kurven. Die V-IV-Werte liegen auch in der Nähe der Sättigung auf der berechneten Kurve. Der untere Teil aller

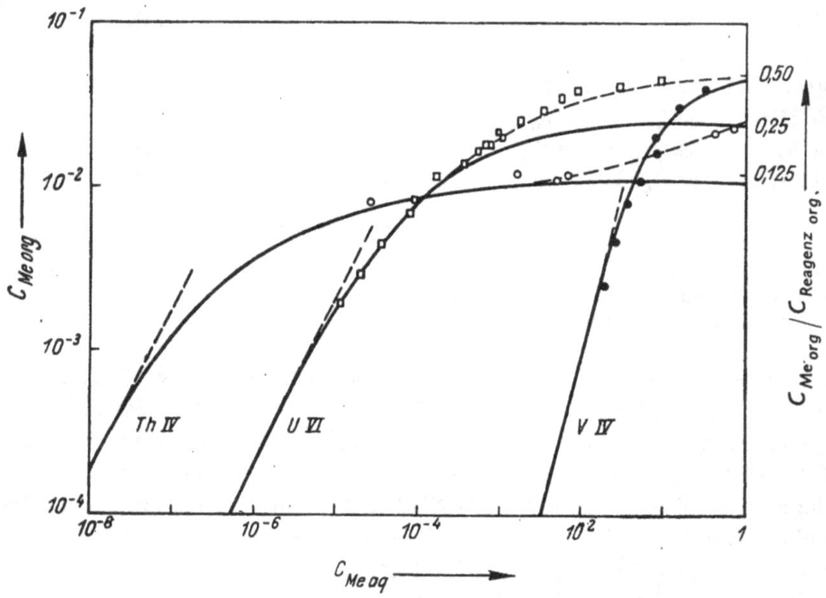

Abb. 27. Einfluß der Metallkonzentration auf die Metallextraktion aus 0,5 m Sulfatlösung mit D 2 EHPA in Kerosin (26 ± 1°) [B1].

$pH_{aq} = 1,\ c_{D2EHPA} = 0{,}1$ m.

drei Kurven zeigt eine konstante Neigung im doppeltlogarithmischen Maßstab. Sie ist bei Th-IV und U-IV gleich 1, d. h. VK_{Me} ist konstant. Wegen des zweikernigen extrahierten Komplexes ist die Neigung beim V-IV gleich 2, d. h. $VK_V : c_{V,aq}$ ist ebenfalls konstant. Hier ist die starke negative Abweichung von der berechneten Kurve bemerkenswert. Man kann diese Erscheinung als Sättigungseffekt verstehen, der sich durch das Absinken der Konzentration an freiem Extraktionsmittel beim Anstieg der Metallkonzentration in der organischen Phase einstellt. Wegen der großen Zahl von Dialkylphosphatgruppen ist der Sättigungseffekt verstärkt, d. h. er tritt schon bei geringem Metall:Extraktant-Verhältnis in der organischen Phase in Erscheinung.

2.422 Extraktionsmittelkonzentration

Der Einfluß der D2EHPA-Konzentration auf den Verteilungskoeffizienten VK_{Me} wird in Abb. 28 gezeigt. Im Fall des V-IV ist an Stelle von VK_{Me} die Größe $VK_V : c_{V,aq}$ aufgetragen (wie auch in Abb. 27).

Die Neigung im $\log VK_{Me} - \log c_{D2EHPA}$-Diagramm ist für UO_2^{++}, Fe^{+++} und VO^{++} 2, für Al^{+++} und SE^{+++} 3 und für Th^{4+} 4 entsprechend den Reaktionen in Tabelle 21.

Die Abhängigkeit von der Extraktionsmittelkonzentration ist bei der U-VI-Extraktion durch Di-2-äthylhexylphosphinsäure ähnlich wie bei der durch D2EHPA. Man kann deshalb bei niedrigen Urankonzentrationen eine analoge Extraktionsreaktion annehmen.

Das Molverhältnis Uran : Organophosphorsäure bei der Uransättigung des Extraktanten ist ebenfalls gleich dem mit D2EHPA, jedoch wurde die Natur des besonderen Extraktionskomplexes bei höheren Urankonzentrationen noch nicht untersucht. Die Extraktion von Fe-III mit diesem Reagenz ist merklich geringer als mit D2EHPA. Die erhaltenen Werte zeigen, daß im Gegensatz zum D2EHPA VK_{Fe} proportional zur ersten Potenz der Reagenzkonzentration verläuft. Die Extraktionsgeschwindigkeit ist ebenfalls größer.

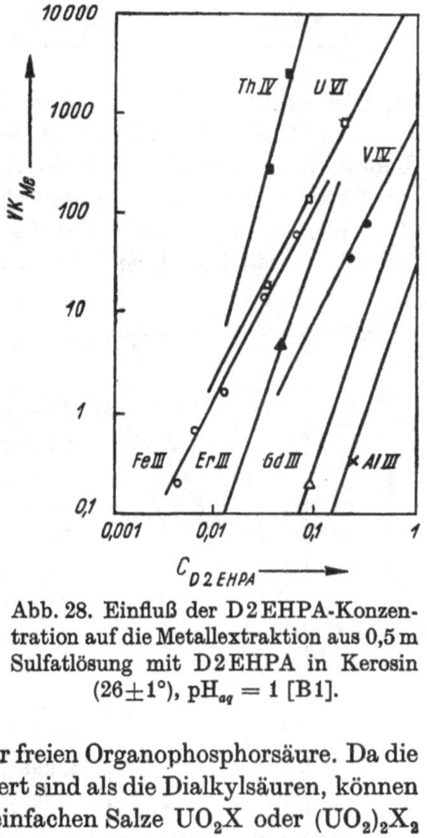

Abb. 28. Einfluß der D2EHPA-Konzentration auf die Metallextraktion aus 0,5 m Sulfatlösung mit D2EHPA in Kerosin (26±1°), $pH_{aq} = 1$ [B1].

Bei der Extraktion durch Monoalkylphosphor- und -phosphinsäuren verändern sich die Uranverteilungskoeffizienten mit der ersten bis zweiten Potenz der Extraktionsmittelkonzentration. Daraus ist zu ersehen, daß die Uranextraktionskomplexe schließlich ebensoviel Organophosphorsäuregruppen enthalten wie die Aggregate der freien Organophosphorsäure. Da die Monoalkylsäuren beträchtlich stärker assoziiert sind als die Dialkylsäuren, können folglich die Extraktionskomplexe nicht die einfachen Salze UO_2X oder $(UO_2)_2X_2$ sein, sondern sie müssen zusätzliche Moleküle des Extraktanten enthalten. Das Assoziationsverhalten dieses Reagenzes wurde nicht in Abhängigkeit von der Konzentration im Solvens bestimmt. Deshalb ist es nicht möglich, die gebildeten Extraktionskomplexe exakter zu charakterisieren. Bei der Uransättigung tritt ein Verhältnis Uran : Extraktant von 1 : 2 auf.

Monobutylphosphorsäure H_2MBP ist vollständig mit Wasser und Benzol mischbar. In Kerosin in Abwesenheit von HDBP oder TBP ist sie dagegen schlecht

löslich. In organischen Solventien polymerisiert sich diese Säure weitgehend. H_2MBP verteilt sich zwischen Kerosin und Wasser wie folgt:
In Abwesenheit von TBP zwischen 0 und 15 m HNO_3 und 10^{-5} und 0,07 m H_2MBP ist der VK_{H_2MBP} kleiner als 0,001, in Gegenwart von 20% TBP erhält man die in Tabelle 22 angegebenen Werte:

Tabelle 22: Verteilung von H_2MBP in Gegenwart von TBP

totale c_{H_2MBP}	$1{,}4 \cdot 10^{-5}$				0,07			
$c_{HNO_3 aq}$	0	1	3	6	0	1	3	6
VK_{H_2MBP}(25°C)	0,0015	0,19	0,22	0,08	0,11	0,28	0,22	0,09

H_2MBP extrahiert Nb schlechter als HDBP. (Für 6 m HNO_3, 10^{-6} m Nb und 0,1 m H_2MBP in Benzol beträgt der VK_{Nb} ca. 0,001 und für 0,01 m HDBP in Benzol ca. 5.) Trotzdem bewirkt Anwesenheit von H_2MBP eine Steigerung der Nb-Extraktion durch HDBP (für 0,5 m HDBP, 1 m HNO_3, 0,04 m Oxalsäure sind die VK_{Nb} in Gegenwart von 0,006 bzw. 0,5 m H_2MBP 3 bzw. 24). Die Zirkon-Extraktion mit HDBP wird durch H_2MBP wenig beeinflußt.

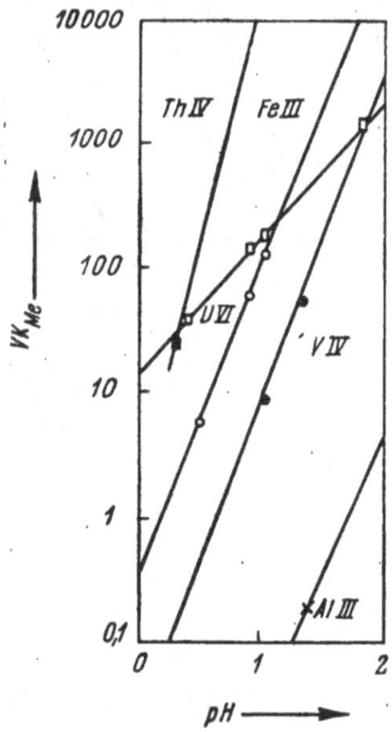

Abb. 29. Einfluß des pH auf die Metallextraktion aus 0,5 m Sulfatlösung mit D2EHPA in Kerosin (26 ± 1°) c_{D2EHPA} = = 0,1 m [B1].

2.423 pH-Abhängigkeit

Die Abhängigkeit der Extraktion vom pH in der wäßrigen Phase wird in Abb. 29 gezeigt. In Übereinstimmung mit den Reaktionen in Tabelle 21 kann man eine Reihenfolge der Säureabhängigkeit U-VI < Fe-III < Th-IV feststellen. Die unerwarteten Zahlenwerte der Neigungen mit steigendem pH-Wert in der wäßrigen Phase resultieren aus dem Anstieg der freien Sulfationenkonzentration infolge Dissoziation der Bisulfationen. Das führt wiederum zu einer ansteigenden Sulfatkomplexbildung des extrahierten Kations in der wäßrigen Phase, wodurch die pH-Abhängigkeit des Extraktionsvorganges erniedrigt wird.

2.424 Der Einfluß anionischer Komplexbildung in der wäßrigen Phase

Der große Einfluß der Komplexbildung in der wäßrigen Phase auf die Extraktion ist in Tabelle 23 gezeigt. In Übereinstimmung mit der Reihenfolge ansteigender Komplexstabilität sinken die VK_{Me}-Werte (ClO_4^- > Cl^- > SO_4^{--} > > PO_4^{---}). Die VK_{Me}-Werte, die für Fe-III und Th-IV in Perchloratlösungen aufgeführt wurden, sind aus den VK_{Me}-Werten in 0,5 m Sulfatlösung und der Stabilität der Fe-III- und Th-IV-Sulfat-Komplexe ermittelt worden. Der Einfluß der Azidität und der Komplexbildung durch Anionen in der wäßrigen Phase auf die Extraktion durch Dialkyl- und Monoalkylphosphinsäuren gleicht qualitativ den in Abb. 29 und Tabelle 23 für D2EHPA gezeigten Werten.

Tabelle 23: Koeffizienten für die Extraktion von Metallen aus wäßrigen Lösungen mit D 2 EHPA (0,1 m Reagenz in Kerosin[a]), 25°C)

wäßrige Lösung pH 1	VK_{Me}					$VK_{Me}/c_{V,aq}$
	U-VI	Fe-III	Al-III	Er-III	Th-IV	V-IV
ClO_4^- (2 m)	10000	(10000)[b])	—	—	(10^6)[b])	—
Cl^- (0,5 m)	—	2000	—	2000	—	—
SO_4^{--} (0,5 m)	200	135	0,03	50	20000	10
(1,5 m)	28	—	—	—	—	4
PO_4^{---} (1,4 m)	1	—	—	—	—	—

[a]) Die Koeffizienten wurden entsprechend der in Tabelle 21 angegebenen Reaktion, bei einer Konzentration an freiem Extraktionsmittel von 0,1 m, ermittelt.

[b]) Diese Werte wurden aus den Werten für 0,5 m SO_4^{--} und den aus der Literatur bekannten Bildungskonstanten der Sulfatokomplexe ermittelt.

2.425 Einfluß der Struktur der Organophosphorsäuren auf den VK

Innerhalb einer gegebenen Klasse von sauren Reagenzien fällt die Extraktionswirkung mit ansteigender Verzweigung der Alkylketten in der Nähe der Phosphatgruppen ab, wie am Beispiel der Dialkylphosphorsäuren in Tabelle 24 gezeigt wird. Man sieht außerdem, daß die Azidität, wie durch pK_a, dem pH-Wert der halben Neutralisation in 70%iger Äthanol-Wasserlösung gezeigt wird, sehr stark in der gleichen Reihenfolge abfällt. Weniger ausgeprägte Werte für die Dialkylphosphin- und Monoalkylphosphorsäuren zeigen dieselbe Tendenz. Es ist aus der Tabelle 24 zu ersehen, daß beim Vergleich von Extraktanten verschiedener Klassen keine einfache Beziehung zwischen Extraktionskraft und Säurestärke gefunden werden kann.

2.426 Der Einfluß des Verdünners

Wie aus den Daten der Tabelle 25 hervorgeht, sind die verschiedenen Verdünnungsmittel eine wichtige Extraktionsvariable. Für die Dialkylphosphor- und Dialkylphosphinsäuren sinkt der VK_{Me} im allgemeinen, wenn die Dielektrizitätskonstante DK des Solvens ansteigt, obgleich die Größe dieses Effektes bei den Dialkyl-

Tabelle 24: Extraktion von Uran mit Organophosphorsäuren

Wäßrige Phase: 0,5 m SO_4^{--}, pH = 1, Ausgangskonzentration 0,004 m U-VI, organische Phase: 0,1 m Extraktionsmittel im entsprechenden Verdünner.
$V_{aq}/V_{org} = 1$, T = 25° C, $pK_{a_1} = 1.$, $pK_{a_2} = 2.$ Wasserstoffdissoziationskonstante. pK_a = relative Säurestärke, pH bei der halben Neutralisation in 70%igem Äthanol

Extraktionsmittel	Relative Acidität		VK_U	
			als Verdünner	
	pK_{a_1}	pK_{a_2}	CCl_4	Kerosin
Dialkylphosphorsäure:				
n-Octyl	2,9	—	90	450
3,5,5-Trimethylhexyl	3,0	—	40	260
2-Äthylhexyl	3,2	—	17	135
2-Äthyl-4-methylpentyl	3,2	—	—	90
2-Propyl-4-methylpentyl	3,1	—	—	60
Octyl-2	3,6	—	11	—
Diisobutylmethyl	4,4	—	2	10
Dialkylphosphinsäuren:				
γ-Phenylpropyl	4,6	—	300	—
Phenyl-2-äthylhexyl	5,1	—	300	—
n-Decyl	5,2	—	180	—
n-Octyl	5,2	—	160	—
3,5,5-Trimethylhexyl	5,1	—	120	—
2-Äthylhexyl	5,6	—	30	—
Monoalkylphosphorsäuren:				
n-Octyl	3,4	8,2	580	—
3,5,5-Trimethylhexyl	3,7	8,6	> 1000	(> 1000)
2-Äthylhexyl	3,1	8,4	> 1000	(> 1000)
Diisobutylmethyl	4,1	9,2	450	—
2,6,8-Trimethylnonyl	4,2	9,6	—	650
1-Isobutyl-4-äthyloctyl	4,2	9,6	—	600
3,9-Diäthyltridedanol-6	4,1	9,4	—	550

phosphinsäuren geringer ist. Chloroform und 2-Äthylhexanol liefern die niedrigsten Extraktionswerte. Sie sind zur Bildung von Wasserstoffbrückenbindungen zum Extraktanten befähigt.

Die umgekehrte Tendenz ist bei den Monoalkylphosphorsäuren zu bemerken. Bei ansteigender Dielektrizitätskonstante erfolgt Depolymerisation des Extraktionsmittels, wodurch dessen dissoziierbarer Wasserstoff für den Kationenaustausch besser verfügbar wird.

Die sauren Phosphate beeinflussen die Verteilungsgleichgewichte, speziell die der Mikrokomponenten, im TBP-Extraktionsprozeß in einem hohen Maße. Die Entseuchungsfaktoren hängen in diesem Fall ab von

den Bildungskonstanten der beteiligten Komplexe mit sauren Phosphaten, (Es gilt Pu-IV, Zr > Nb > UO_2 > SE-III);

der Konzentration der zur Komplexbildung befähigten Metallformen;
dem Verhältnis der Konzentration radioaktiver Isotope zur Gesamtkonzentration;
der Anwesenheit von anderen komplexbildenden Anionen (Fluorid hält Zr und Nb in wäßriger Phase zurück);
der Extraktionszeit (die Komplexbildungsgeschwindigkeit mit den sauren Phosphaten ist meßbar).

Tabelle 25: Uranextraktionskoeffizienten mit verschiedenen Extraktionsmittel-Verdünner-Kombinationen (*aq*:pH 1, 0,004 m U-VI Ausgangskonzentration, *org*: 0,1 m Extraktionsmittel im angegebenen Verdünner. Volumenverhältnis *aq*/*org* = 1/1 25° C)

Solvens	DK	Verteilungskoeffizienten von Uran-VI			
		Di-2-äthylhexylphosphorsäure $pK_a = 3{,}2$		Di-2-äthylhexylphosphinsäure $pK_a = 5{,}6$	Mono(2,6,8-trimethylnonyl-4)-phosphorsäure $pK_a = 3{,}1$
		0,5 m SO_4^{--}	0,4 m PO_4^{---}	0,4 m PO_4^{---}	0,4 m PO_4^{---}
Kerosin	2	135	25	14	200
CCl_4	2,2	17	3	6	240
Benzol	2,3	13	2	6	—
$CHCl_3$	5,1	3	0,5	1,4	—
2-Äthyl-hexanol	—	0,1	0,02	—	—

pK_a = Relative Säurestärke des Reagenz, pH bei der halben Neutralisation in 70%igem Äthanol.

Für die analytische Bestimmung der sauren Organophosphorverbindungen kann man Mono- und Dibutylphosphorsäuren mit Hilfe von Solventextraktion und Papierchromatographie trennen [H28]. Der Gehalt an DBP läßt sich aus der Absetzzeit von Emulsionen mit kolloidalem Zirkonylphosphat ermitteln [B30].

2.43 *Synergistische Reagenzien*

Eine wichtige Eigenschaft der Dialkylphosphorsäuren ist, daß sie in Kombination mit neutralen Organophosphorverbindungen zu einer synergistischen Steigerung der Uranextraktion befähigt sind, d. h. die Extraktionskraft der Mischung ist größer als die Summe der Extraktionskräfte der einzelnen Reagenzien (Tabelle 26).
Am Beispiel eines Trialkylphosphinoxydes, welches zu einem Uranyldialkylphosphatkomplex gegeben wird, läßt sich der Effekt, der offenbar durch eine Wasserstoffbrückenbindung verursacht wird, verdeutlichen.

$$UO_2X_4H_2 + R_3PO \leftrightharpoons UO_2X_4H_2 \cdot OPR_3 .$$

Tabelle 26: Synergistische Erhöhung der Uranextraktionskoeffizienten

Wäßrige Phase: 0,5 m SO_4^{--}, pH 1, 0,004 m U-VI Ausgangskonzentration
Organische Phase: Reagenz in Kerosin. Volumenverhältnis $V_{aq}:V_{org} = 1:1$, t = 25°C

Extraktionsmittel	$c_{Reag.}$	Reagenz allein	In synergistischer Kombination mit 0,1 m D2EHPA
Di(2-äthylhexyl)phosphorsäure (D2EHPA)	0,1	135	—
Phosphate			
Tri-n-butyl	0,1	0,0002	470
Tri-2-äthylhexyl	0,1	0,0002	270
Phosphonate			
Di-n-butyl-n-butyl	0,1	0,0002	1700
Di-n-amyl-n-amyl	0,1	0,0003	2000
Di-n-hexyl-n-hexyl	0,1	0,0004	2200
Di-2-äthylhexyl-2-äthylhexyl	0,1	0,0002	870
Phosphinate			
n-butyl-di-n-butyl	0,1	0,002	3500
n-Butyl-di-n. hexyl	0,1	0,002	3500
Phosphinoxyde			
Tri-n-butyl	0,05	0,0025	7000
Tri-n-octyl	0,1	0,06	3500
Tri-2-äthylhexyl	0,1	0,02	650

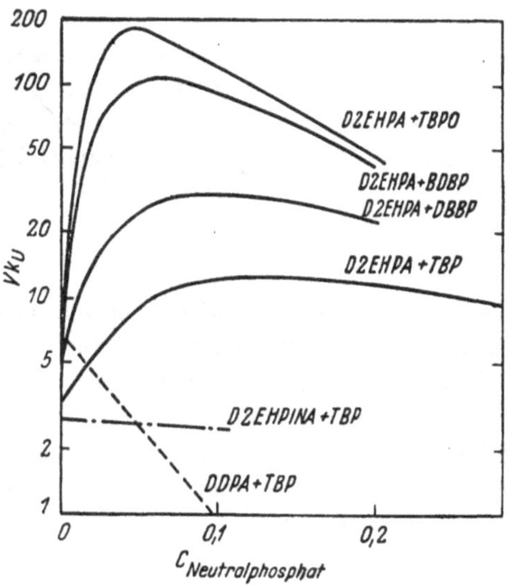

Abb. 30. Synergistische Kombination von sauren und neutralen Organophosphorverbindungen [B1].

D2EHPA = Di(2-äthylhexyl)phosphorsäure,
D2EHPINA = Di(2-äthylhexyl)phosphinsäure,
DDPA = Mono(2,6,8-trimethylnonyl-4-phosphorsäure,
TBPO = Tributylphosphinoxyd,
BDBP = Butyldibutylphosphinat,
DBBP = Dibutylbutylphosphonat,
TBP = Tributylphosphat.

(Wäßrige Phase: 1,5 m H_2SO, 0,004 m U(VI), organische Phase: 0,1 m saurer Ester in Kerosin und wechselnde Mengen Neutralester, Volumenverhältnis $V_{org}:V_{aq} = 1$, t = 25°C).

Die Reihenfolge der synergistischen Steigerung scheint folgende zu sein:

$$(RO)_3PO < R(RO)_2PO < R_2(RO)PO < R_3PO.$$

Sie stimmt mit der Reihenfolge ansteigender Basenstärke des Phosphorylsauerstoffs überein. Die Faktoren, mit denen die entsprechenden n-Butyl-Derivate die Extraktionskoeffizienten von Dialkylphosphorsäuren erhöhen, betragen ca. 4, 12, 25 und 50.
Eine synergistische Verstärkung wird ferner in Abb. 30 illustriert. Es ist zu sehen, daß bei einer synergistischen Kombination in jedem Falle der VK bis zu einem Maximum ansteigt und dann mit wachsender Konzentration an neutralem Reagenz abfällt. Die Lage dieses Maximums ist ziemlich unabhängig von der Konzentration an saurem Reagenz. Der Abfall des Verteilungskoeffizienten hinter dem Maximum ist wahrscheinlich das Ergebnis einer ansteigenden Wechselwirkung zwischen dem sauren und dem neutralen Extraktanten durch Wasserstoffbrückenbindung. Im Fall der Di(2-äthylhexyl)phosphorsäure und des Tri-n-octylphosphinoxydes wurde das Vorhandensein einer solchen Wechselwirkung durch eine Infrarotuntersuchung bestätigt [B1].
Die synergistische Erhöhung der Extraktionskoeffizienten scheint auf die Dialkylphosphorsäure-Neutralreagenz-Kombination beschränkt zu sein. Die geprüften Phosphinsäuren zeigten keinen synergistischen Effekt. Ein unmittelbarer Abfall der Extraktionsfähigkeit wird festgestellt, wenn neutrale Reagentien mit den Monoalkylphosphorsäuren oder Alkylphosphorsäuren kombiniert werden.
Allerdings ist das Uran bisher das einzige Metall, von welchem eine synergistische Extraktion beschrieben wird. Extraktionskoeffizienten für andere Metalle zeigen keine derartige Steigerung, sondern in einigen Fällen sogar einen entgegengesetzten Effekt.

2.44 *Selektive Extraktion einzelner Elemente*

2.441 Uran und Vanadin

Durch geeignete Auswahl der Extraktions- und Rückextraktions-Bedingungen lassen sich selektive Trennungen durchführen. Bei unterschiedlichen Extraktionsgeschwindigkeiten verschiedener Ionen kann sogar die Mischzeit für eine Trennung ausgenutzt werden. So läßt sich in Erzlaugen Uran allein oder gemeinsam mit Vanadin unter Ausnutzung ihrer unterschiedlichen Abhängigkeit der VK von den Säure- und Reagenzkonzentrationen extrahieren. Im ersten Falle wird das Uran nach Reduktion des überwiegenden Teiles von Eisen zum weniger extrahierbaren Fe-II mit mäßigen Konzentrationen von D2EHPA- oder Monododecylphosphorsäure in Kerosin bei einem pH von 0,4 bis 1,2 in der wäßrigen Phase extrahiert. Unter diesen Bedingungen haben das Vanadin-IV und das Aluminium niedrige Extraktionskoeffizienten. Da die Phasenkontaktzeit kurz gehalten wird, kann auch das restliche III-wertige Eisen nicht extrahiert werden, denn die Extraktionsgeschwindigkeit des Fe-III ist gering. Will man sowohl Uran als auch Vanadin gewinnen, so werden die Reagenzkonzentrationen und der pH-Wert erhöht. Dabei steigen die Eisen- und Aluminiumextraktionskoeffizienten an, aber wieder ist deren Extraktionsgeschwindigkeit zu gering. Die Trennung des Urans vom Vanadin kann in späteren Abstreifstufen erreicht werden. Vanadin läßt sich mit verdünnter Mineralsäure abstreifen, Uran kann mit konzentrierter Mineralsäure oder wie im Dapexprozeß (S. 199) durch alkalische Reagenzien rückextrahiert werden. Molybdän und Ionen von höherer Wertigkeit, wie Titan und Thorium, werden ebenfalls extrahiert. Sie können in gleicher Weise durch Abstreifen abgetrennt werden.

Bei Festlegung bestimmter Extraktions- und Abstreifbedingungen kann auch die Trennung und Gewinnung anderer Elemente möglich werden. In dieser Hinsicht hat der flüssige Kationenaustausch im Vergleich zur Ionenaustauschadsorption Vorteile. Die Möglichkeit zur Einstellung der Reagenzkonzentration und der Auswahl eines Verdünners erhöht die Selektivität der Solventextraktion bedeutend.

Der Einfluß der Struktur des Reagenzes auf die Selektivität der Metallextraktion ist bis jetzt weniger gründlich untersucht worden. Einige Metallextraktionen wurden mit anderen als den für die kommerzielle Uran- und Vanadingewinnung entwickelten Reagenzien ausgeführt. Außer der Tatsache, daß Di-n-octylphosphorsäure mit Aluminium einen Niederschlag bildet, wozu D2EHPA nicht befähigt ist, scheinen in der Regel strukturelle Unterschiede innerhalb einer Klasse saurer Komponenten keine im Vergleich zu anderen Extraktionsvarianten bedeutenden Selektivitätsunterschiede zu verursachen. Die stark verzweigten Bis (di-isobutylmethyl)phosphorsäure zeigt die gleichen Verhältnisse der Uran-Eisen-Aluminium-Trennkoeffizienten wie die weniger verzweigten D2EHPA. Jedoch wird in einigen Fällen die Selektivität bei einer Verzweigung nahe am Phosphoratom beträchtlich verändert. Die gestreckten oder wenig verzweigten Phosphorsäureester z. B. Di-n-octyl- oder Di-isooctylphosphorsäure, extrahieren große Mengen von Aluminium, während nahe am Phosphoratom verzweigte Verbindungen nicht nur weniger, sondern auch viel langsamer Aluminium aufnehmen.

Sowohl mit neutralen als auch mit sauren Reagenzien ist es möglich, die Selektivität durch Reduktion oder Oxydation, durch Umwandlung von Metallionen in weniger extrahierbare Formen zu steigern, so z. B. bei der Reduktion von Fe-III zu Fe-II im Dapex-Prozeß, Dodecylphosphorsäureprozeß (s. S. 200) oder bei der Reduktion von Cr-VI zu Cr-III in der Extraktion mit Trialkylphosphinoxyden. Ein besonderer Weg zur Erhöhung der Uranselektivität gegenüber Eisen, Aluminium, Thorium, Vanadin usw., ist die schon beschriebene Verwendung synergistischer Reagentien.

In den vorangegangenen Ausführungen wurde der Extraktion in Prozessen zur Gewinnung von Uran und anderen seltenen Metallen Aufmerksamkeit geschenkt. Die erwähnten Extraktionsmittel extrahieren auch eine Anzahl weiterer Elemente und ermöglichen die Trennung nahe verwandter Elemente [M39].

2.442 Alkalimetalle und Erdalkalimetalle

Alkalische Lösungen (Natriumcarbonat) streifen extrahierte Metalle aus der sauren organischen Phase ab, indem sie die organische Säure in ihr Natriumsalz umwandeln. Die Verteilung des organischen Salzes zwischen den Phasen ist eine Funktion der Basenstärke und abhängig vom angewendeten Alkali, seiner Konzentration und der Art der organischen Säure, sowie des Verdünners. Natriumdi-(2-äthylhexyl)-phosphat ist z. B. unlöslich (unter 50 mg/l) in 1 m Na_2CO_3, aber sehr gut löslich in Wasser. Wenn es aus einer Kerosinlösung von D2EHPA gebildet wurde, neigt das Salz zur Abtrennung in einer besonderen flüssigen Phase, die geringe Mengen von Wasser und Kerosin enthält. Das Salz bleibt mit der gesamten organischen Phase mischbar, wenn die Säure in Verdünnern wie Tetrachlorkohlenstoff, Äther oder Kerosin gelöst ist, welches geringe Mengen langkettiger Alkohole oder neutraler Organophosphorverbindungen (z. B. TBP) enthält.

Andere Salze, wie Lithium, bleiben mischbar, auch wenn der Verdünner aus unmodifiziertem Kerosin besteht. Die Alkalisalze der Phosphinsäuren verhalten sich ähnlich. Die Salze der Monoalkylphosphor- und -phosphinsäuren sind entweder vollständig in der wäßrigen Phase löslich oder bilden Niederschläge, die in Kerosinlösungen mit geringen Zusätzen nicht ohne weiteres löslich gemacht werden können.

Während die Organophosphorsäuren in alkalischer Lösung ihre Alkalimetallsalze schnell und vollständig bilden, ist es interessant, daß die Monoalkylsäuren dazu schon in saurer Lösung befähigt sind. Unter Verwendung von Mono(2,9-diäthyltridecyl-6)phosphorsäure in Kerosin wird Cäsium vorzüglich aus 0,5 m Natriumnitratlösung vom pH 1,7 mit einem Trennkoeffizienten $TK_{Cs/Na}$ von über 20 extrahiert. Sein Extraktionskoeffizient ist unter diesen Bedingungen annähernd 3. Weder die Dialkylphosphorsäuren noch neutrale Reagentien wirken in dieser Weise.

Dialkyl- und Monoalkylphosphorsäuren extrahieren Erdalkalisalze aus schwach saurer Lösung. 0,1 m D2EHPA in Kerosin, extrahiert Strontium aus 0,5 m Natriumnitratlösung mit VK_{Sr} von annähernd 200 bei einem pH von annähernd 5. VK_{Sr} sinkt merklich bei höheren und niedrigeren pH-Werten. Der Strontium-Natrium-Trennfaktor ist im Maximum > 1000. Die Monoalkylsäuren zeigen keine derartigen ausgeprägten Maxima bei der Strontiumextraktion im pH-Bereich 1,8—6,0. VK_{Sr} und $TK_{Sr/Na}$ steigen bis zu Werten von annähernd 20 und 140 beim pH 5 mit 0,1 m HDBP in Kerosin. Nach COOPER [C2] isoliert man mit D2EHPA ^{90}Sr aus Spaltproduktgemischen.

2.443 Yttrium, Lanthan, Lanthaniden und Aktiniden

Die von PEPPARD u. a. [P3] mitgeteilten Extraktionen der Lanthaniden mit D2EHPA wurden bereits im Hinblick auf den Extraktionsmechanismus diskutiert. Darüber hinaus berichteten sie über einen Anstieg der Extraktionskoef-

fizienten mit wachsendem Atomgewicht. Die Trennfaktoren zwischen benachbarten Elementen betragen 2,5. Unabhängige Beobachtungen im Oak Ridge National Laboratory bestätigen diese Ergebnisse [B1]. Es wurden weitere Versuche mit anderen Dialkylphosphorsäuren, einigen Monoalkylphosphorsäuren und einigen neutralen Organophosphorverbindungen ausgeführt. Wie bei der Uranextraktion macht sich ein Struktureffekt bemerkbar, indem eine stärkere Extraktion durch Monoalkylphosphorsäuren eintritt, die bei steigenden Verzweigungen in den Alkylgruppen sinkt. Dialkylsäuren neigen zur Fällung Seltener Erden. Hat man mit 0,1 m D2EHPA etwa 0,01—0,013 Mol SE pro Liter extrahiert, so bildet sich ein Niederschlag, der 3 Mol D2EHPA pro Mol SE enthält. Eine verzweigtere Dialkylphosphorsäure erlaubt höhere Beladungen bei geringen oder ausbleibenden Fällungen unter Bedingungen (0,018 m SE, 0,1 m Reagenz), die mit D2EHPA zur Bildung voluminöser Niederschläge führen würde. Entsprechend höhere Beladungen ohne Fällungen können mit höheren Reagenzkonzentrationen und anderen Verdünnern als Kerosin, z. B. Trichloräthylen oder Chloroform, erhalten werden.
Die erfolgreichen Extraktionen von Thorium und Uran mit den verschiedenen Organophosphorverbindungen weisen auf ausgezeichnete Möglichkeiten für weitere Trennungen der Elemente der Aktinidenserie hin. Peppard u. a. [P8] berichteten von Berkelium-IV-Extraktionen mit D2EHPA.

2.444 Titan, Zirkon, Hafnium

Mono- und Dialkylphosphorsäuren und Phosphinoxyde extrahieren Ti, Zr und Hf mit gutem Erfolg. Aus Sulfatlösungen wird Hf mit D2EHPA vorzüglich extrahiert. Die Hf—Zr-Trennfaktoren betragen 20 und mehr. Leider ist die Einstellungsgeschwindigkeit des Gleichgewichtes für Hafnium bei Zimmertemperatur gering. In salzsaurer Lösung ist die Extraktion des Zr mit diesem Reagenz besonders gut. Für die Extraktion des Zr aus Nitratlösung können auch neutrale Organophosphorverbindungen wie z. B. Phosphinoxyde und Alkylphosphinate Verwendung finden.

2.5 Amine und quarternäre Ammoniumsalze

2.51 *Allgemeines*

Höhermolekulare Amine werden erst seit einigen Jahren für die Solventextraktion angewendet. Smith und Page [S10] benutzten sie zuerst zur Trennung von verschieden starken Säuren. Bei der Trennung einiger Metallionen wurde ihre Analogie zu den Anionenaustauschharzen festgestellt. Seit 1952 wird daher in Oak Ridge und seit einigen Jahren auch in anderen Laboratorien über die Anwendbarkeit der verschiedenen Organostickstoffverbindungen für die Solventextraktion, besonders für die Gewinnung von Spaltstoffen und die Trennung von Reaktormaterialien gearbeitet (Kap. V).

Bei den quarternären Ammoniumsalzen geht die erste Anwendung für die Solventextraktion auf Girard und Fourneau [G6] zurück, die BiJ_4^- mit Tetracetylammoniumchlorid in Benzol extrahierten. Zur Trennung von U–Pu wurde neuerdings auch diese Methode wieder aufgegriffen.

2.52 *Theoretische Grundlagen der Amineextraktion*

Lösungen von Aminen in organischen Lösungsmitteln verhalten sich wie schwachbasische und von Tetraalkylammoniumsalzen wie starkbasische Anionenaustauscher („Flüssige Ionenaustauscher"). Schindewolf [S11] hat das durch die Identität ihrer Absorptionskurven für Metalle mit denen der Anionenaustauscher, wie sie Kraus und Nelson [K9] beschreiben, bewiesen.
Die freien Basen vermögen Säuren aus der Wasserphase in Form ihrer Ammoniumsalze zu extrahieren:

$$R_3N_{org} + HX_{aq} \leftrightharpoons R_3NHX_{org}. \quad (1)$$

Zweibasige Säuren bilden dementsprechend zwei Reihen von Salzen mit recht differenzierten Verteilungskoeffizienten VK_{AX}.
Auf Grund unterschiedlicher Assoziationstendenzen tauschen verschiedene Anionen sich gegeneinander aus:

$$R_3NHX_{org} + Y_{aq}^- \leftrightharpoons R_3NHY_{org} + X_{aq}^-. \quad (2)$$

Die Reihenfolge entspricht denen der Anionenaustauscher:

$$ClO_4^- > NO_3^- > Cl^- > HSO_4^- > F^-.$$

Das Abstreifen (Rückextraktion) des Anions [in Umkehrung der Gleichung (1)] aus der organischen Phase erfolgt durch Hydrolyse mit verschiedenen Basen:

$$R_3NHX_{org} + OH_{aq}^- \leftrightharpoons R_3N_{org} + X_{aq}^- + H_2O, \quad (3)$$

$$2\,R_3NHX_{org} + Na_2CO_{3\,aq} \leftrightharpoons 2\,R_3N_{org} + 2\,NaX_{aq} + CO_2 + H_2O. \quad (4)$$

Alle Metalle, die in wäßriger Lösung unter Einfluß von Komplexbildnern als Anionen zu existieren vermögen, können ebenfalls extrahiert werden; z. B.:

$$UO_2(SO_4)_{2\,aq}^{--} + (R_3NH)_2SO_{4\,org} \leftrightharpoons (R_3NH)_2UO_2(SO_4)_{2\,org} + SO_{4\,aq}^{--}. \quad (5)$$

Ob der Extraktionsmechanismus über den anionischen Komplex oder über die Extraktion des neutralen UO_2SO_4 verläuft, ist noch nicht bekannt.
Die Rückextraktion des Urans aus der organischen Phase kann man durch Verdrängung mit anderen Anionen (NO_3^-, Cl^-) oder mit Basen wie Soda und MgO sehr leicht erreichen:

$$(R_3NH)_2UO_2(SO_4)_{2\,org} + 2\,NO_{3\,aq}^- \leftrightharpoons 2\,R_3NHNO_{3\,org} + UO_{2\,aq}^{++} + 2\,SO_{4\,aq}^{--}, \quad (6)$$

$$(R_3NH)_2UO_2(SO_4)_{2\,org} + 4\,Na_2CO_{3\,aq} \leftrightharpoons 2\,R_3N_{org} + Na_4UO_2(CO_3)_{3\,aq} + 2\,Na_2SO_{4\,aq} + H_2O + CO_2 \quad (7)$$

$$2\,(R_3NH)_2UO_2(SO_4)_{2\,org} + 5\,MgO \leftrightharpoons 4\,R_3N_{org} + MgU_2O_7 + 4\,MgSO_{4\,aq} + 2\,H_2O. \quad (8)$$

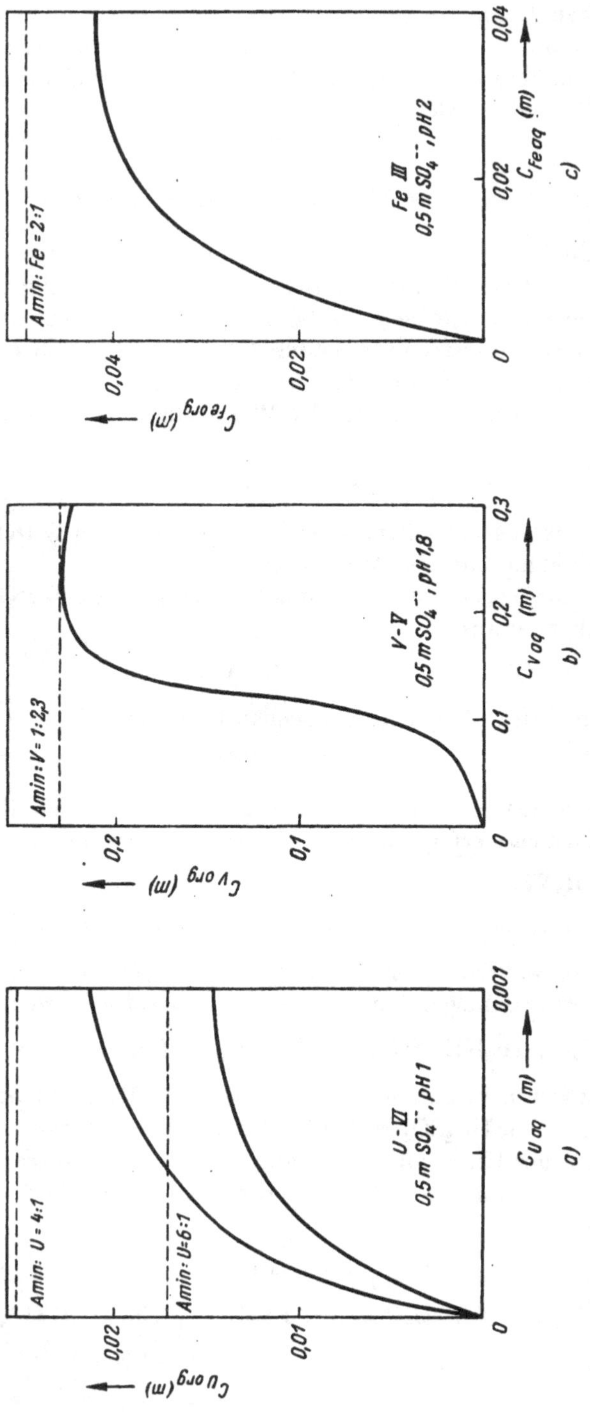

Abb. 31. Einfluß der Metallionenkonzentration auf die Verteilungskoeffizienten von U-VI, V-V und Fe-III mit Aminen [Aminkonzentration 0,1 m; C 1].

Diese Eigenschaften erlauben eine gute Auswahl beim praktischen Abstreifprozeß. — Die Anwendung von Hydroxyden ist nicht ratsam, da im Gegensatz zur MgO-Fällung keine körnigen sondern schleimige, schlecht handhabbare Niederschläge entstehen.

Nach COLEMAN u. a. [C1] ist für ein bestimmtes Amin die Extraktion eines Metallions abhängig von seiner Konzentration, der Konzentration anderer Anionen, dem pH-Wert, der Temperatur und der Konzentration an freiem Amin.

Der Verteilungskoeffizient des Urans ist bei pH 3 unabhängig von der Urankonzentration, das ist bei vielen anderen VK_{Me} ebenso. Lediglich Metalle, deren

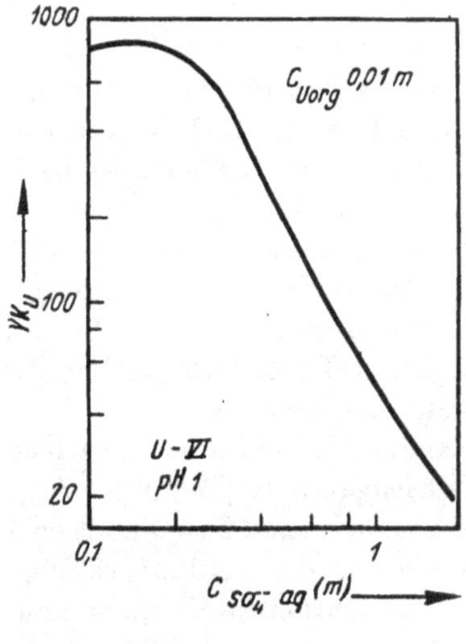

Abb. 32. Änderung des VK_U mit der SO_4^{--}-Konzentration in der Wasserphase [C1].

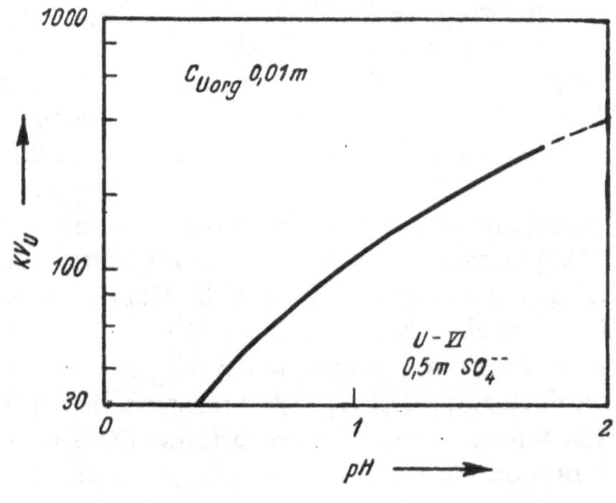

Abb. 33. Änderung des VK_U mit dem pH-Wert der Wasserphase [C1].

Ionen zur Selbstkondensation neigen, wie Vanadin, zeigen eine Abhängigkeit des VK_{Me} von der Konzentration c_{Me}, weil sie mit steigender Konzentration zunehmend polymerisieren (Abb. 31a bis c).

Die Zugabe der gleichen Anionen, die auch den Metallkomplex bilden, vermindert die Größe des Verteilungskoeffizienten, weil die Anionen mit dem komplexen Anionen nach Gleichung (2), bei der Extraktion konkurrieren (Abb. 32 und 33).

Aus der Extraktionsgleichung (5) ist kein direkter Einfluß des pH-Wertes auf den VK_{Me} ersichtlich. Im Sulfatsystem beeinflußt er aber über das vorgelagerte Sulfat/Bisulfat-Gleichgewicht die VK_{Me}. Man findet einen Abfall des VK_{Me} mit steigender Acidität, weil HSO_4^- stärker mit dem komplexen Anion um die Extraktion konkurriert als SO_4^{--} (Abb. 33).

Bei der Erhöhung der Temperatur um 10°C fällt der VK allgemein um 20 bis 30% ab [B12].

Der Einfluß der Aminkonzentration auf den VK_{Me} und auf das Beladungsvermögen der organischen Phase im Sulfatsystem ist wohl definiert, aber theoretisch noch nicht ganz erklärbar.
Die Extraktionsisothermen (Abb. 31) deuten darauf hin, daß das Verhältnis Amin:Uran in der organischen Phase einem Grenzwert zwischen 4 und 6 zustrebt. Bei anderen Metallen ist das ebenfalls so; ein Hinweis, daß definierte Koordinationsverbindungen extrahiert werden.
Bei niedriger Uranbeladung ändert sich im Sulfatsystem der VK_U mit der 1. Potenz der Ammoniumsulfatkonzentration; bei höheren Beladungen der organischen Phase ist diese Bedingung erfüllt, wenn man den komplex gebundenen Anteil nach

$$VK_U = K \cdot ([Amin]_{org} - n[U]_{org}) \tag{9}$$

mit in Erwägung zieht; n ist der entsprechende Grenzwert für das Verhältnis Amin:Uran in der organischen Phase [Dowell und Baes jr. D4]. — Die Abhängigkeit der VK_U von der Aminsulfatkonzentration in der 1. Potenz ist nach dem MWG eigentlich gar nicht zu erwarten; vielmehr sollte die n-Potenz der Aminkonzentration wirksam sein. Diese Abhängigkeit konnte im System UO_2^{++} — SO_4^{--} — H^+-Amin (wobei Amin = Trioctylamin, Methyldioctylamin, Didecylamin, Methyldidecylamin, Tridecylamin) durch Messungen von Ch. Boirie [B38] bestätigt werden, der dem extrahierten Komplex die Formel $[(R_2NH)_2SO_4]_2$-UO_2SO_4 zuschreibt und dafür die Komplexkonstante berechnet hat.
Diese gleiche Abhängigkeit von der 1. Potenz der Aminsulfatkonzentration zeigen auch die Eisen-, Säure- und Aminsalzextraktionsgleichgewichte [D4, B14, A2]; sie deutet an, daß die Aminkonzentration in der organischen Phase annähernd konstant ist und nicht proportional der Konzentration in der Verdünnerlösung. Man kann diesen Effekt bei einigen Aminen ihrer Assoziation im Verdünner zuschreiben, wie Allen [A3] durch Lichtstreuungsmessungen und isopiestische osmotische Messungen nachweisen konnte. Andere jedoch sind nicht aggregiert (Tri-octyl-aminsulfat, Di-decylaminsulfat), und zeigen dennoch nur eine Abhängigkeit des VK von der ersten Potenz der Aminsulfatkonzentration. Ihr Extraktionsverhalten kann nicht so einfach erklärt werden. — Immerhin ist diese empirische Tatsache bei der Beurteilung praktischer Extraktionsprozesse sehr wichtig.
Bei der Thorium- und Plutoniumextraktion aus dem Nitratsystem [Carswell C13, Wilson W1] findet man bei niedrigen Beladungen eine Abhängigkeit des VK_{Pu} von der 2. Potenz der Aminkonzentration, ein Zeichen, daß Verbindungen von der Art $(R_3NH)_2Th(NO_3)_6$ und $(R_3NH)_2Pu(NO_3)_6$ extrahiert werden. Bei höherer Plutoniumbeladung wird aber auch — genau wie bei Uran — ein Grenzwert des Beladungsverhältnisses Amin: Plutonium von 3—6,3, je nach dem angewendeten Lösungsmittel, erreicht.
In enger Beziehung zur Aminextraktion steht die der quarternären Ammoniumsalze. Sie sind bei hohen pH-Werten, bei denen die schwach basischen Amine unwirksam werden, funktionstüchtig und sind in der Lage, Uran aus carbonatischen Lösungen zu extrahieren [B2, M12, C10, B15]:

$$2(R_4N)_2CO_{3\,org} + UO_2(CO_3)_{3\,aq}^{4-} \leftrightharpoons (R_4N)_4UO_2(CO_3)_{3\,org} + 2CO_{3\,aq}^{--}. \tag{10}$$

Ihr Extraktionsverhalten wurde aber noch nicht mit der gleichen Gründlichkeit untersucht wie das der Amine. Die Verträglichkeit mit den Verdünnern (Löslichkeit des Aminsalzes und des Komplexes, Bildung dritter flüssiger Phasen, Emulsionsbildung, Phasentrenngeschwindigkeit) ist schlechter als die der meisten Amine. Es gibt aber auch einige quarternäre Ammoniumverbindungen, die in Kerosin-Alkohol-Gemischen einwandfrei arbeiten.

2.53 *Amine und Verdünner*

Die Untersuchung einer sehr großen Zahl von Verbindungen hat ergeben, daß Monoamine ohne andere funktionelle oder heterocyclische Gruppen die besten Extraktionseigenschaften besitzen.

Folgende Aminarten wurden untersucht: primäre, sekundäre und tertiäre Amine mit aliphatischen Resten verschiedener Kettenlänge, verschiedenen Verzweigungsgrades und mit verschiedener Lage der Kettenverzweigung zum N-Atom, darüber hinaus eine Reihe technisch dargestellter Amingemische aus dem Oxoprozeß wie Amine 9D-178, Trifatty Amine RC-3749, Primene JM.

Die Molekulargewichte liegen in der Größenordnung von 250—600. Die untere Grenze ist durch die große Löslichkeit dieser Amine und ihrer Salze in der Wasserphase und den damit verbundenen Verlusten an Extraktionsmittel gegeben. Die obere Grenze ist nicht so scharf aufzufassen; sie ergibt sich aus Eigenschaften wie Löslichkeit in der organischen Phase, Einfluß auf die Phasentrennung usw.

Die freien Amine sind alle recht gut in organischen Lösungsmitteln löslich, die Salze nur beschränkt; sie zeigen abfallende Löslichkeit in der Reihenfolge SO_4^{--}, HSO_4^-, Cl^-, NO_3^-. Einen starken Einfluß auf die Löslichkeit besitzen andererseits die Klasse und die Struktur des Amins und die Art des Verdünners: Salze primärer geradkettiger Amine sind relativ schwer löslich und damit in ihrer Anwendbarkeit beschränkt. Salze sekundärer geradkettiger Amine besitzen in aromatischen Kohlenwasserstoffen schon die genügende Löslichkeit von 0,1 Mol/l. In Kerosin kann man die Löslichkeit durch Zugabe von 3—5% eines langkettigen Alkohols (z. B. Oxo-Prozeß-Decanol) erhöhen. Wenn die Alkylgruppen in den Aminen einigermaßen verzeigt sind, dann sind alle Salze selbst in Kerosin genügend löslich.

Die Änderung der Löslichkeit mit der Temperatur ist im allgemeinen unbedeutend, in besonderen Fällen kann sie jedoch recht beachtlich werden, z. B. beträgt in Amsco D-95 die Löslichkeit von Dilaurylaminsulfat bei 2°, 20° und 50°C 0,02, 0,10 und 1,5 Mol pro Liter.

Bei der Anwendung der Verdünner in technischen Prozessen ist man natürlich auf billige, ungiftige und nicht zu flüchtige Verdünner angewiesen; oft arbeitet man mit Kerosin, in Amsco-Produkten (Kohlenwasserstoffen mit hohem Aromatengehalt) oder auch in Kerosin, das mit höheren Alkoholen modifiziert wurde.

2.54 *Strahlungsstabilität und chemische Resistenz*

Amine, unter ihnen besonders die tertiären Amine, zeigen eine sehr große Strahlungsstabilität. SHEPPARD [S12] hat eine vorher mit HNO_3 ins Gleichgewicht gebrachte Lösung von Tri-n-octylamin in Xylol einer Gesamtdosis von annähernd 40 Wattstunden pro Liter (^{60}Co-Quelle) ausgesetzt. Nach der Exposition gab das bestrahlte Solvens genau die gleich gute Trennung des Plutoniums von Spaltprodukten wie das unbestrahlte Solvens; das ist ein recht bemerkenswerter Unterschied zu den Auswirkungen der Strahlung auf das Extraktionsvermögen des Tributylphosphates (s. S. 46). Andere Amine verhalten sich ähnlich wie das Trioctylamin. Das ist darauf zurückzuführen, daß die Zersetzungsprodukte der N–C-Bindung keinen Einfluß auf die Extraktion von Pu, U usw. ausüben [C1].

Untersuchungen in Kreisprozessen [B2] haben gezeigt, daß nach längerer Zeit chemische Zersetzung meßbar wird, wenn man bei erhöhter Temperatur und in Gegenwart starker Oxydationsmittel arbeitet, daß diese Zersetzung aber unter normalen Bedingungen der Prozeßführung nicht ins Gewicht fällt.

2.55 *Einfluß der Struktur des Amins*

2.551 Sulfatsysteme

Nicht extrahiert werden die Ionen Me^{++}, Al^{+++}, Cr^{+++}, V^{++++}. Solche Ionen, die extrahiert werden, zeigen eine beachtliche Abhängigkeit der Verteilungskoeffizienten VK_{Me} von der Klasse und Struktur der Amine. Fe^{3+}, V^{3+}, SE^{3+}, Ti^{4+}, Zr^{4+}, Th^{4+}, U^{4+} werden durch primäre Amine sehr wirksam abgetrennt. Mit steigender Verzweigung in den Alkylketten und beim Übergang zu sekundären und tertiären Aminen erfolgt Erniedrigung der VK_{Me}. V^{5+}, Mo^{6+} und U^{6+} zeigen auch unterschiedliches Extraktionsverhalten mit verschiedenen Aminen; doch besteht keine direkte Korrelation zwischen den Aminklassen und den Veränderungen der VK. Wenn man den Verdünnereinfluß beachtet, dann steigt der VK für U—VI von den primären zu den tertiären Aminen hin schwach an. Verzweigungen in der Nähe des Aminstickstoffs vermindern VK_{Me} stärker als die entfernter liegenden (Tabelle 27).

Wie wirkungsvoll der Struktureinfluß durch verschiedene Lösungsmittel verändert werden kann, ist aus der Tabelle 28 ersichtlich: Die drei sekundären Amine der Spalte A zeigen eine Umkehrung der Veränderung der VK_U mit dem Lösungsmittel. In der Verdünnerreihe Kerosin, Benzol, Chloroform steigt VK_U vom geradkettigen Di-decylamin bis zum mäßig verzweigten Di-tridecylamin in Benzol an und sinkt dann beim stark verzweigten Bis-(1-Butyl-3,5-dimethyl)-amin zum Chloroform hin ab.

Bei den tertiären Aminen finden sich analoge Veränderungen.

Tabelle 27: Einfluß der Aminstruktur auf die Extraktion der Metallsulfate

0,1 m SO_4^{--}, pH 1,1 g Me^{n+}/l, Phasenverhältnis 1:1, 0,1 m Amin in aromatischen KW. [Primene JM-T, Amine 21 F 81, Dilaurylamin, Di-(tridecyl)amin, Amine 24, Methyl-di-n-decylamin, Tri-iso-octylamin, tris-(2-äthylhexyl)amin]

Metallion	Primär		Secundär			Tertiär		
	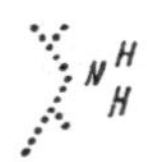					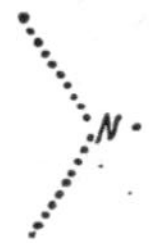		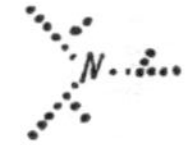
Mg, Ca, Al, V(IV), Cr(III), Mn(II), Fe(II), Co(II), Ni(II), Cu(II), Zn	0,1 —		0,01	0,01	0,01	0,01	0,01	—
V(III)	—	4[b]) [c])	—	0,1[b]) [c])	—	—	—	—
Fe(III)	40	—	0,5	0,5	0,1	—	0,01	—
SE(III)	20	—	—	0,1	0,01	—	0,01	—
Ce(IV)	50	15[b]) [c])	0,1	—	0,01	—	0,01	—
Ti(IV)	10	—	5	—	0,2	—	0,1	—
Zr	1000	—	—	350	—	—	200	1
Th(0,5 M SO_4)	5000[b])	5000[b]) [c])	—	500[b])	2[b])	—	0,1[b])	—
U(IV)	3000	5000[b]) [c])	200	—	50[b]) [c])	—	1[b])	—
V(V)	—	—	1	1	1	—	1	—
V(V) (pH 2)[a])	20	—	20	—	20	20	20	—
Mo(VI)[a])	150	—	200	—	400	400	150	3
Mo(VI) (pH 2)[a])	1000	—	1000	—	1000	1000	1000	—
U(VI)	40	10	80	120	50	50	90	0,2

[a]) VK_{Me} bei Beladung von 15 g V/l oder 3 g Mo/l. [b]) Extraktion aus 0,5 m SO_4^{--}-Lösung. Verteilungskoeffizient des Kations VK_{Me},
[c]) Verdünner ist Kerosin an Stelle von aromatischen KW.

Tabelle 28: Einfluß der Aminstruktur und des Verdünners auf den VK_U

0,1 m SO_4^{--}, pH 1, 0,004 m U, P.-V. 1:1, 0,1 m Amin

A. *Primäre und sekundäre Amine* (Primene JM-T, Amin 21F81, Di-n-decylamin, Di-(tridecyl)-amin, Amin-S-24)						
		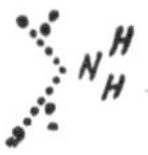	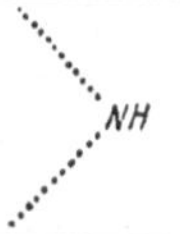		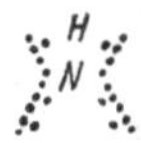	
Ker Ben Chl	3 10 90	25 40 50	—[a]) 90 150	80 120 40	110 20 2	
B. *Tertiäre Amine* (Methyl-di-n-decylamin, Tri-n-octylamin, Tris-(tridecyl)-amin, Tris-(tridecyl„B")-amin, Tris-2-äthylhexylamin)						
		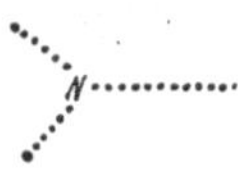		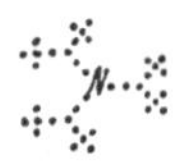		
Ker Ben Chl	—[a]) 50 50	30 150 5	140 60 0,3	7 1 0,1	0,1 0,2 <0,1	
C. *Dialkyllaurylamine* (Laurylamin, Dimethyl-, Diäthyl-, Dibutyl-, Dihexyl-; Trilaurylamin)						
					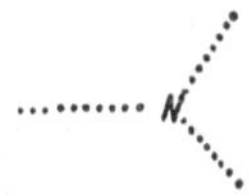	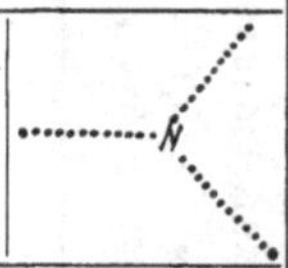
Ker Ben Chl	—[b]) <0,1[c]) 1[c])	— <0,1 7	— <0,1 20	—[a]) 95 10	—[a]) 110 6	70 140 4
D. *Alkyl-dilaurylamine* (Dilaurylamin; Methyl-, Butyl-, Benzyl-, (2 Hydroxy-äthyl)-dilaurylamin)						
		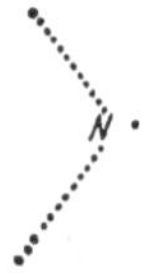		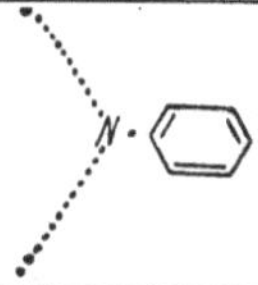	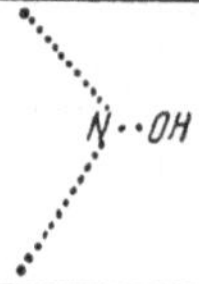	
Ker Ben Chl	—[a]) 80 100	6 70 40	— 140 7	15 50 4	2 5 2	

[a]) Abscheidung einer dritten Phase. [b]) Niederschlagsbildung. [c]) Emulsionsbildung.

Ganz allgemein findet man, daß sich mäßig verzweigte sekundäre wie geradkettige tertiäre und stark verzweigte sekundäre wie mäßig verzweigte tertiäre Amine verhalten. Steigende Verzweigung in den Alkylketten setzt also die VK_U mit Aminen herab, erhöht aber andererseits die Verträglichkeit mit den Lösungsmitteln (bessere Löslichkeiten, geringere Tendenz zur Bildung dritter flüssiger Phasen usw.). (Reihe A und B der Tabelle 28.)
Der Übergang von primären, sekundären, unsymmetrischen tertiären zu symmetrischen tertiären ist in der Reihe C der Tabelle 28 aufgeführt. Mit dem Ersatz von H durch eine immer länger werdende Kette steigt VK in Benzol an, während er bei Chloroform durch ein Maximum geht.
Sehr positiv wirkt sich die Substitution mit Benzyl aus, wohingegen die Einführung einer OH-Gruppe das Gegenteil bewirkt (Reihe D der Tabelle 28).
Die Zugabe von kleinen Mengen eines langkettigen Alkohols (z. B. Oxotridecanol) bewirkt den gleichen Effekt auf den VK_U wie der Übergang von Kerosin zu Benzol; er erhöht VK_U von geradkettigen tertiären und mäßig verzweigten sekundären Aminen, aber erniedrigt VK_U mit verzweigten tertiären und stark verzweigten sekundären Aminen. Hohe Konzentrationen an solchen Alkoholen senken den VK_U mit allen Aminen.

Tabelle 29: Extraktionsvermögen von N-Benzylheptadecyl- und analogen Aminen
0,1 m SO_4^{--}, pH 1, Phasenverhältnis 1:1. 0,1 m Amin in Kerosin, Benzol oder Chloroform

(N-Benzylheptadecylamin, N-Benzyltetradecylamin, N-Benzyldodecylamin, N-(2-naphthylmethyl)dodecylamin, N-(x-Methylbenzyl)dodecylamin, N-Benzyl-n-tetradecylamin)						
	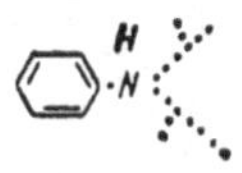	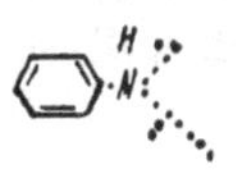	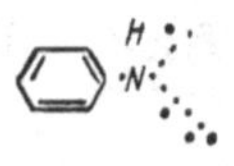	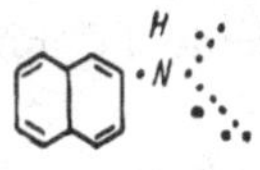	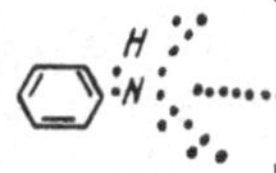	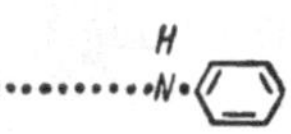
Ker Ben Chl	8000 2000 100	1000 1000 300	1000 1000 150	500 1000 125	—[a)] 1 0,2	—[a)] 400 250
N-(Cyclohexylmethyl)heptadecylamin, N-(Trimethylcyclohexyl)-heptadecylamin, N-n-Decyldodecylamin, N-(x-Phenylpropyl)-n-tetradecylamin, N-(x-Methylbenzyl)-2-Äthylhexylamin, Dibenzyllaurylamin						
		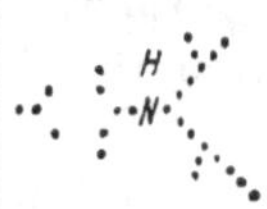	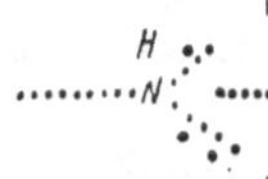	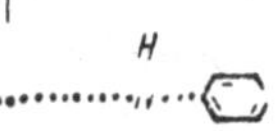		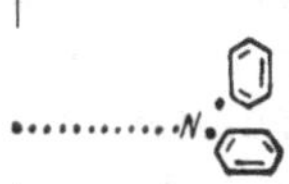
Ker Ben Chl	25 100 3	130 25 1	150 100 25	—[a)] 75 250	—[a)] 80 180	0,2 2 2

Besonders bemerkenswert sind die außerordentlich hohen VK_U von gewissen N-Benzyl-alkylaminen (Tabelle 29). Die Alkylgruppe muß dabei mäßig verzweigt sein, denn zu viele Verzweigungen verursachen hier genauso wie geradkettige Alkylgruppen die Veränderung des VK_U zu kleineren Werten hin.
Das Amin mit den günstigsten Eigenschaften ist hiervon das N-Benzyl-heptadecylamin (NBHA), daß sich mit seinem $VK_U = 8000$ zu analytischen und präparativen Arbeiten mit Lösungen sehr geringer Konzentration an Uran und Plutonium besonders gut eignet. Selbst bei sehr hohen Schwefelsäure- und Sulfatkonzentrationen, bei denen kein anderes Amin mehr zu extrahieren vermag, ist es noch wirksam.

2.552 Selektivität und Struktur

Das besonders unterschiedliche Extraktionsverhalten verschiedener Amine in Abhängigkeit von der Struktur (wie es aus den Tabelle 26, 27 und 28 hervorgeht), bringt einen weiten Spielraum der Selektivität mit sich. Durch entsprechende Auswahl der Amine kann man für eine Vielzahl von Metallionenpaaren sehr hohe Trennfaktoren (s. S. 21) für die Metalle Me_a und Me_b finden. — Bei einigen Metallpaaren kann man sogar durch die entsprechende Auswahl des Amins frei entscheiden, welches von den beiden Kationen man extrahieren will: z. B. kann man aus einer Uran-Thorium-Lösung mit gutem Erfolg zuerst entweder das Thorium mit einem primären oder das Uran mit einem sekundären Amin extrahieren (Tabelle 26) [B2].
Allgemein kann man feststellen, daß die Trennfaktoren dann am höchsten sind, wenn die Gesamtextraktionskonstanten relativ niedrig sind: z. B. ist für die Trennung Uran-IV/Molybdän-IV mit Tris-(2-äthylhexyl)-amin

$$\frac{VK_{Mo}}{VK_U} = \frac{3}{0,2} = TF_{Mo/U} = 15$$

und mit Triisooctylamin

$$\frac{VK_{Mo}}{VK_U} = \frac{1000}{90} = TF_{Mo/U} = 11.$$

Das bedeutet praktisch, daß sich eine „Molekülvergiftung“ (z. B. durch Kettenverzweigung) mit VK—verkleinernden Substituenten für die Trennwirkung oft günstig auswirkt.
Die Änderung des Verdünners kann ebenfalls die Selektivität eines Amins für bestimmte Metallionen verändern: So extrahiert das Di-(tridecyl)amin in Kerosin noch beachtliche Mengen Fe-III zusammen mit dem Uran. Setzt man aber 5% Tridecanol zum Kerosin zu, dann sinkt der VK_{Fe} so weit ab, daß praktisch kein Fe-III mehr extrahiert wird, wohingegen [B17, C1] der VK_U sich kaum verändert.

2.56 *Einfluß der Anionen auf die Extraktion*

Die Extraktion des Urans aus F^-- oder PO_4^{---}-haltigen Lösungen ist der aus SO_4^{--}-Lösungen analog, d. h. mit steigender Säure- bzw. Salzkonzentration sinkt der VK_U ab. [Abb. 34 und 35 aus C1.]

Im Gegensatz zu SO_4^{--}- und F^--haltigen Lösungen ist der VK_U in verdünnten Cl^-- und NO_3^--haltigen Lösungen sehr niedrig und steigt mit zunehmender Konzentration derselben an, weil sehr hohe Konzentrationen des Anions benötigt werden, um eine Komplexbildung zu erreichen. Essigsäure liegt in ihrem Verhalten zwischen diesen beiden Grenzfällen und zeigt ein Maximum bei 0,5 m.

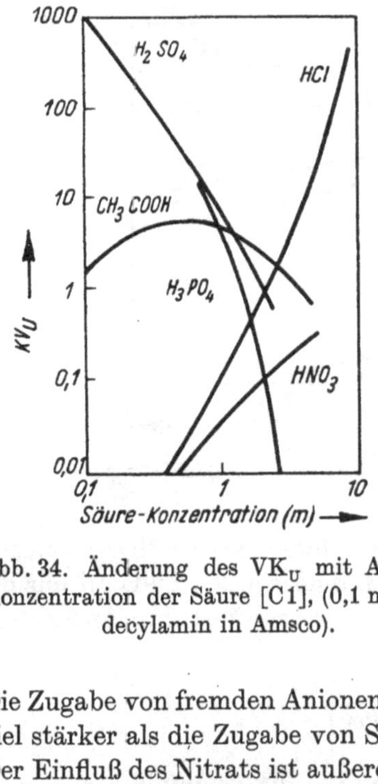

Abb. 34. Änderung des VK_U mit Art und Konzentration der Säure [C1], (0,1 m Tri-n-decylamin in Amsco).

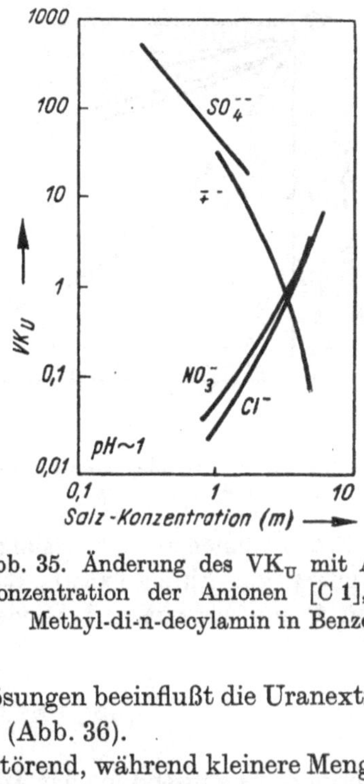

Abb. 35. Änderung des VK_U mit Art und Konzentration der Anionen [C 1], (0,1 m Methyl-di-n-decylamin in Benzol).

Die Zugabe von fremden Anionen zu Sulfatlösungen beeinflußt die Uranextraktion viel stärker als die Zugabe von Sulfat selbst (Abb. 36).

Der Einfluß des Nitrats ist außerordentlich störend, während kleinere Mengen von Chlorid keinen großen Einfluß ausüben. Aus diesem Grunde muß man bei der Anwendung in Prozessen, in denen man Nitrat als Abstreifer benutzt (s. Kap. 5), das Nitrat nach jedem Durchgang durch die Kolonne mit Alkali entfernen, bevor man das Extraktionsmittel in den Kreislauf zurückgehen läßt. Beim Abstreifen mit Chlorid kann man diesen Alkalizwischenabstreifer zumindestens teilweise umgehen, wenn man tertiäre Amine benutzt; bei sekundären Aminen ist der Chlorideinfluß wesentlich größer.

Der Einfluß der PO_4^{---}-Ionen ist noch geringer als der des Cl^-. Beim F^- sind die Verhältnisse etwas komplizierter: Die Gegenwart von F^- müßte sich wie die des PO_4^{---} auswirken, vermindert aber den VK_U noch stärker als die des Cl^-.

Obwohl das Extraktionsvermögen der Amine in reinen F^--Lösungen sehr hoch ist, weil nämlich trotz des schlechten Extraktionsvermögens für Uranfluorid die F^--Ionen selbst nicht um den Anionenaustausch konkurrieren, ist in Sulfatlösungen U als Fluorid komplex gebunden und Sulfat und Bisulfat gehen an das Amin in die organische Phase.
Das gesamte Extraktionsverhalten, die Extraktion von Cr^{6+} aber nicht Cr^{3+}, von Mg^{++}, Fe^{3+}, Co^{++} und nicht Ni^{++}, von Cu^{++}, Zn^{++}, Zr^{4+}, Hf^{4+}, Nb^{5+}, Ru, Po, Pa aber nicht Y und SE aus salzsauren Lösungen [S10, L5, E1, M13, M14, B2, M15, B12, B14, D4, A2] stimmt mit dem Sorptionsverhalten der Anionenaustauscher, wie sie KRAUS und NELSON [K9] fanden, überein.

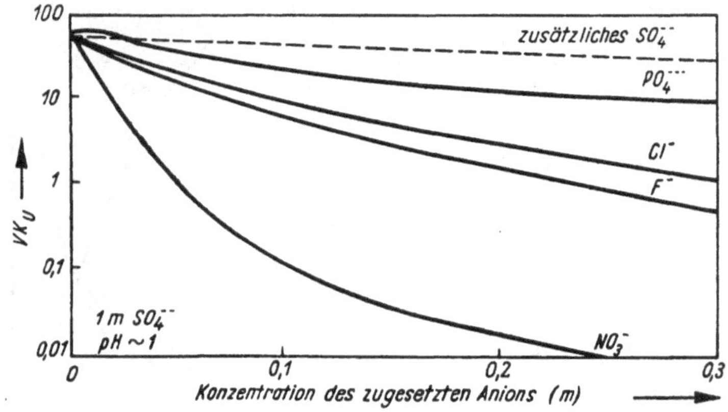

Abb. 36. Einfluß fremder Anionen auf die Uranextraktion aus Sulfatlösungen [C1].

Seltene Erden können aus Cl^--Lösungen nicht, aus schwach sauren NO_3^--Lösungen jedoch mit Trennwirkung extrahiert werden. Während bei den Sulfaten nur die primären Amine wirksam sind, werden die Nitrate nur von tertiären Aminen extrahiert [B18].

2.57 *Säureextraktion*

Die ursprüngliche Anwendung der Aminextraktion war die Trennung von Säuren. Neben der Gewinnung von organischen Säuren ist, infolge des relativ hohen Wertes und der großen Affinität zu den Aminen, dieses Verfahren auch für die Nitratgewinnung und -rückgewinnung besonders bei der Bearbeitung von Th-haltigen Aufarbeitungswässern mit dem doppelten Zweck der NO_3-Rückgewinnung und der Beseitigung des NO_3^--Einflusses auf die Thoriumsulfatextraktion [B19] rentabel.
Das Verhalten der Amine für die Säure-Solventextraktion ist allgemein untersucht worden. Nach der Gleichung

$$R_3N_{org} + HX_{aq} \leftrightharpoons R_3NHX_{org} \tag{12}$$

ändert sich die Menge der extrahierten Säure mit der einer charakteristischen Titrationskurve entsprechenden Säureaktivität. — Der pH-Wert am Punkt halber Neutralisation in homogener Lösung ist ein Maß für die Basenstärke des Amins. Im Zweiphasensystem ist dieser Wert ein kombiniertes Maß für die Basenstärke (Tendenz H^+-Ionen anzulagern) und seines Extraktionskoeffizienten für das Anion. Einige Werte finden sich in Tabelle 30.
Der Einfluß der Struktur auf die Verteilungskoeffizienten der Säuren ist dem von U^{4+} und Th^{4+} ähnlich. Es besteht kein scharfer Unterschied zwischen den Aminklassen:

Tabelle 30: pH-Wert am Punkt halber Neutralisation bei der Zweiphasentitration von Aminen mit Schwefelsäure (0,1 m Amin in Kerosin, Benzol, Chloroform)

Amin	Struktur	VK_U in		
		Kerosin	Benzol	Chloroform
Amine 21 F 81	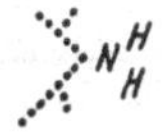	—	5,2	—
Di-n-decylamin		—	4,3	4,9
Di-tridecylamin		3,7	4,0	—
N-Benzyl-heptadecylamin	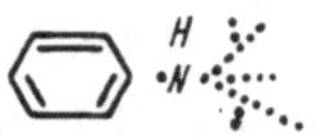	—	2,5	2,7
Amine S-24	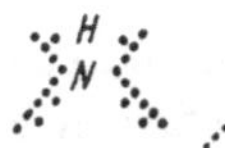	2,0	2,4	2,9
Tri-n-octylamin	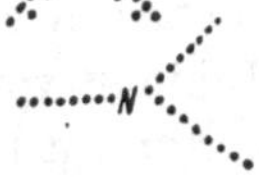	1,4	2,2	3,4
Tris(Tridecyl„B“)	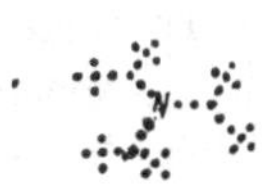	—	1,9	—
Tribenzylamin	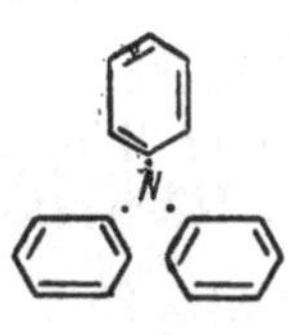	—	0	1,2

Geradkettige tertiäre Amine verhalten sich wie mäßig verzweigte sekundäre und verzweigtkettige tertiäre wie stark verzweigte sekundäre Amine. — Nach COLEMAN u. a. [C1] sollen für die Säuren vorwiegend elektronische Effekte der Substituenten wirksam sein, während die VK der Metallionen auch durch sterische Effekte der Substituenten beeinflußt werden (Verzweigung nahe am N-Atom).

2.58 *Anwendung der Aminextraktion*

Großtechnische Anwendung findet die Aminextraktion im AMEX-Prozeß (Kapitel 5), zur Aufarbeitung von Uranerzen (mehrere Betriebe mit 200 bis 3300 t Tageskapazität), zur Isolierung von Thorium und Vanadin aus diesen Erzen (s. S. 5) und im halbtechnischen Maßstab zur Trennung von Spaltprodukten aus Pu-Legierungen [W6].
In Modellanlagen wurde die direkte Abtrennung von Pu^{4+} aus stark ausgebrannten Reaktormaterial [J. C. Sheppard S12] und aus salpetersauren Lösungen [Wilson W1] und von Neptunium aus Rückständen [S12] untersucht.

Auf Grund ihrer hohen Selektivität lassen sich die Amine zur Trennung von sehr vielen Ionenpaaren, die sowohl rein analytisch als auch radiochemisch präparativ interessieren, verwenden: Niob-Tantal [L5], [E1], Protaktinium-Niob [M14], Protaktinium-Thorium, Zinn-Antimon, Cobalt-Chrom, Cobalt-Nickel, Cobalt-Zink [M13].
Ferner wurde auch die Anwendungsfähigkeit von Tetrabutylammoniumhydroxyd für die Trennung Plutonium-Uran [H13] studiert.

2.6 Chelate

2.61 *Theoretische Grundlagen der Chelatextraktion*

Wenn ein Metallion Me^{n+} aus der Wasserphase extrahiert werden soll, dann muß man es vorher von der gewöhnlich recht starken Hydrationenhülle, die es sehr hydrophil macht, befreien. Neben der Bildung von undissoziierten Salzen, die in der organischen Phase gut löslich sind, kann man Metallkationen auch durch Bindung an innere Komplexbildner extrahierbar machen. Solche chelatisierenden Moleküle haben sowohl die Tendenz mit Schwermetallionen starke Komplexe zu bilden, als auch dieselben wirksam zu dehydratisieren. Infolge dieser chelatisierenden Wirkung erfolgt die Extraktion mit sehr geringer Ligandenkonzentration.

Der Extraktionsvorgang, die Überführung der Ionen Me^{n+} aus der Wasserphase in ein organisches Lösungsmittel unter Bildung eines ungeladenen Chelats mit Hilfe eines inneren Komplexbildners HA*) erfolgt nach der Reaktion

$$Me^{n+}_{aq} + n\,HA_{org} \leftrightharpoons MeA_{n\,org} + n\,H^{+}_{aq}. \qquad (1)$$

Die Gleichung läßt erkennen, daß hierbei — im Gegensatz zu den anderen Extraktionsmitteln — die H^+-Konzentration vorwiegend auf das Extraktionsgleich-

*) Das Symbol HA für einen Chelatbildner soll darauf hinweisen, daß diese Verbindungen als schwache Säuren im Sinne von $HA \leftrightharpoons H^+ + A^-$ zu dissozifieren vermögen.

gewicht einwirkt. Diese direkte pH-Abhängigkeit ist auch aus der Form der Extraktionskurven ersichtlich (Abb. 37), die auch aus den Komplexbildungskurven der Metallchelate nach der potentiometrischen Methode erhalten werden. Die Gesamtextraktionskonstante der Chelatextraktion nach der Gleichung (1) besitzt — im Gegensatz zu den anderen Extraktionssystemen, die weitgehend durch Salzeffekte usw. beeinflußt werden — eine definierte, theoretisch einfache Abhängigkeit von 4 Grundgrößen der an der Extraktion beteiligten Substanzen [DYRSSEN D1]*).

$$VK_{Me} = K_k \cdot VK_{MeA_n} \left(\frac{K_s}{VK_{HA}}\right)^n. \qquad (2)$$

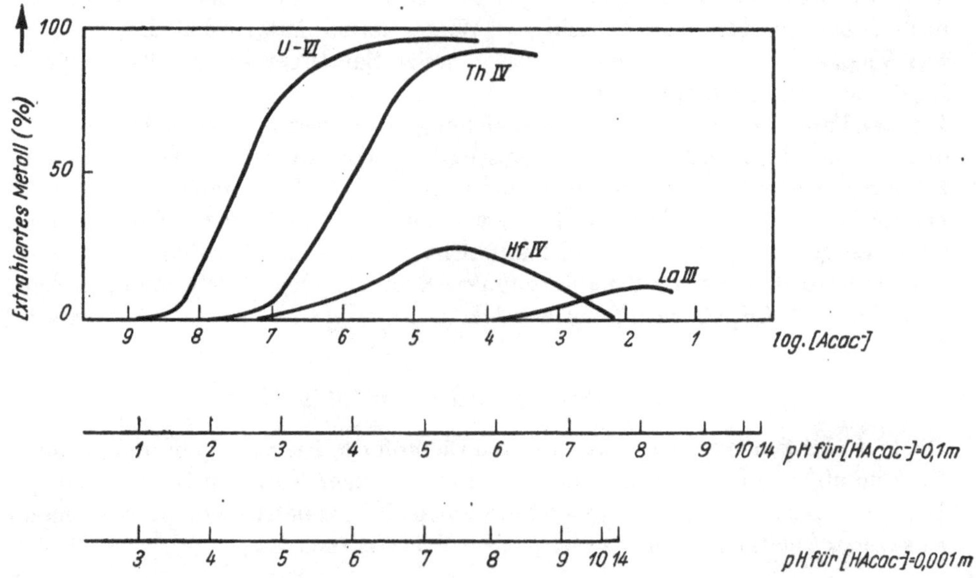

Abb. 37. Extraktion von Metallionen mit verschiedenen Konzentrationen Acetylaceton in Hexon bei verschiedenen pH-Werten [R5].

Darin bedeutet:

$$K_k = \frac{[MeA_n]}{[Me^{n+}]\,[A^-]^n} \qquad (3)$$ Komplexbildungskonstante des Chelats.

$$VK_{MeA_n} = \frac{[MeA_n]_{org}}{[MeA_n]_{aq}} \qquad (4)$$ Verteilungskonstante des Komplexes zwischen den beiden Phasen.

$$K_s = \frac{[H^+]\,[A^-]}{[HA]} \qquad (5)$$ Säuredissoziationskonstante des Komplexbildners HA.

$$VK_{HA} = \frac{[HA]_{org}}{[HA]_{aq}} \qquad (6)$$ Verteilungskonstante des Komplexbildners.

*) Thermodynamisch exakter wäre es, Aktivitäten an Stelle der Konzentrationen zu setzen!

Man ersieht aus dieser Gleichung (2), daß die Verteilungskonstante für ein bestimmtes Metallion um so größer ist, je

stabiler der gebildete Komplex,
größer die Verteilungskonstante des reinen Komplexes,
acider der Komplexbildner,
kleiner die Verteilungskonstante des Chelatbildners sind.

Die Größen von K_k und K_s für einen bestimmten Komplexbildnertyp (z. B. β-Diketonate) sind nicht beliebig durch Veränderungen am Molekül einzeln variierbar, sondern weitgehend durch die Korrelationsgerade miteinander verknüpft; d. h. bei Substitution am Grundkörper ändern sich in den allermeisten Fällen beide Größen in der gleichen Richtung [Williams und Mitarb. J2]. Die Größen von VK_{MeA_n} und VK_{HA} können durch günstige Substituenten wie Tetrahydrofuryl- auch beeinflußt werden.
Vielfach kann man die im Sinne von Gleichung (3) stabilsten Komplexbildner mit den theoretisch guten Extraktionseigenschaften nicht anwenden, weil infolge der zu geringen Acidität der entsprechenden Chelatbildner die Komplexbildung erst bei solchen pH-Werten erfolgt, bei denen die Kationen vieler Schwermetalle schon weitgehend hydrolysiert und damit nicht mehr extrahierbar sind. Aus diesem Grunde werden sehr saure Komplexbildner (durch Halogensubstitution oder Einführung von $-CF_3$-Gruppen) angewendet.

2.62 *Einfluß des Lösungsmittels*

Die beste Löslichkeit für Chelate besitzen Chloroform, Benzol, Xylol und Hexon. Ihr Einfluß auf die Extrahierbarkeit 3- und 4wertiger Kationen ist sehr gering. Dagegen wächst die Extrahierbarkeit der Ionen MeO_2^{++} relativ stark an, wenn man zu sauerstoffhaltigen Lösungsmitteln übergeht [Dyrssen D1].

2.63 *Einfluß der Wertigkeit des Kations*

Die Stabilitätskonstanten der Chelate K_k steigen mit zunehmender Wertigkeit stark an. Dementsprechend werden 4wertige Kationen wesentlich besser extrahiert als dreiwertige und diese wiederum besser als die zweiwertigen.

2.64 *1.3-Diketone*

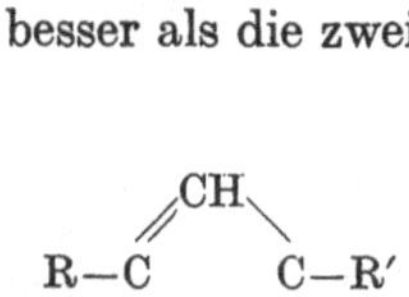

Die Extraktionseigenschaften des einfachsten Diketons Acetylaceton (R=R=$-CH_3$) sind von Rydberg [R5, R6, R7, R8, D29, R10] sehr eingehend untersucht worden. Er fand, daß die Komplexe von U^{4+} und Th^{4+} leicht extrahierbar sind,

Tabelle 31: Trennung verschiedener Metalle durch Solventextraktion mit Thenoyl-2-trifluoraceton (TTA)

Me	getrennt von	Autor	Lit.
Np	Spaltprodukten	MOORE	M3
Np	von Pu	—	M17
^{237}Np	Spaltprodukten, U	NAIRN, COLLIB u. a.	N1
^{239}Np	Aus Lösungen homogener	—	M7
^{239}Pu	Reaktoren		
Pu	anderen Produkten	PEPPARD	P6
Pu	Spaltprodukten, U	CUNNINGHAME, u. a.	C5
^{231}Pa	Spaltprodukten, -material	NAIRN, COLLINS	N1
Pa	Spaltprodukten, -material	MENNIS	M9
Pa	anderen Elementen	BOUISSIERS	B9
Th	Zr, Mg, Pa, Pu, Np, Fe	HYDE	H10
Th	anderen Elementen	MENNIS	M9
Th	anderen Elementen in	DAY, SOUGHTON	D2
	Gegenwart verschiedener	FRY, BARNEY, SOUGHTON	F2
	Anionen	ZEBROWSKY, ALTER	Z1
U	anderen Elementen unter verschiedenen Bedingungen	MENNIS	M9
Ac	Th, Po, Pb, Bi, Tl-I, Tl-III	HAGEMANN	H11
Ac	Spaltprodukten	HALL, TEMPLETON	H14
Ce	Spaltprodukten	SMITH, MOORE	S6
Sc	Ca	BROIDO	B10
Sc	Ca	MÜNZE, JANTSCH	M8
U	SE–SP	GÖTTE	G11
Am	La	WERNER	W3
Be	trägerfrei	—	B7
Bk-Cf-E-Fm-Verteilung		MAGNUSON	M10

Tabelle 32: Trennung verschiedener Metalle durch Solventextraktion mit verschiedenen β-Diketonen

Me	getrennt von	Autor	Lit.
U	Spaltprodukten mit Acetylaceton	KRISHEN	K7
U	Sr, Hf, SP, Pr mit Acetylaceton	RYDBERG	R5
Li	Alkalimetallen mit Dipivaloylmethan	—	G5
Zr	Hf mit Trifluoracetylaceton	SCHULTZ	S8
	Trifluoracetylaceton	LARSEN	L2
	Furoyl-2-trifluoraceton	—	L2
	Thenoyl-2-trifluoraceton	—	L2
	Pyrroyl-2-trifluoraceton	—	L2

La^{+++} und Sm^{+++} dagegen schwer. UO_2^{++} läßt sich nur extrahieren, wenn Hexon als Lösungsmittel verwendet wird.

Die bisher günstigsten Eigenschaften besitzen die CF_3-substituierten β-Diketone. Unter ihnen ist das Thenoyl-2-trifluoraceton das bekannteste (TTA; R =  R' = $-CF_3$). Besonders gute Solventextraktionseigenschaften soll auch das 3,4-Dichlorbenzoyl-perfluorpropionyl-methan DPHH (R = 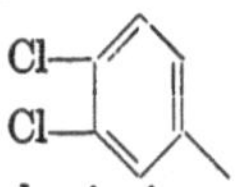 R' = $-C_3F_7$) besitzen, dürfte aber infolge seiner kostspieligen und schwierigen Darstellung kaum Anwendung finden. — Die biarylierten β-Diketone (wie das Dibenzoylmethan, R = R' = C_6H_6-), besitzen zwar recht günstige Extraktionskonstanten, aber die geringe Löslichkeit der interessierenden Komplexe (< 10^{-3} Mol/l) stellt eine praktische Anwendung zur Solventextraktion außer Frage. Sie dienen lediglich analytischen Extraktionen mit anschließender colorimetrischer Bestimmung [H12, S9]. — Nach Untersuchungen von Beer [B8] sind von Tetrahydrofurfuryl-2-substituierten 1,3-Diketonen sehr gute Solventextraktionseigenschaften und beachtlich gute Löslichkeiten der entsprechenden Komplexe zu erwarten.

Technisch fand von den β-Diketonen nur das TTA für die Solventextraktion von bestrahltem Spaltmaterial im Chelatprozeß [s. 5.4, Culler C7, C8] Anwendung. Radiochemisch wird es aber noch zur Abtrennung und Feinreinigung von Spaltmaterialien, Spaltprodukten und in der Isotopenproduktion eingesetzt (Tabellen 31 und 32).

2.65 *8-Oxychinoline*

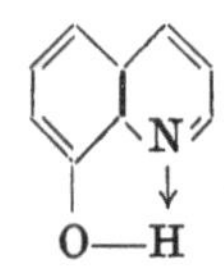

In bezug auf die Solventextraktion der verschiedensten Kationen sind die Oxine am intensivsten untersucht worden. Es gibt auch kaum Metalle, die man nicht mit Oxin extrahieren kann; die Folge davon allerdings ist verringerte Selektivität bei der Extraktion, die unbedingt Mehrstufenprozesse oder die Zugabe von maskierenden Agenzien wie Komplexon, Oxalat, Tartrat verlangt.

Die Untersuchungen der Oxinextraktion von Lanthaniden und Aktiniden setzte erst nach 1950 ein und wurde von Dyrssen [D1] durchgeführt:

Die Extraktionskonstanten des Grundkörpers sind sehr klein, und außerdem wird die Extraktion durch Hydrolyse verwischt. Arbeitet man aber zur Verhinderung des Hydrolyseeinflusses bei niedrigen pH-Werten, dann führt die Salzbildung des Oxychinolins am heterocyclischen Stickstoff zur Verringerung der Ligandenkonzentration in der organischen Phase und damit zu Verlusten. 5,7-Dichloroxin hat diese beiden Nachteile nicht, besitzt aber eine viel zu geringe Löslichkeit in den organischen Solventien. Einführung von Methylgruppen verringert das Extrak-

tionsvermögen, Acetylgruppen erhöhen es. Weitere Einführung von Substituenten ist nur noch theoretisch interessant (sterische Hinderung, Überlagerung von Substitutionseffekten).
Radiochemisch wird von der Oxin-Solventextraktion nach NICON und PENNEMAN [N4] zur Trennung Pu/Am, nach WARREN und MOORE (unveröffentlicht) zur Trennung Pu/U, zur Extraktion von U, [R14] nach LAWSON und KAHN [L3] zur Trennung von In/Cd und nach LERNER und PINTO [L4] zur Abtrennung der Lanthaniden von Be, Mg, Ti, U, Fe, Cr Gebrauch gemacht. Ansonsten liegt die Anwendung des Oxins für Solventextraktion nur auf dem Gebiet der analytischen Chemie [z. B. U1]. Eine Zusammenfassung sämtlicher Zitate (bis 1954) über Oxinextraktion aller Elemente findet sich bei KUZNETSOV [K8].

2.66 *Tropolone*

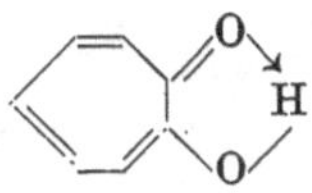

Tropolone sind ausgezeichnete Komplexbildner und besitzen gutes Extraktionsvermögen. Sie gestatten z. B. bei pH2 eine saubere Trennung des Th^{++++} und U^{++++} von den Lanthaniden [D1, D3]. Sie sind aber außerordentlich schwierig in brauchbaren Mengen darzustellen; selbst das in etwas größeren Mengen in einer chilenischen Kiefernsorte vorkommende Tujaplicin (6-Isopropyl-tropolon) wird sicher viel zu teuer sein, um auch nur analytisch anwendbar zu werden.

2.67 *Cupferrone*

Cupferron (Ammonium-N-nitroso-phenyl-hydroxylamin) trennt UO_2^{++} von Ti^{4+}, Ce^{4+}, Th^{4+}, U^{4+} sehr gut ab [F3]; die VK liegen sehr hoch. Ebenfalls ist die Trennung von Pu^{4+}/Am^{3+} sehr einfach, wenn man in Gegenwart von Redox-Puffern arbeitet. — Leider ist aber der Chelatbildner gegenüber Säuren, ganz besonders aber gegenüber Salpetersäure und in Gegenwart von Eisenspuren, sehr empfindlich.
HAEFNER, NILSON und HULTGREN [H13] haben nachgewiesen, daß Neo-Cupferron (Ammonium-N-nitroso-naphthyl-hydroxyl-amin) gegenüber dem Cupferron ca. 38—50mal länger (ca. 40 min) haltbar ist, so daß es zur Isolierung von geringen Mengen Pu aus Uranlösungen und zur analytischen Bestimmung desselben verwendet werden kann.

2.68 *Andere Komplexbildner*

Weitere Komplexbildner, die auf die Zweiphasenverteilungseigenschaften von Th, U, SE und SP untersucht wurden, sind:

Isonitrosoketone wie [D1] o-Naphthochinonmonoxime

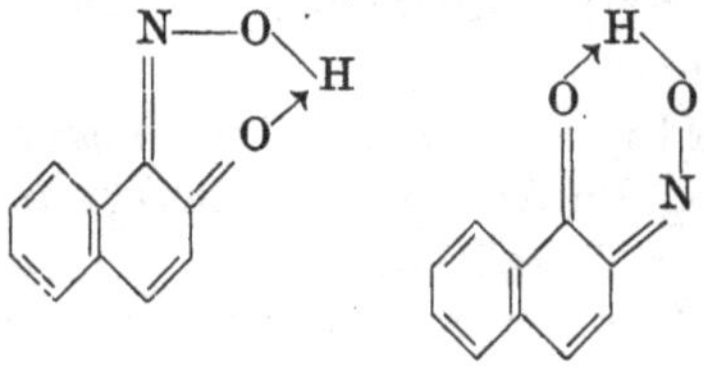

Salcomine wie [D1] Salicylaldehydäthylendiimin

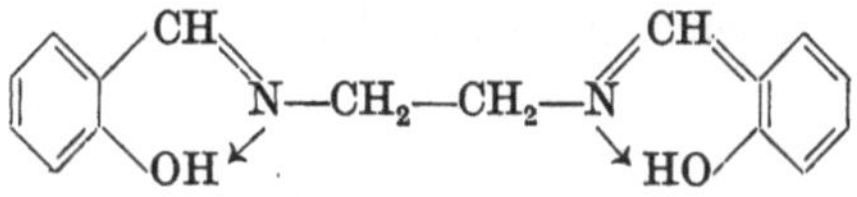

Hydroxamsäuren wie [D1] N-Phenylbenzhydroxamsäure

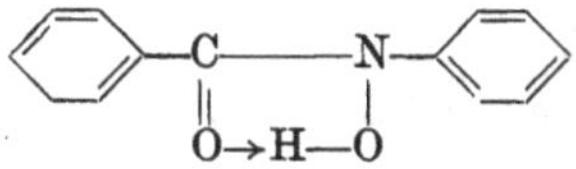

Dithizon [B11]

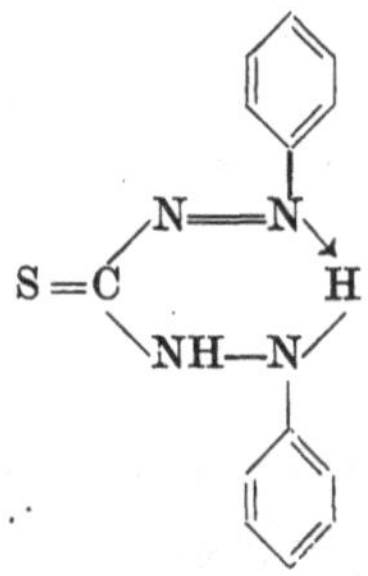

Salicylsäure in Furfurol [C9]

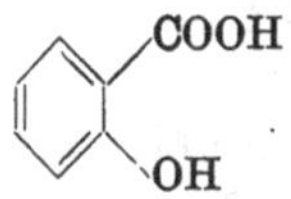

2.69 *Strahlungsstabilität*

Auf die Stabilität gegenüber chemischen Agenzien ist bei den entsprechenden Verbindungen schon hingewiesen worden. Die Resistenz der Chelate gegenüber radioaktiver Strahlung ist sehr gering; intensive Zersetzung und Verminderung des Extraktionsvermögens erfolgt nach HAMMOND schon bei $> 0{,}0001$ wh/gr (^{60}Co-Quelle).

3 DAS EXTRAKTIONSVERHALTEN DER SPALTMATERIALIEN, SPALTPRODUKTE UND KORROSIONSPRODUKTE

3.1 Einleitung

Das Extraktionsverhalten der Elemente wird außer von den rein physikalisch-chemischen Problemen der Zweiphasenverteilung weitgehend von den chemischen Eigenschaften der Elemente selbst bestimmt. Das folgende Kapitel befaßt sich daher mit der Wiedergabe der chemischen Eigenschaften, die für das Extraktionsverhalten der verschiedenen Elemente, wie sie in Lösungen bestrahlter Kernbrennstoffe vorliegen, von Bedeutung sind.

Dabei hat sich der Chemiker mit 3 Gruppen von Elementen zu beschäftigen: den Actiniden, den Spaltprodukten sowie den Korrosionsprodukten und Legierungsbestandteilen, die je nach Art und Behandlung des Brennelementes und der Behältermaterialien vor oder während des Extraktionsprozesses in die Lösung gelangen.

Actiniden

Zur Kernspaltung mit thermischen Neutronen unter Aufrechterhaltung einer Kettenreaktion sind die Isotope ^{233}U, ^{235}U und ^{239}Pu geeignet, es treten also die Elemente Uran und Plutonium auf. Dazu kommt noch das Thorium, aus dem das ^{233}U durch Neutroneneinfang und β-Emission über das Protaktinium entsteht. In der Lösung des bestrahlten Brennstoffes finden sich noch einige Transurane, die vor allem hinsichtlich des Abfallproblems von Interesse sind (s. S. 16). Deshalb soll im folgenden auch das Verhalten der Elemente Np, Am und Cm im Extraktionsprozeß Erwähnung finden.

Spaltprodukte

Eine Tabelle über die chemische Zusammensetzung und die Aktivität der Spaltprodukte nach 230 Tagen Bestrahlungs- und 104 Tagen Abkühlungszeit findet sich auf S. 16. Ihr chemisches Verhalten im Extraktionsprozeß soll an Hand der wichtigsten und typischsten Vertreter erläutert werden.

Legierungsbestandteile und Korrosionsprodukte

Es ist nicht möglich, alle in Frage kommenden Elemente dieser Gruppe in bezug auf ihr Verhalten im Extraktionsprozeß ausführlich zu erläutern. Deshalb sei nur auf die häufigsten Bestandteile hingewiesen. Neben dem Zirkon wird vor allem das Eisen zu beachten sein. Es kann im Brennelementenmaterial vorhanden sein, tritt aber auf jeden Fall als Korrosionsprodukt der im Aufarbeitungsprozeß verwendeten rostfreien Stahlbehälter und -materialien auf. In gleicher Weise sind natürlich andere Elemente von Stahllegierungen in der Lösung vorhanden, von denen vor allem Nickel, Chrom, Vanadin und Molybdän Erwähnung finden sollen.

3.2 Thorium

3.21 *Extrahierbare Verbindungen*

Die Löslichkeit des $Th(NO_3)_4$, ($HNO_3 > 5$ m), in Äther wird schon seit 1927 [I6] zur Extraktion des Th ausgenutzt. Nach 1945 wurden diese Untersuchungen durch Katzin und Mitarbeiter [K16] für die Kernforschung wesentlich erweitert:

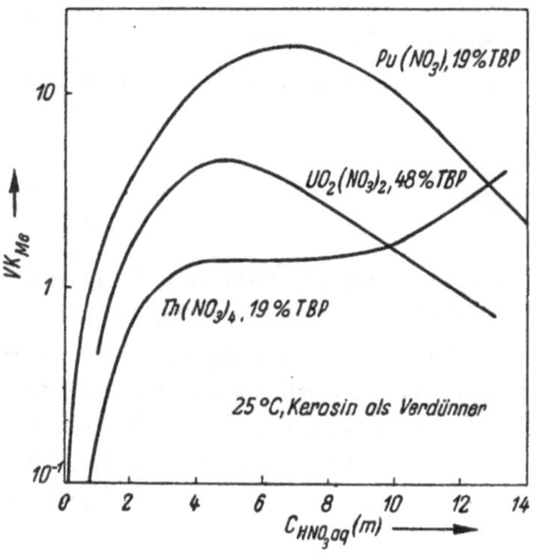

Abb. 38. Verteilungskoeffizient von Th, U und Pu zwischen HNO_3 und TBP-Lösungen.

$Th(NO_3)_4$ wird von den verschiedensten Äthern [B35, V3] aus 1 m HNO_3 (+ 3 m NH_4NO_3 als Aussalzmittel) nicht, wohl aber aus Lösungen > 5 m HNO_3 extrahiert. Aus der gleichen Lösung, aus der die Äther noch unwirksam sind, extrahieren Polyäther in einer Stufe $\sim 25\%$, höhere Alkohole $\sim 5\%$, Ester 1–2%, Ketone und Keton-Ester-Gemische [A5] 20–30% des in der Wasserphase vorhandenen Thoriums. Lösungen neutraler Phosphorsäureester wie des TBP, besitzen für Th-Nitratlösungen je nach der Art der Alkylreste Verteilungskoeffizienten von $VK_{Th} = 2-5$ (Abb. 38), wirken also schon wesentlich besser als Äther, Ester und Ketone. Sie werden aber in ihrer Extraktionskraft von den sauren Phosphorsäureestern, die neben ihrer Neutralsalzextraktion auch Kationenaustauschwirkung für positive Ionen besitzen, noch wesentlich übertroffen ($VK_{Th} = 10-35$). In der gleichen Größenordnung liegen auch die Verteilungsdaten für in Kohlenwasserstoffen gelöste Amine [C13].

Th-Salze anderer Säuren werden von Ketonen, Äthern und Estern praktisch nicht extrahiert. Nur mit TBP besitzt das Thorium in 10–12 n HCl günstige Verteilungseigenschaften. Dagegen weisen die sauren Phosphate für Th in ClO_4^- und SO_4^{--} und die Amine (besonders primäre) für SO_4^{--} auf Grund ihrer Ionenaustauschfähigkeit beachtliche Verteilungskoeffizienten von > 1000 auf.
Neben diesen Thoriumverbindungen besitzen seine Chelatverbindungen mit Innerkomplexbildnern noch sehr hohe, wenn auch stark pH-abhängige Verteilungskoeffizienten (s. Kap. Abb. 37). Sie finden allerdings nur für Feinreinigungen kleiner Mengen und für analytische Trennungen praktische Verwendung.

3.22 *Komplexbildung*

Die Komplexbildung des Th^{4+} mit NO_3^- ist von verschiedenen Autoren aus dem TTA- und TBP-Extraktionsverhalten bei unterschiedlichen Ionenstärken in $HClO_4$ untersucht worden [D2, F4, Z1]. Die Werte sind in der Tabelle 33 zusammengefaßt.

Tabelle 33: Stabilitätskonstanten der Nitrat-Komplexe des Thoriums bei verschiedenen Ionenstärken [D2, F4, Z1]

Komplex \ Ionenstärke	0,5	2,0	5,97
$Th(NO_3)^{3+}$	4,73	6	2,83
$Th(NO_3)_2^{2+}$		13	1,41
$Th(NO_3)_3^{+}$		10	
$Th(NO_3)_4$		5,5	

Für die anionischen Komplexe sind noch keine Werte bestimmt worden. Ihre Existenz ist aber auf Grund des Absorptionsverhaltens an Anioniten [D5] und der Extraktion mit Aminen [C13] sichergestellt. Bei den letzgenannten Untersuchungen ergibt sich, daß in diesem Falle bevorzugt die koordinationssymmetrische Form $Th(NO_3)_6^{--}$ neben der Vorstufe $Th(NO_3)_5^-$ in der Lösung vorhanden sein muß.
Die Komplexbildung mit SO_4^{--} ist wesentlich stärker als die mit NO_3^-. Die Konstante K_1 wurde von Zebroski und Mitarbeitern zu 2850 bestimmt [Z1]. Auch die Konstanten für den anionischen Komplex dürften wesentlich größer sein als für die Nitratkomplexe, da der VK_{Th} mit flüssigen Anionenaustauschern aus Sulfatlösungen sehr groß ist.
Neben diesen aufarbeitungstechnisch wichtigen Komplexen sind auch die Daten für solche mit anderen Anionen bestimmt worden [K33]. Ihre Tendenz zur Komplexbildung steigt in der Reihenfolge

$$ClCH_2COO^- < Cl^- < ClO_3^- < Cl_2CHCOO^- < BrO_3^- < ClCCOO^- < PO_4^{---} < F^-.$$

Von ZEBROWSKI [Z1] wurden selbst die Konstanten für die gemischten Komplexe vom Typ $[Th(NO_3)F]^{++}$ und $[Th(NO_3)F_2]^+$ ermittelt.
Die Chelatverbindungen des Thoriums, unter ihnen besonders die mit β-Diketonen und 8-Oxychinolinen sind vorwiegend von DRYSSEN und RYDBERG [D1, R5—R10] bearbeitet worden. Die Bildungskonstanten liegen alle wesentlich höher als die der 3- und 2wertigen Kationen; demzufolge werden auch die Th-Komplexe bei tieferen pH-Werten gebildet und extrahiert.

3.23 *Hydrolyse*

Als vierwertiges Kation besitzt das Th-Ion ausgeprägte Hydrolysetendenz. Der Hydrolysegrad (%) verschiedener Th-Salze [G17] beträgt bei unterschiedlichen Konzentrationen:

Konz. Th (m)	$Th(NO_3)_4$	$ThCl_4$	$Th(SO_4)_2$
0,1		0,88	0,58
0,01	5,7	5,47	5,04

Der Mechanismus der Hydrolyse [S24] ist sehr kompliziert: er beginnt mit primären Hydrolyseprodukten [K39].

$Th^{4+} + 4H_2O \leftrightharpoons Th(OH)_2^{2+} + 2H_3O^+$	$K = 3{,}4 \cdot 10^{-8}$
$2Th^{4+} + 4H_2O \leftrightharpoons Th_2(OH)_2^{6+} + 2H_3O^+$	$K = 2{,}6 \cdot 10^{-5}$

und verläuft über die Bildung von Mehrkernkomplexen mit —OH- und —O-Brücken bis zum Thoriumdioxydhydrat, dessen Löslichkeitsprodukt in Wasser 10^{-39} beträgt.

Solvatation des Th^{4+}

Die Hydratationszahl des Th^{4+} in wäßrigen Lösungen beträgt 12 [G17], die Koordinationszahl mit anderen Liganden vorwiegend 8. In den organischen Phasen der Th-Extraktion findet man neben den 4 NO_3^--Anionen, gewöhnlich 4, aber bisweilen auch nur 2 weitere Solventmoleküle pro Thorium [F4, S3, K11, M5, C8, S22]. Die Stabilität der Solvate ist nach der Größe der Solvatationsenergie, die übrigens mit der Basizität des Lösungsmittels anwächst, als recht beachtlich einzuschätzen. Nach Angaben von NIESE [N2] liegen in der organischen Phase einfacher Äther und Ketone keine definierten Solvate vor. Bei den Lösungen von Aminen in organischen Verdünnern jedoch ergibt sich aus den Extraktionsdaten, daß definierte Solvate der Zusammensetzung $H_2[Th(NO_3)_6] \cdot 2$ Amin gebildet werden.

3.3 Protaktinium

3.31 *Extrahierbare Formen*

Von den bekannten Solventien haben sich für die Extraktion von Pa Äther als unbrauchbar, eine ganze Reihe von Ketonen und langkettigen Alkoholen als brauchbar und Diisopropylketon, Dialkylcarbinole, TBP und TTA als ausgezeichnet erwiesen [G13, E2, M14]. Im Gegensatz zu anderen Kationen, bei denen VK_{Me} mit steigender HNO_3-Konzentration wieder abfällt, steigt der VK_{Pa} mit zunehmender Acidität an (Abb. 39). Für HCl- und HBr-Lösungen gelten analoge Bedingungen (Abb. 40) [G4]. Aus den Extraktionskurven beider kann man weiterhin

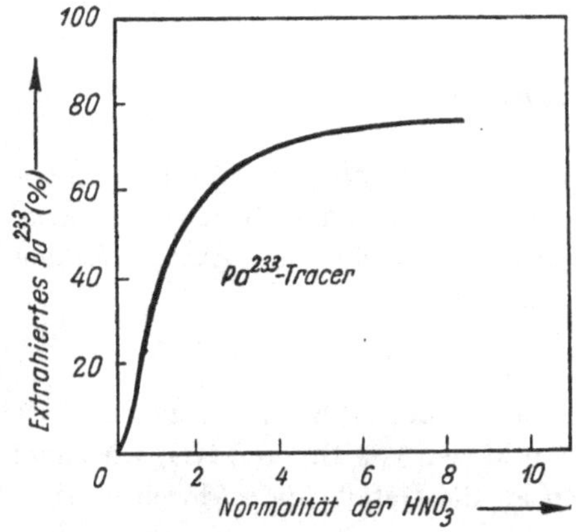

Abb. 39. Extraktion von Pa durch Diisopropylketon aus HNO_3 [K17].

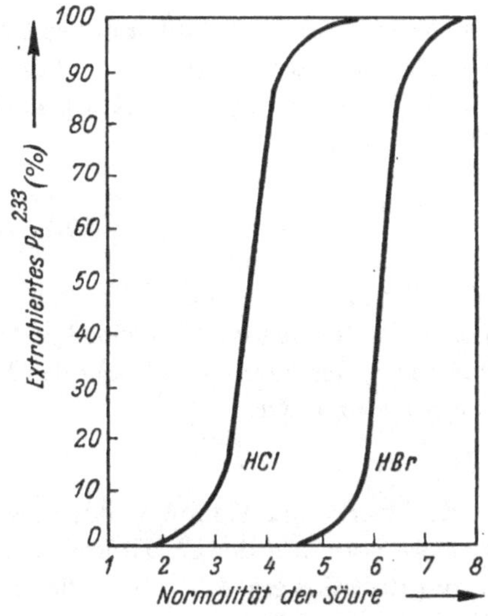

Abb. 40. Extraktion von Pa durch Diisopropylketon aus HCl und HBr [K17].

entnehmen, daß die Cl^--Komplexbildung stärker ist als die des Br^-. Aus der Abhängigkeit der Extraktion des Pa von der 3. Potenz der Konzentration der H^+-Ionen und gleichzeitig geringen Beeinflussung durch die Änderung der NO_3^--Konzentration, schließen Goble und andere [G4], daß Pa in der organischen Phase als $H[PaO(NO_3)_4]$, und in der wäßrigen Phase als $[PaO_2(NO_3)_4]^{3-}$ vorliegt.

F^- verhindert die Extraktion von Pa vollständig [K29]; eine Folge der Bildung des stabilen, nicht extrahierbaren Komplexes $[PaF_7]^{2-}$. Allerdings kann man durch Zugabe stärkerer F^--Komplexbildner wie Al^{3+}, Fe^{3+}, Borsäure und Th^{4+} das Pa auch aus F^--Lösungen extrahierbar machen. Durch diese günstige Eigenschaft wird F^- zum eleganten Abstreifer für Pa, weil es einerseits die hydrolytische Polymerisation in der Wasserphase verhindert, z. a. aber für wiederholte Reinigungszyklen sehr einfach maskiert werden kann [E3]: z. B. verfährt man bei der Gewinnung von Pa aus Uranylsalzlösungen mit Diisopropylketon so, daß man zunächst aus

8 n HCl/0,5 n HF Verunreinigungen wie Fe und Po entfernt, dann wird durch Al^{3+}-Zugabe Pa extrahierbar gemacht. Zr^{4+} und Al^{3+}, die durch den Aussalzeffekt mit in die organische Phase gelangen, werden mit 8 n HCl abgestreift und schließlich das Pa mit F^- rückextrahiert. 2 solche Zyklen genügen zur Erzielung radiochemischer Reinheit.
Bei der Extraktion mit TBP [E4, K17] nützt man die Komplexbildung mit F^- ebenfalls aus, um Pa selektiv aus reinem TBP abzustreifen.
Wendet man TTA als Extraktionsmittel an, dann kann man mit starken Mineralsäuren alle Elemente ohne merkliche Verluste an Pa abstreifen. Diese Methode eignet sich besonders zur Trennung von den Elementen Zr, Hf und Fe. Die Rückextraktion des Pa selbst geschieht dann mit HF oder Oxalsäure [K17].
Auch die Extraktionsfähigkeit des Oxins ist überprüft worden [M29]. Anwendung als Anreicherungsverfahren findet die Solventextraktion bei der Pa-Isolierung nach der Methode von KATZIN [K30], nach ELSON [E3] und nach GOLDEN [G13] mit Diisopropylketon.

3.32 *Komplexbildung*

Über die Komplexbildung des Pa liegen noch keine quantitativen Messungen vor. Das Auftreten neuer Banden im Spektrum des Pa mit steigender Säurekonzentration kann man der Komplexbildung des Pa mit Anionen zuschreiben. Auf die Reihenfolge der Anionen

$$F^- > Cl^- > Br^-, > NO_3^-$$

in der Stärke der Komplexbildung wurde schon in der Abb. 40 hingewiesen. Die größere Stabilität der Cl^--Komplexe gegenüber denen von Br^- und NO_3^- wird auch durch die stärkere Adsorption der letzteren an die Gefäßwände (durch stärkere Hydrolyse und Polymerisation) angedeutet.

3.33 *Oxydationsstufen*

Die stabilste Oxydationsstufe des Pa ist Pa—V. Die Form, in der es in dieser Wertigkeit auftritt, ist noch umstritten. WELCH [W12] vermutet auf Grund von Ionenaustauschversuchen ein mit NpO_2^+ isosteres Ion PaO_2^+. ELSON [E2] fand, daß in Lösungen niedriger Acidität Verbindungen der allgemeinen Formel $[Pa(OH)_{4,5}]^{0,5+}$ und $[PaO(OH)_{2,5}]^{0,5+}$, in Lösungen mittlerer Acidität PaO^{3+} und in stark sauren Lösungen nur Pa^{5+} existiert. (Untersuchungsmethode war die TTA-Extraktion.)
Nach GOBEL, GOLDEN und MADDOCK [G4] muß man aus der Solventextraktion salz- und salpetersaurer Lösungen schließen, daß Ionen $[PaOCl_6]^{3-}$ und $[PaO(NO_3)_4]^{3-}$ vorliegen. Dagegen vermutet MOORE und KRAUS [K31] in 8 n HCl die Verbindung $[H_nPaCl_{n+6}]^{1-}$.
Es liegt nahe, daß die Ursachen für die Differenzen zwischen diesen Ergebnissen die Folge der intensiven Hydrolyse von Pa—V-Verbindungen ist.

Eine niedrigere Oxydationsstufe des Pa wurde erstmals von Haissinsky und Boussieres [H 34, B 32] beschrieben. Die Reduktion kann mit Zn/Hg, Cr^{++} und Ti^{+++} erfolgen. Nach Untersuchungen von Fried und Hindman [F 18], die eine Titration mit Pu^{4+} ausführen, ist diese neue Oxydationsstufe des Protaktiniums das Pa—IV.

3.4 Uran

3.41 *Extrahierbare Formen*

Im Hinblick auf die Extrahierbarkeit des Urans ist $UO_2(NO_3)_2$ die am intensivsten untersuchte Verbindung. Seine Löslichkeit in Äther ist seit 1842 bekannt [P 14]. Neben den vielen Estern, Äthern, Ketonen, Carbinolen [F 1, F 26, V 1, V 2, B 35, die UO_2^{++} in Gegenwart von Aussalzmitteln zu extrahieren vermögen [F 27, S 44], ist besonders das TBP zu nennen (Abb. 38), für welches Aussalzmittel nicht unbedingt erforderlich sind. Die Art der Solvate, die in der organischen Phase gebildet werden, sind im Kap. 2 näher behandelt. In alle diese Solventien wird Uran als $UO_2(NO_3)_2$ oder in Form von $[UO_2(NO_3)_n]^{(2-n)}$-Komplexen extrahiert.
Einen gänzlich anderen Extraktionsmechanismus als in diesen Solventien zeigt Uran mit den sauren Phosphorsäureestern: je nach dem HDBP-Gehalt der organischen Phase werden verschieden stark aggregierte Verbindungen in dieser Schicht gebildet (Abb. 23—25). Bei niedrigen Aciditäten wird die Extraktion durch Chelatbildung von löslichem $UO_2(DBP)_2 \cdot 2\,HDBP$, bei höheren durch reine Solvatation zu $UO_2(NO_3)_2 \cdot 2\,HDBP$ bewirkt (s. S. 55).
Zur Solventextraktion mit flüssigen Anionenaustauschern, wie Aminen und Tetraalkylammoniumsalzen, eignen sich auf Grund der Anionenkomplexbildung und zugleich günstigen Verteilungskoeffizienten gut die Nitrat-, besser aber die Sulfat- und Carbonat-Komplexe.
Die außerordentlich hohen VK_U der flüssigen Ionenaustauscher haben zu einer wachsenden Anwendung bei der Aufarbeitung niedrig konzentrierter Uranerzlaugen geführt.
Die bekanntesten Extraktionsmittel, die für Prozesse Verwendung finden, sind in der Tabelle 63, S. 183, zusammengefaßt.
Für U–IV-Verbindungen ist die Extraktion von phosphathaltigen Erzlösungen mit sauren Phosphorsäureestern von besonderer Bedeutung, da sie einerseits in diesem System besser extrahiert werden als UO_2^{++} und andererseits direkt als UF_4 aus der organischen Phase ausgefällt werden können [L 17].
Die U^{4+}- und UO_2^{++}-Chelatverbindungen sind vorwiegend in organischen Solventien löslich. Hier ist besonders das β-Diketon TTA, das im Chelatprozeß (s. S. 198) eingesetzt wurde, von Interesse. Man kann für $UO_2(TTA)_2$ dann günstige Verteilungskoeffizienten erreichen, wenn mit sauerstoffhaltigen Verdünnern (Hexon) gearbeitet

wird. Diese und andere Chelatverbindungen sind aber nur noch für analytische Zwecke [Extraktion und anschließende photometrische Bestimmung, M39] von Bedeutung.

3.42 *Oxydationsstufen*

Uran vermag in wäßriger Lösung in folgenden Oxydationsstufen zu existieren [K17, M30]:

Tabelle 34: Oxydationsstufen des Urans in wäßriger Lösung und ihre wichtigsten Darstellungen

Oxydat.-Stufe	Ion	Farbe in wäßriger Lösung	Darstellung
3+	U^{3+}	rot	aus UCl_3 (fest) elektrolytische Reduktion
4+	U^{4+}	grün	elektrolytische Reduktion
5+	UO_2^+	unbekannt	Zn/Hg-Reduktion von UO_2 elektrolytische Reduktion von UO_2 bei pH 2,5–3,0
6+	UO_2^{++}	gelb	Oxydation der niedrigen Wertigkeitsstufen

U–III ist sehr instabil; es reduziert selbst H_2O. U^{4+} ist bereits stabiler, aber trotzdem noch empfindlich gegen O_2. UO_2^+ disproportioniert leicht. Die Konstante für die Reaktion

$$2\,UO_2^+ + 4\,H_3O^+ \leftrightarrows U^{4+} + UO_2^{++} + 6\,H_2O$$

beträgt $1{,}7 \cdot 10^6$.

UO_2^{++} wird selbst durch die bekannten in den Prozessen angewendeten Reduktionsmittel nicht reduziert.

Die Redoxpotentiale für 1 m Lösungen sind in der Tabelle 35 zusammengefaßt:

Tabelle 35: Redoxpotentiale des Urans [M30]

Redox-Paar	Redox-Potential
$U^0 \leftrightarrows U^{3+}$	+1,80
$U^3 \leftrightarrows U^{4+}$	+0,61
$U^4 \leftrightarrows UO_2^+$	−0,62
$UO_2^+ \leftrightarrows UO_2^{++}$	−0,05
$U^{4+} \leftrightarrows UO_2^{++}$	−0,334

Die Potentiale U–III ⇋ U–IV und U–V ⇋ U–VI, die nur Elektronenübergänge beinhalten, sind weitestgehend von der Acidität der Lösung unabhängig. Dagegen zeigen die Paare U–IV ⇋ U–V und U–IV ⇋ U–VI entsprechend den Gleichungen

$$U^{4+} + 2H_2O \leftrightharpoons UO_2^{++} + 4H^+ + 2e$$
$$U^{4+} + 2H_2O \leftrightharpoons UO_2^+ + 4H^+ + e$$

eine annähernde Abhängigkeit von der vierten Potenz der H^+-Ionenkonzentration.

3.43 *Komplexbildung*

Da U^{3+} und UO_2^+ instabil sind, U^{4+} in seinem Komplexbildungsverhalten dem Pu^{4+} und Th^{4+} sehr ähnlich ist [genaue Daten s. K. 17] soll hier nur das für praktische Zwecke wichtige UO_2^{++} besprochen werden.

Ahrland [A 10] und Day und Powers [D 12] haben systematische Untersuchungen auf der Basis von potentiometrischen, spektrophotometrischen und TTA-Extraktionsverfahren ermittelt. Die Werte (Tabellen 36 und 37) sind nicht unter genau gleichen Bedingungen ermittelt worden, stimmen aber trotz verschiedener Untersuchungsmethodik größenordnungsmäßig überein.

Tabelle 36: Stabilitätskonstanten von Uranylkomplexen (aus D12, t = 25°C, Ionenstärke μ = 2)

Komplexgleichgewicht	Temperatur		
	10°	25°	40°
$UO_2^{++} + Cl^- \leftrightharpoons UO_2Cl^+$	0,58	0,88	1,14
$UO_2^{++} + NO_3^- \leftrightharpoons UO_2NO_3^+$	0,30	0,24	0,17
$UO_2^{++} + SO_4^{--} \leftrightharpoons UO_2SO_4$	63	76	96
$UO_2^{++} + 2SO_4^{--} \leftrightharpoons UO_2(SO_4)_2^{--}$	580	710	820
$UO_2^{++} + HSO_4^- \leftrightharpoons UO_2SO_4 + H^+$	6,1	6,4	6,5
$UO_2^{++} + HF \leftrightharpoons UO_2F^+ + H^+$	55[a])	26[b])	21[c])

[a]) 51 für μ = 0,05; [b]) für μ = 0,25; [c]) 24 für μ = 1,00

Neben diesen Koordinationsverbindungen sind noch die Konstanten einer ganzen Reihe organischer Komplexbildner bestimmt worden [K17]. Von besonderer Bedeutung für die Extraktion mit flüssigen Ionenaustauschern sind die anionischen Komplexe mit SO_4^{--} und CO_3^{--} und die große Stabilität der mit allen praktischen Lösungsmitteln nicht extrahierbaren F^--Komplexe. Die Bildung der löslichen Carbonatokomplexe ist potentiometrisch [C43, H45] und aus Löslichkeitsmessungen nachgewiesen worden:

$$UO_2^{++} + 2\,CO_3^{--} + 2\,H_2O \leftrightharpoons [UO_2(CO_3)_2(OH_2)_2]^{2-}$$
$$UO_2^{++} + 3\,CO_3^{--} \leftrightharpoons [UO_2(CO_3)_3]^{4-}.$$

Die Konstanten betragen $K_1 = 4 \cdot 10^{14}$, $K_2 = 2 \cdot 10^{18}$.

Tabelle 37: Gleichgewichtskonstanten für die Reaktionen $UO_2^{++} + nA^- = [UO_2A_n]^{(2-n)+}$ (nach A10, t = 20°C, Ionenstärke $\mu = 1{,}0$)

Anion	n = 1 (mol/l)$^{-1}$	n = 2 (mol/l)$^{-2}$	n = 3 (mol/l)$^{-3}$	n = 4 (mol/l)$^{-4}$
F^-	$3{,}9 \cdot 10^{-4}$	$8{,}6 \cdot 10^{7}$	$3{,}1 \cdot 10^{10}$	$7 \cdot 10^{11}$
Cl^-	0,8			
Br^-	0,5			
NO_3^-	0,5			
SO_4^{--}	30	350	2500	
CH_3COO^-	240	23000	$2{,}2 \cdot 10^{6}$	
$ClCH_2COO^-$	27	180	500	
$HOCH_2COO^-$	265	9100	$1{,}6 \cdot 10^{5}$	
CNS^-	5,7	5,5	15	

3.44 *Hydrolyse*

Die Hydrolyse des UO_2^{++}-Ions (die des U^{4+} ist der des Th^{4+} auch im Mechanismus analog), ist aus potentiometrischen, optischen und kryoskopischen Messungen [A10, C15, F25, S45, K28] bestimmt worden. SUTTON [S45] gibt folgende Deutung des Verlaufes der Hydrolysereaktion:

$$2\,UO_2^{++} + H_2O \leftrightharpoons U_2O_5^{++} + 2\,H^+ \quad K = 1{,}1 \cdot 10^{-6}$$

$$UO_2^{++} + U_2O_5^{++} + H_2O \leftrightharpoons U_3O_8^{++} + 2\,H^+ \quad K = 5 \cdot 10^{-9}$$

$$U_3O_8^{++} + H_2O \leftrightharpoons U_3O_8(OH)^+ + H^+ \quad K = 2{,}4 \cdot 10^{-4}.$$

Polymere Ionen werden auch von den anderen Forschern vermutet. SILLÉN [S46] nimmt auch hier, wie bei der Struktur anderer hydrolisierter Ionen Hydroxylbrücken an:

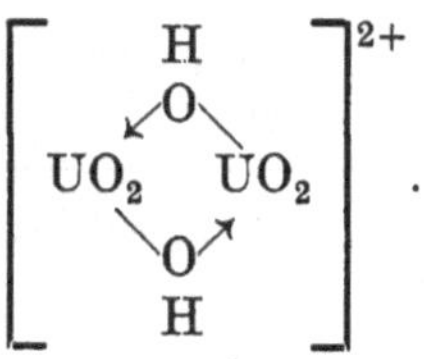

3.5 Neptunium

3.51 *Extrahierbare Verbindungen*

Neptunium kann als Np–III, Np–IV, Np–V und Np–VI auftreten. Np–VI ist in allen Lösungsmitteln — mit Ausnahme von TTA in Benzol — als NpO_2^{++} in Analogie zum UO_2^{++} extrahierbar, wenn die Konzentration an Salpetersäure und an Nitraten genügend hoch ist.

Np–V zeigt dagegen in diesen Solventien sehr niedrige Verteilungskoeffizienten. Daher findet sich das Neptunium (es wird in HNO_3 zu NpO_2^+ oxydiert), bei der Aufarbeitung von Reaktorbrennstoffen nach dem Purex-Prozeß im Strom der Spaltprodukte [N 1].
Np–IV ist für die Solventextraktion besonders wichtig. Bei der Trennung vom Plutonium nützt man die Stabilität von Np^{4+} gegenüber den Reduktionsmitteln aus, die Pu^{4+} zum Pu^{3+} reduzieren: z. B.

Reduktion mit Fe–II-Sulfaminat und Extraktion des Np^{4+} mit Hexon [H 25] oder mit TTA in Benzol [N 1].

Reduktion mit H_2/Pt und Extraktion des Np^{4+} mit TTA in Toluol in Gegenwart von H_2NOH [K 17].

Eine Zusammenfassung der Extrahierbarkeit des Pu, Np und U mit verschiedenen Extraktionsmitteln ist in der Tabelle 38 wiedergegeben:

Tabelle 38: Extrahierbarkeit (VK) von U, Np, Pu mit verschiedenen Extraktionsmitteln

Ion	Stabilität	19 % TBP in Kerosin			DBP	Hexon	Amin	TTA
		1 n	4 n	6 n HNO_3				
U-VI	stabil	5	29	34	+	+	+	–
Np-V	disproportional bei hoher Säurekonzentration	–	0,1	–	–	–	–	–
Np-VI	leicht reduzierbar	3	11	10	–	+	–	–
Np-IV	leicht oxydierbar	0,4	3	5	+	+	+	+
Pu-VI	leicht reduzierbar	0,7	2,5	3,4	+	+	+	+
Pu-IV	disproportional bei niedriger Säurekonzentration	1,4	11	20	+	+	+	+
Pu-III	leicht oxydierbar	0,01	0,01	–	–	–	–	–

+ extrahierbar — nicht extrahierbar

3.52 *Oxydationsstufen*

Die Formen, in denen die Wertigkeitsstufen des Neptuniums auftreten und ihre Herstellung sind in der Tabelle 39 aufgeführt.
Die Bildung von NpO_2^+ durch Np–V und von NpO_2^{++} durch Np–VI wurde durch die Untersuchungen der Absorptionsspektren [S 25, K 17] bestätigt; aus denen von Np–III und Np–IV geht hervor, daß beide als einfache hydratisierte Ionen vorliegen. Die Spektren aller dieser Wertigkeitsstufen zeigen relativ scharfe Banden in

Tabelle 39: Darstellung und Eigenschaft verschiedener Wertigkeitsstufen des Neptuniums

Oxydat.-Stufe	Ion	Farbe	Darstellung
3+	Np^{3+}	blau oder purpur	1. $Np^{4+} + H_2/Pt$ 2. Np^{4+} + (Hg-Kathode)
4+	Np^{4+}	gelbgrün	1. $Np^{3+} + O_2$ 2. Np-V o. Np-VI-Red. mit a) $ox^{--} + Mn^{++}$ in 6 m H_2SO_4 b) J^- in 5 m HCl c) SO_2 in 1 m H_2SO_4
5+	NpO_2^+	grün	1 $Np^{4+} + HNO_3$ (Wärme) 2. Np-VI + H_2NOH
6+	NpO_2^{++}	rosa oder rot	1. Oxyd. von Np-III, Np-IV, Np-V, Np-VI, mit Ag^{++}, Ce-IV, Br_3^-, ClO_3^-

verschiedenen Bereichen, so daß sie ausgezeichnet zu spektroskopischen Bestimmungen der einzelnen Anteile angewendet werden können.

Standard-Potentiale (bei unendlicher Verdünnung) kann man auch bei Np nicht messen. Die formalen Oxydationspotentiale sind von COHEN und HINDMAN [C25, H26] für 1 m $HClO_4$ und von MAGNUSON, HINDMAN und LA CHAPELLE [M27, H27] in HCl bestimmt worden. Die Werte sind mit denen für HNO_3 und H_2SO_4 (bei denen bekanntlich stärkere Komplexbildung auftritt) in der Tabelle 40 zusammengefaßt:

Tabelle 40: Redoxpotentiale des Neptuniums

Redoxpaar	1 m $HClO_4$	1 m HCl	1 m HNO_3	1 m H_2SO_4
Np-III ⇋ Np-IV + ⊖	−0,155	−0,14		0,1 (1,3 m H_2SO_4)
Np-IV ⇋ Np-V + ⊖	−0,739	−0,737		−0,99
Np-V ⇋ Np-VI + ⊖	−1,137	−1,14	−1,138	−1,084
Np-III ⇋ Np-V + 2⊖	−0,447			
Np-III ⇋ Np-VI + 3⊖	−0,677			
Np-IV ⇋ Np-VI + 2⊖	−0,938			

Die meisten Untersuchungen über Redox-Reaktionen sind nur qualitativer Natur; aber es sind auch einige quantitative kinetische Untersuchungen für den Übergang zwischen den einzelnen Wertigkeitsstufen angestellt worden [H32, M27, H26, H25, C30].

3.53 *Disproportionierung*

Die Disproportionierungsreaktionen wurden ebenfalls vorwiegend von CUNNINGHAM und HINDMAN [C27] untersucht. Die Konstanten für die Reaktionen in 1 m $HClO_4$ sind in der Tabelle 41 wiedergegeben:

Tabelle 41: Disproportionierung von Neptunium

Reaktion	K
2 Np-IV ⇋ Np-III + Np-V	10^{-10}
3 Np-IV ⇋ Np-VI + 2 Np-III	10^{-27}
2 Np-V ⇋ Np-IV + Np-VI	$4 \cdot 10^{-7}$

Nach der Gleichung

$$2\,NpO_2^+ + 4\,H^+ \leftrightharpoons Np^{4+} + NpO_2^{++} + 2\,H_2O$$

muß die Tendenz des Np–V zur Disproportionierung mit steigender Acidität zunehmen. Diese Tatsache ist von SJOBLOM und HINDMAN [S25] durch spektrophotometrische Messungen bestätigt worden. Die Geschwindigkeitskonstante der Reaktion wurde von ihnen ebenfalls bestimmt [s. K17].

3.54 *Hydrolyse*

Die Hydrolysereaktionen des Neptuniums sind noch nicht sehr gut bekannt. Lediglich für Np–V und Np–VI hat KRAUS [K26] potentiometrische Säure-Basen-Titrationen durchgeführt; die pH-Werte für den Titrationspunkt bei 0,4 OH^- pro Metallion sind zusammen mit denen für PuO_2^+ und UO_2^{++} in der Tabelle 42 wiedergegeben:

Tabelle 42: Hydrolyseverhalten von Np, U, Pu

Ion	pH bei c = 0,01	pH bei c = 0,001
PuO_2^+	7,9	8,9
NpO_2^+	7,1	8,2
NpO_2^{++}	4,0	4,5
UO_2^{++}	3,4	3,8

3.55 *Komplexbildung*

Quantitative Untersuchungen liegen nur über die Komplexbildung des Np^{4+} mit Sulfat vor [S26]. Die Konstanten ($K_1 = 270$, $K_2 = 11$) wurden aus der Änderung

der TTA-Extraktion in Gegenwart von SO_4^{--} bestimmt. Weitere Komplexe werden mit F^-, PO_4^{---}, Oxalat, Acetat und inneren Komplexbildner gebildet.
Da NpO_2^+ ein großes Ion mit kleiner Ladungszahl ist, neigt es nur sehr schwach zur Komplexbildung. Lediglich Oxalat vermag anionische Komplexe des Typs $NpO_2(ox)^-$ zu bilden, die durch Ionenwanderung nachgewiesen wurden.
Von NpO_2^{++} sind lediglich die sehr schwachen Cl^--Komplexe untersucht worden [C26].

3.6 Plutonium

3.61 *Extrahierbare Verbindungen*

Die meisten Untersuchungen über Solventextraktion von Plutonium beziehen sich auf TBP (Abb. 38) und Amine im Nitratsystem, weil einerseits HNO_3 das Lösungsmittel bei der Bereitung der Ausgangslösungen ist und andererseits SO_4^{--}, PO_4^{---}, F^- und Oxalat Plutonium und andere Aktiniden in nicht extrahierbarer Form in der Wasserphase zurückhalten. Ferner wirken die meisten Innerkomplexbildner bei mittleren pH-Werten als recht gute Extraktionsmittel. Äther und Ketone erfordern hohe Nitratkonzentrationen (Ca-, Mg-, Al-Nitrat) als Aussalzmittel in der Wasserphase.
Die Extrahierbarkeit der verschiedenen Wertigkeitsstufen — eine Eigenschaft, die bei der Aufbereitung von Kernbrennstoffen eine große Rolle spielt —, ist in der Tabelle 43 mit der des Uran-VI zusammengestellt.

Tabelle 43: Verteilungskoeffizienten von Plutonium verschiedener Wertigkeitsstufen und von U-VI mit verschiedenen Extraktionsmitteln

Solvens	U-VI	Pu-VI	Pu-IV	Pu-III
Hexon	1,5	7,6	0,016	0,00045
TBP	8,1	0,62	1,55	0,028
Dibutylphosphat	25	>1	>1	>1
tert. Amin	1,22		16,1	0,004
TTA	0,01	0,01	100000	3
Butex	1,5	3	7	0,03

Hexon ist das einzige Lösungsmittel, in das sich U–VI und Pu–VI gut extrahieren lassen. In den anderen Solventien gleichen sich eher die Verteilungskoeffizienten von U–VI und Pu–IV.
Über die Extrahierbarkeit der verschiedenen Wertigkeitsstufen des Pu mit TBP sind in neuerer Zeit ausführliche Messungen von Carleson [C33] durchgeführt worden.
Besondere Beachtung ist der großen Stabilität (und dem hohen VK_{Pu}) der Verbindungen des Pu mit sauren Phosphorsäureestern zu schenken. Sie führen zu Schwierigkeiten bei der Rückextraktion des Pu aus der organischen Phase [M16] und waren der Anlaß zu einem Pu-Unfall in Los Alamos [A11].

3.62 *Oxydationsstufen*

Plutonium tritt in wäßriger Lösung in den Oxydationsstufen III, IV, V, VI auf [C 18, K 17, C 19]. Merkwürdigerweise gibt es Bedingungen, bei denen gleichzeitig alle diese Wertigkeitsstufen nebeneinander existieren können. Daneben zeigen alle diese Ionen noch eine ausgesprochene Neigung zur Hydrolyse, die die Verhältnisse zusätzlich kompliziert.

Es ist nicht möglich, Standardpotentiale für die Übergänge zwischen diesen einzelnen Stufen anzugeben, denn es muß bei so hohen Ionenstärken gearbeitet werden, daß keine Extrapolation auf die Ionenstärke 0 zulässig ist; außerdem hydrolysiert Pu-IV schon in 0,05 n Säure, bildet kolloide Hydroxyde und disproportioniert zu Pu-III und Pu-VI. Die neuesten Messungen der formalen Oxydationspotentiale in 1 m HCl und 1 m $HClO_4$ hat RABIDEAU [R 15] ausgeführt; sie sind auf die Wasserstoffelektrode in den entsprechenden Medien bezogen. Zusammen mit den Messungen von CONNICK [C 18] für alkalische Lösungen wurden sie in der Tabelle 44 zusammengefaßt:

Tabelle 44: Redoxpotentiale des Plutoniums

	1 m $HClO_4$	1 m HCl	1 m OH^-
$Pu^0 \rightarrow Pu^{3+}$	+2,03	+2,03	
$Pu^{3+} \rightarrow Pu^{4+}$	−0,9818	−0,9702	+0,95
$Pu^{4+} \rightarrow PuO_2^+$	−1,721	−1,1895	−0,76
$Pu^{5+} \rightarrow PuO_2^{-+}$	−0,9133	−0,9121	−0,26
$Pu^{3+} \rightarrow PuO_2^{++}$	−1,0224	−1,0238	−0,4
$Pu^{4+} \rightarrow PuO_2^{-+}$	−1,0427	−1,0508	

Die Umwandlung der Paare Pu-III/IV und Pu-V/VI gehen schnell und reversibel vor sich, weil bei ihnen kein Wechsel in der Koordinationssphäre nötig ist. Dagegen sind solche Umwandlungen, bei denen eine Änderung in der Sauerstoff-Koordinationssphäre erfolgen muß, wie Pu-IV/V, Pu-III/V und Pu-IV/VI, irreversibel oder stellen ihr Gleichgewicht sehr langsam ein. — Die Bedingungen, bei denen die einzelnen Wertigkeitsstufen stabil sind, werden von KASHA [K 19] eingehend beschrieben.

3.621 Reduktion und Oxydation der verschiedenen Wertigkeitsstufen

Eine große Anzahl solcher Untersuchungen sind von CONNICK [C 23] kritisch gesichtet worden. Die wichtigsten von ihnen wurden in der Tabelle 45 zusammengefaßt:

Tabelle 45: Darstellung verschiedener Wertigkeitsstufen des Plutoniums

Reaktion	Bedingungen			Geschwindigkeit
	Reagenz	Lösung	Temperatur	
Pu-III-Pu-IV	BrO_3^-	Säure verd.	Zi.-T.	sehr schnell
	Ce^{4+}	HCl 1,5 m	,,	sehr schnell
	Cl_2	HCl 0,5 m	,,	langsam ($T_{1/2} > 9$ h)
	$Cr_2O_7^{--}$	Säure verd.	,,	sehr schnell
	NO_2^-	1 m HNO_3	,,	schnell
	HJO_3	Säure verd.	,,	sehr schnell
	MnO_4^-	Säure verd.	,,	sehr schnell
	O_2	HCl 0,5 m	97°	2,5% Oxydat. in 4 h
Pu-IV-Pu-III	Hydrochinon	HNO_3 verd.	Zi.-T.	schnell
	H_2, Pt	HCl 0,5–4 m	,,	> 99% in 10 min
	J^-	HCl 0,4 m KJ 0,1 m	,,	$T_{1/2} = 2$ min
	NH_3OH^+	HNO_3 0,5 m 0,1 H_3NOH^+	,,	$T_{1/2} \sim 40$ min
	Zn^0	HCl 0,5 m	,,	schnell
	SO_2	HNO_3 1 m	,,	$T_{1/2} = 1/2$ min
Pu-IV-Pu-VI	$NaBiO_3$	HNO_3 5 m 0,84 g/l	Zi.-T.	vollkommen in weniger als 5 min
	BrO_3^-	0,1 m BrO_3^- HNO_3 1 m	85°	99% in 4 h
	Ce^{4+}	0,1 m Ce^{4+} 0,5 m HNO_3	Zi.-T.	in 15 min vollkommen
	HOCl	pH = 4,5–8,2 0,1 m HOCl	80°	vollkommen in 15 min
	H_5JO_6	0,02 m H_5IO_6 0,22 m HNO_3	Zi.-T.	$T_{1/2} = 100$ min
	MnO_4^-	0,001 m MnO_4^- 1 m HNO_3	25°	$T_{1/2} = 50$ min
	O_3	Ce^{3+} o. Ag^+-Katalysator	0°	vollkommen in 30 min
	Ag^{++}	$Ag^+ + S_2O_8^{--}$	25°	vollkommen
	$Cr_2O_7^{--}$	0,05 m $HClO_4$	25°	$T_{1/2} \sim 15$ min
Pu-V-Pu-IV	HNO_2	0,015 m H_3NOH^+	Zi.-T.	langsam
	H_3NOH^+	0,5 m HCl	,,	langsam
Pu-VI-Pu-V	J^-	pH = 2	Zi.-T.	augenblicklich
	$H_3NNH_2^+$	0,05 m $H_3NNH_2^+$ 0,5 m HCl	25°	$T_{1/2} = 180$ min
	SO_2	pH = 2	25°	vollkommen in 5 min

Tabelle 45 (Fortsetzung)

Reaktion	Bedingungen			Geschwindigkeit
	Reagenz	Lösung	Temperatur	
Pu-VI-Pu-IV	HCOOH	HNO_3	Zi.-T.	langsam
	$C_2O_4^{--}$	0,02 m $H_2C_2O_4$	75°	$T_{1/2}$ = 60 min
	J^-	2,3 m HJ 3,1 m HNO_3		schnell
	Fe^{++}	HCl	Zi.-T.	schnell

3.622 Disproportionierung von Pu-IV

Die Gleichgewichtskonstante für die Reaktion

$$3\,Pu^{4+} + 2\,H_2O \leftrightharpoons 2\,Pu^{3+} + PuO_2^{++} + 4\,H^+$$

ist von Rabideau [R 16] ($K = 8{,}4 \times 10^{-3}$) in Salzsäure und von Rabideau und Cowan [R 17] ($K = 1{,}9 \times 10^{-3}$) in Perchlorsäure bestimmt worden. Das Gleichgewicht zwischen diesen Wertigkeiten zeigt die aus der Reaktionsgleichung ableitbare Abhängigkeit von der 4. Potenz der H^+-Ionenkonzentration.
Die Disproportionierungstendenz des Pu-IV nimmt mit steigender Temperatur stark zu. Die Temperaturabhängigkeit von K ist bei Katz [K 17, S. 319] tabellarisch zusammengefaßt.
Aus der Abhängigkeit von der Konzentration des Pu-IV und der H^+-Ionen wurde die Ordnung der Reaktion der obigen Gleichung ermittelt und auf folgenden stufenweisen Verlauf der Reaktion geschlossen:

$$\begin{aligned}
Pu^{4+} + H_2O &\leftrightharpoons Pu(OH)^{3+} + H^+\\
Pu(OH)^{3+} + H_2O &\leftrightharpoons Pu(OH)_2^{2+} + H^+\\
Pu(OH)^{3+} + Pu(OH)_2^{2+} &\leftrightharpoons Pu^{3+} + PuO_2^{+} + H_2O + H^+\\
PuO_2^{+} + Pu^{4+} &\leftrightharpoons Pu^{3+} + PuO_2^{++}\\
\hline
3\,Pu^{4+} + 2\,H_2O &\leftrightharpoons 2\,Pu^{3+} + PuO_2^{++} + 4\,H^+
\end{aligned}$$

3.623 Disproportionierung von Pu-V

In genügend sauren Lösungen ist der 5-wertige Zustand instabil; Pu-V disproportioniert zu Pu-III und Pu-VI bzw. zu Pu-VI und Pu-IV. Aus dem optisch untersuchten Verlauf der Konzentrationsänderung der drei an dieser Reaktion beteiligten Wertigkeitsstufen mit der Zeit [C 21] wurde auf folgenden Reaktionsmechanismus geschlossen:

A	$PuO_2^+ + PuO_2^+ + 4H^+$	$\leftrightharpoons Pu^{4+} + PuO_2^{++} + 2H_2O$	langsam
B	$PuO_2^+ + Pu^{4+}$	$\leftrightharpoons PuO_2^{++} + Pu^{3+}$	schnell
C	$PuO_2^+ + Pu^{3+} + 4H^+$	$\leftrightharpoons 2Pu^{4+} + 2H_2O$	langsam
	$4PuO_2^+ + 8H^+$	$\leftrightharpoons 2Pu^{4+} + 2PuO_2^{++} + 4H_2O$	

Da die Reaktion C sehr langsam verläuft — im Gegensatz zur Reaktion B — ist das primäre Produkt der Hydrolyse:

$$3PuO_2^+ + 4H^+ \leftrightharpoons 2PuO_2^{++} + Pu^{3+} + 2H_2O.$$

Unter neutralen Bedingungen erhält man, infolge Hydrolyse des Pu-IV:

$$2PuO_2^+ + 2H_2O \leftrightharpoons PuO_2^{++} + Pu(OH)_4.$$

3.624 Reduktion von Pu-VI durch alpha-Strahlung

^{239}Pu ($T_{1/2}$ = 24360 Jahre) emittiert pro Minute und Milligramm $1{,}4 \times 10^8$ α-Teilchen. Diese α-Teilchen bilden in der Lösung Radikale und naszierenden Wasserstoff, die das Pu reduzieren [K 20]. Nach Rabideau [R 16] beträgt die durchschnittliche Reduktionsrate einer 0,01 m Pu-VI-Lösung 0,015 Äquivalente pro Tag. Ist die Acidität der Lösung < 0,2 m, dann erhält man Pu-V, liegt sie darüber, entsteht Pu-IV. Präparate, die sehr lange stehen, werden fast vollkommen zu Pu-III reduziert. Im Gegensatz zu diesen Erscheinungen in Perchlorsäure wird das Pu-VI in Salzsäure nicht durch α-Strahlung reduziert.

3.63 *Hydrolyse*

Das Hydrolyseverhalten des Plutoniums ist vor allem von Hindman [H 24] und von Kraus [K 21] zusammenfassend beschrieben worden.

3.631 Plutonium-III

Da mit fallendem Ionenradius die Acidität der Lanthaniden und Actiniden steigt, muß in der Reihe

$$Pu^{3+} > Np^{3+} > U^{3+}$$

das Pu^{3+} die größte Hydrolysetendenz zeigen. Die Hydrolysekonstante für die erste Stufe

$$Pu^{3+} + H_2O \leftrightharpoons Pu(OH)^{2+} + H^+$$

ist von Kraus und Dam [K 22] zu log $K_h = 7{,}22$ in $HClO_4$ und zu log $K_h = 7{,}37$ in HCl bestimmt worden. In der gleichen Größenordnung liegen die Werte für die Seltenen Erden. Das Löslichkeitsprodukt für das $Pu(OH)_3$ beträgt:

$$Lp = [Pu^{3+}] \cdot [OH^-]^3 = 10^{-21}.$$

3.632 Plutonium-IV

Nach der Ionengröße und -ladung muß man für Pu^{4+} größere Hydrolysetendenz erwarten als für Pu^{3+} und die vorherstehenden Actiniden in der vierwertigen Stufe. Auf dieser Basis sollte die Hydrolysetendenz ungefähr der des Ce^{4+} entsprechen, aber geringer sein als die des Zr^{4+} und Hf^{4+}.
Solventextraktionsuntersuchungen mit TTA und Potentialmessungen am Paar Pu^{3+}/Pu^{4+} ergaben, daß Pu in sauren Lösungen (> 3 m) als hydratisiertes $Pu^{4+} \cdot n\ H_2O$ vorliegt.
Unter Hydrolysebedingungen ist in Analogie zum Uran-IV nur die erste Stufe

$$Pu^{4+} + H_2O \leftrightharpoons Pu(OH)^{3+} + H^+$$

wichtig. Die Konstanten wurden spektrophotometrisch und potentiometrisch bestimmt:

Tabelle 46: Hydrolyse des Plutonium-IV

Ionenstärke	K_h	Methode	Literatur
1,0	0,031	potentiometr.	R 18
0,5	0,025	spektrophotom.	K 23
0,0	0,18	extrapoliert	K 17

Pu-IV wird also etwas leichter hydrolysiert als U-IV.

3.633 Pu-IV-Polymere

Pu-IV-Lösungen scheiden nach längerem Stehen kolloidales $Pu(OH)_4$ aus [K 21]. Aus 0,001 m Pu^{4+}-Lösungen bildet sich schon bei pH = 2 ein Niederschlag. ($Lp = [Pu^{4+}] \times [OH^-]^4 = 10^{-56}$). Die Hydrolyse erfolgt nicht am einkernigen Ion, sondern über polymere Zwischenprodukte mit —O— und Pu—OH→Pu-Brücken [S 24].
Der Hydrolysevorgang, verbunden mit der Polymerisation zu polynuclearen Ionen macht sich besonders stark im Absorptionsspektrum dieser Lösungen bemerkbar. Lösungen des monomeren $Pu^{4+} \cdot n\ H_2O$-Ions sind von brauner Farbe,

während die polymeren Pu^{4+}-Lösungen intensiv grün gefärbt sind. (Gleichzeitig verschwindet die für das Monomere charakteristische Bande bei 470 mμ.) Es ist auf diese Weise möglich, den Polymerisationsanteil direkt aus spektrophotometrischen Messungen zu bestimmen. – Echte Polymerenlösungen kann man sowohl aus $Pu(OH)_4$ durch Auflösen in weniger als 4 Molen Säure als auch aus den Lösungen des Monomeren durch Hydrolyse erhalten.

Nach KRAUS [K 11] muß die $Pu(OH)_4$-Ausfällung nicht unbedingt über polymere Zwischenstufen verlaufen, denn ein $Pu(OH)_4$-Niederschlag aus Pu^{4+}-Lösungen gibt beim Auflösen in Säure wieder die braune Lösung des Monomeren. Ein $Pu(OH)_4$-Niederschlag, der aus einer polymeren Lösung ausgefällt wurde, gibt hingegen beim Auflösen in Säure die grüne Lösung des Polymeren.

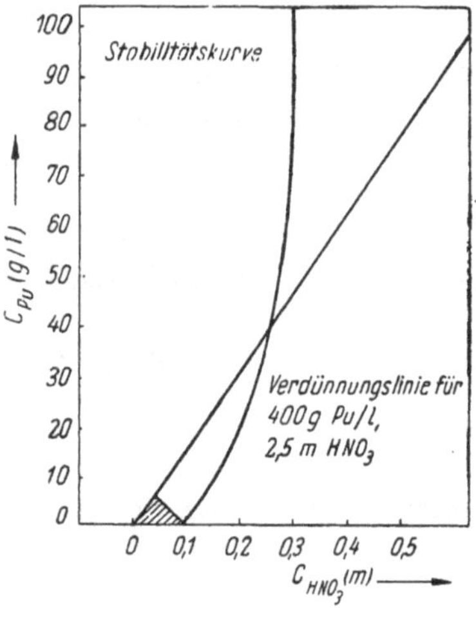

Abb. 41.
Abhängigkeit der Stabilität von Pu–IV-Lösungen von der Konzentration an HNO_3 [B 29].

Auf den Zustand der Polymeren kann man aus dem geringen Anteil (15%) der theoretisch zur Fällung nötigen Anionen (z. B. Oxalat, PO_4^{---}) schließen: d. h. der Polymerisationsgrad ist sehr hoch und die Aggregate tragen sehr wenig Restladung.

Im Gebiet der kolloiden Lösungen ist die Adsorption an verschiedenen Oberflächen (besonders Glas und Polyäthylen) sehr groß. Das Molgewicht der Teilchen liegt ungefähr bei 2×10^6 (Ultrazentrifuge). In neuerer Zeit hat BRUNSTÄDT [B 29] exakte Bestimmungen der Polymerisation des Pu^{4+} in Abhängigkeit von den Konzentrationen des Plutoniums und der Salpetersäure bis zu hohen Pu-Konzentrationen (90 g/l) auf spektralphotometrischem Wege durchgeführt und Stabilitätsdiagramme auch in Abhängigkeit von der Temperatur aufgenommen (Abb. 41 und 42). Links von den entsprechenden Kurven liegen die Konzentrationen an Pu^{4+} und HNO_3, bei denen die Pu-Polymeren-Lösungen instabil sind und Niederschläge bilden; rechts davon liegen die Gebiete der stabilen echten Lösungen. Das schraffierte Gebiet (Abb. 41) ist das Gebiet der stabilen kolloidalen Lösungen.

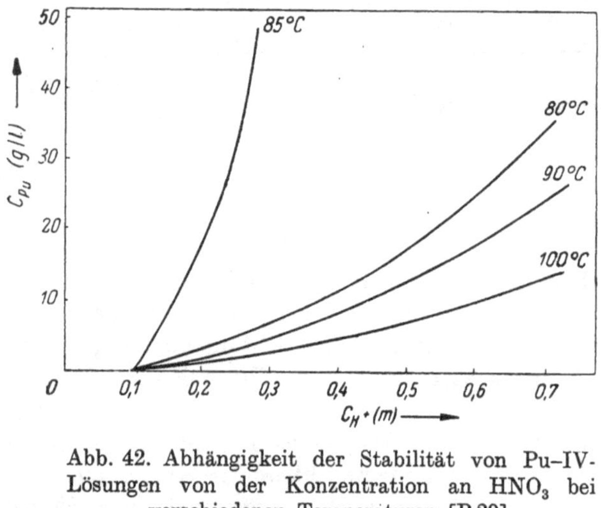

Abb. 42. Abhängigkeit der Stabilität von Pu–IV-Lösungen von der Konzentration an HNO_3 bei verschiedenen Temperaturen [B 29].

3.634 Plutonium-V

Kraus und Dam [K 24] fanden durch Titration von Pu-V mit Laugen für die Hydrolysekonstanten des PuO_2^+-Ions

$$PuO_2^+ + H_2O \leftrightharpoons PuO_2OH + H^+$$

log $K_h = 9,7$ in $HClO_4$ und log $K_h = 9,6$ in HCl bei einer Ionenstärke von $\mu = 3 \times 10^{-3}$.

3.635 Plutonium-VI

Im Vergleich zum Hydrolyseverhalten des UO_2^{++} ist das des PuO_2^{++} nicht sehr intensiv untersucht worden. Kraus und Dam [K 25] haben potentiometrisch die in der Tabelle 47 zusammengefaßten Konstanten gemessen.

Tabelle 47: Hydrolyse des Plutonium-VI

Reaktion	K_h
$PuO_2^{++} + H_2O \leftrightharpoons PuO_2(OH)^+ + H^+$	$1{,}95 \cdot 10^{-6}$
$PuO_2(OH)^+ + H_2O \leftrightharpoons PuO_2(OH)_2 + H^+$	$1{,}95 \cdot 10^{-6}$
$PuO_2(OH)_2 + H_2O \leftrightharpoons PuO_2(OH)_3^- + H^+$	$2 \cdot 20^{-10}$

Allerdings sind bei diesen Messungen Polymere nicht mit in Rechnung gesetzt worden, die man dennoch nicht ganz vernachlässigen darf.

3.64 *Komplexbildung*

3.641 Plutonium-III

Die Untersuchungen über die Komplexbildung des Plutonium-III sind nur qualitativer Natur. Die Komplexe sind sehr schwach; ihre Existenz ist optisch und die der anionischen Komplexe durch Ionenwanderung nachgewiesen worden. In $HClO_4$ setzt die Komplexbildung ab 5 m, in HNO_3 ab 1 m ein. Die Reihenfolge der Stärke der Komplexe lautet nach Hindman [H 29]

$$SO_4^{--} > NO_3^- > Cl^- > ClO_4^-.$$

Je höher die Ladung und je geringer die Stärke der Säure ist, um so größer ist das Komplexbildungsvermögen mit dem entsprechenden Anion. — Interessant ist die Bildung eines blauen Carbonatokomplexes mit starken Carbonatlösungen.

3.642 Plutonium-IV

Über diese Wertigkeitsstufe liegen verständlicherweise die meisten Untersuchungen vor. Sie sind in der Tabelle 48 zusammengefaßt:

Tabelle 48: Komplexbildner des Plutonium-IV

Reaktion	K	μ	Methode	Lit.
$Pu^{4+} + Cl^- \leftrightharpoons PuCl^{3+}$	2,10	1	Potentialm.	R 17 R 15
$Pu^{4+} + NO_3^- \leftrightharpoons Pu(NO_3)^{3+}$	2,9 4,7 3,48	2 6 1	spektralphotometr. Extr. m. TTA Potentialm.	M 30 Z 5 R 20
$Pu^{4+} + HF \leftrightharpoons PuF^{3+} + H^+$	$1{,}7 \cdot 10^4$ $1{,}1 \cdot 10^4$		spektrophotometr. potentiometr.	K 17
$Pu^{4+} + SO_4^{--} \leftrightharpoons Pu(SO_4)^{2+}$	$4{,}6 \cdot 10^5$		Potentialm.	R 20
$\cdots + SO_4^{--} \leftrightharpoons Pu(SO_4)_2$ $\cdots + SO_4^{--} \leftrightharpoons Pu(SO_4)_3^{2-}$			festgestellt durch Ionenwanderung ab 1 m H_2SO_4	
$Pu^{4+} + H_2ox \leftrightharpoons Puox^{++} + 2\,H^+$ $\cdots + H_2ox \leftrightharpoons Pu(ox)_2 + 2\,H^+$ $\cdots + H_2ox \leftrightharpoons Pu(ox)_3^{2-} + 2\,H^+$	$8 \cdot 10^3$ $9{,}6 \cdot 10^2$ $1{,}1 \cdot 10^1$		kombinierte spektralphotometr. potentiometr. u. Löslichkeitsmess.	R 21
$Pu^{4+} + PO_4^{---}$	stark		Löslichk., genaue Daten, s. Lit.	K 27
$2\,Pu^{4+} + H_2O_2 \leftrightharpoons$ 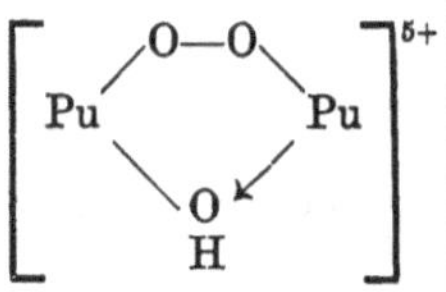	$8{,}8 \cdot 10^6$		spektrophotometr.	C 28
$2\,Pu^{4+} + 2\,H_2O_2 \leftrightharpoons$ 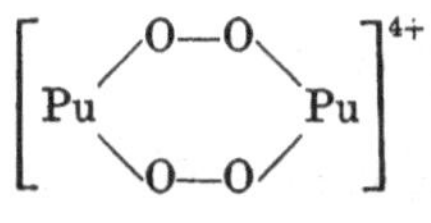	$6{,}3 \cdot 10^8$		spektrophotometr.	C 28
$Pu^{4+} + AcAc^- \leftrightharpoons Pu(AcAc)^{3+}$ $\cdots + AcAc^- \leftrightharpoons Pu(AcAc)_2^{2+}$ $\cdots + AcAc^- \leftrightharpoons Pu(AcAc)_3^-$ $\cdots + AcAc^- \leftrightharpoons Pu(AcAc)_4$	$3 \cdot 10^{10}$ $2 \cdot 10^9$ $3 \cdot 10^8$ $1 \cdot 10^6$		Verteilungsdaten	R 10

Für die Anionen gilt demnach die Reihenfolge in der Komplexbildungstendenz [K 17]:

$$F^- > NO_3^- > Cl^- > ClO_4^-$$

$$CO_3^{--} > SO_3^{--} > C_2O_4^{--} > SO_4^{--}.$$

Zur Niederschlagsbildung neigen Oxalat und Acetat. Die Bildung anionischer Komplexe durch SO_4^{--} und NO_3^- spielt bei der Extraktion mit Aminen eine bedeutende Rolle.

3.643 Plutonium-V

Diese Wertigkeitsstufe zeigt nur geringe Tendenz zur Komplexbildung. Für das Gleichgewicht

$$PuO_2^+ + Cl^- \leftrightharpoons PuO_2Cl$$

beträgt die Konstante 0,62 [R 22].

3.644 Plutonium-VI

Da Pu-VI nur für den Purex-Prozeß eine praktische Rolle spielt, ist die Kenntnis über seine Komplexe nur qualitativer Natur. Für die Reaktion

$$PuO_2^{++} + X^- \leftrightharpoons PuO_2X^+$$

gilt die Reihenfolge

$$Cl^- > NO_3^- > F^- \,/\, SO_4^{--} > CO_3^{--}.$$

Die Komplexe mit einwertigen Anionen sind sehr schwach und nur spektroskopisch nachweisbar. Bei hohen Säurekonzentrationen bilden sie aber — mit Ausnahme des F^- — anionische Komplexe des Typs $PuO_2(X)_3^-$. In Analogie zum Uran werden auch $[PuO_2(SO_4)_3]^{4-}$ und das grüne $[PuO_2(CO_3)_3]^{4-}$ gebildet.

3.7 Americium

3.71 *Extrahierbare Verbindungen*

^{241}Am ($t_{1/2} = 13\,a$) entsteht durch β-Zerfall von ^{241}Pu und wird aus Pu-Lösungen, die lange genug zur Bildung von Am gestanden haben, durch Ionenaustausch von Zeit zu Zeit „abgemolken".
Für die Extraktion kommt praktisch nur das Am-III in Betracht, denn die Stabilität der 4wertigen Ionen nimmt in der Reihenfolge

$$Am^{4+} < Np^{4+} < Pu^{4+}$$

zu. Am-IV ist nur in Gegenwart sehr starker Oxydationsmittel beständig, wohingegen Am-III wie die Seltenen Erden aus HCl- und HNO_3-Lösungen durch TBP [P 1] extrahiert und getrennt [W 13] werden kann. Peppard, Gray und Markus

[P 11] haben diese Untersuchungen auf die Actiniden ausgedehnt. Obwohl die VK kleiner sind als die der Seltenen Erden, sind sie doch noch genügend groß, um in 12 oder 15 m HCl eine Trennung Pu/Am zu erreichen [P 11], (Abb. 43). Durch Aussalzmittel (am besten $Al(NO_3)_3$) kann der VK_{Am} wesentlich erhöht werden [W 14]. Die TBP-Methode ist in Los Alamos [A 6] als erste Abreicherung der Actiniden von den Seltenen Erden benutzt worden.

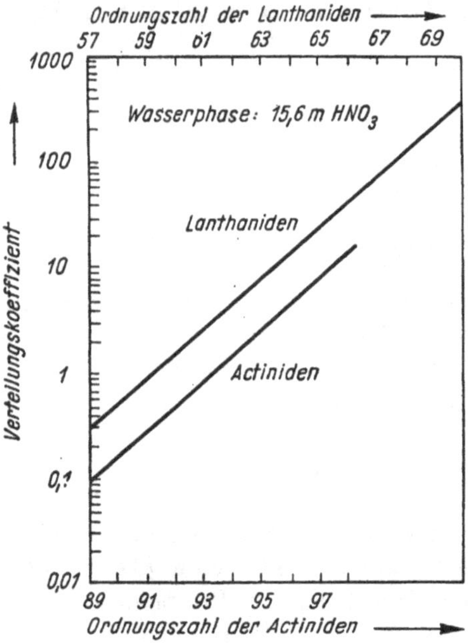

Abb. 43.
Solventextraktion der 3-wertigen Lanthaniden und Aktiniden in TBP-Lösungen.

Die Trennung mit 2 m TTA in Benzol eignet sich besonders gut zur Trennung von La/Am [H 10]. Abb. 44 zeigt die pH-Abhängigkeit der Extraktion beider Elemente. Man sieht, daß die beste Trennung um pH = 3 erreicht wird, während man für maximale Am-Gewinnung über pH = 4 arbeiten muß. Die Fremdelemente wie Np-IV, Pu-IV, Th-IV, Fe-III und Zr-IV, die wesentlich stärkere Komplexe als Am bilden, können bei tieferen pH-Werten (< 2,5) abgetrennt werden. — Für die Trennung Cm/Am untereinander liegen nach Magnuson und Anderson [M 10] die $VK_{Am} = 0,29$ und $VK_{Cm} = 0,24$ zu dicht beieinander, um eine befriedigende Trennung zu erreichen.

Quantitativ kann man Am/Pu durch Cupferron in Chloroform trennen; Pu wird gut, Am überhaupt nicht durch diesen Chelatbildner extrahiert [N 4].

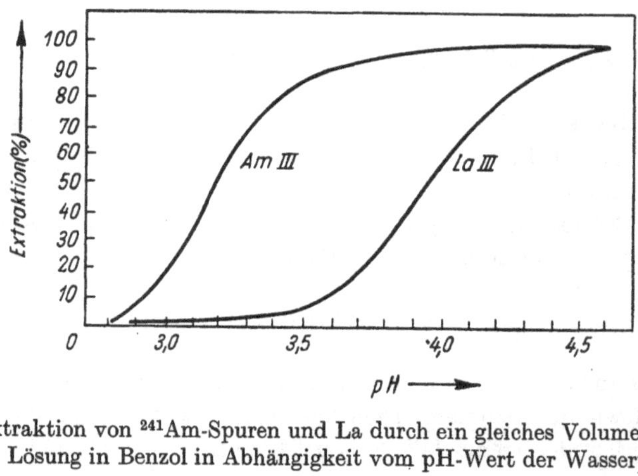

Abb. 44. Extraktion von ^{241}Am-Spuren und La durch ein gleiches Volumen einer 0,2 m TTA-Lösung in Benzol in Abhängigkeit vom pH-Wert der Wasserphase.

3.72 *Oxydationsstufen*

Die Wertigkeitsstufen des Americiums und ihre Darstellungsmöglichkeiten sind in der Tabelle 49 zusammengefaßt:

Tabelle 49: Darstellung und Eigenschaften verschiedener Wertigkeitsstufen des Americiums

Wertigkeitsstufe	Ion	Farbe	Darstellung
3+	Am^{3+}	rosa	1. $Am^0 + H^+$ 2. Redukt. v. Am-V oder Am-VI
5+	AmO_2^+	gelb	1. Am^{3+} + HOCl i. 5 m K_2CO_3, 95° + $S_2O_8^{--}$ + H^+ 0,1 m + O_3 2. Am-VI + Cl^- + Br^-
6+	AmO_2^{++}	braun	1. Am^{3+} anodisch oxydieren 2. Am^{3+} + $S_2O_8^{--}$ + (Ag^+) + H^+ 0,1 m + O_3 3. Am-V + $HClO_4$ (Hitze) + HNO_3 (Hitze)

Die in der Tabelle 50 wiedergegebenen Messungen der Redoxpotentiale sind von PENNEMAN und ASPREY [P13] und LATIMER [L18] durchgeführt worden.

Tabelle 50: Redoxpotentiale des Americiums

	sauer	alkoholisch
$Am^0 \rightarrow Am^{2+}$	2,7	—
$Am^0 \rightarrow Am^{3+}$	2,32	2,71
$Am^{2+} \rightarrow Am^{3+}$	1,5	—
$Am^{3+} \rightarrow Am^{4+}$	−2,44	0,4
$Am^{3+} \rightarrow Am^{5+}$	−1,74	—
$Am^{3+} \rightarrow Am^{6+}$	−1,65	—
$Am^{4+} \rightarrow Am^{5+}$	(−1,04)	(−0,7)
$Am^{5+} \rightarrow Am^{6+}$	−1,60	(−1,1)

Auf Grund der analogen Elektronenkonfiguration zum Eu sollte man erwarten, daß Am^{++} darstellbar sein müßte. Aber in allen entsprechenden Reaktionen, mit denen man Eu^{++} und Sm^{++} darstellt, konnte kein Am^{++} gefunden werden.

Am^{3+} ist der stabilste Zustand des Am. Das Spektrum ist denen der Seltenen Erden analog (Bandenspektrum mit sehr scharfen Banden großer Extinktion); es ist von vielen Wissenschaftlern [s. K17] untersucht worden. Aus der Veränderung des Spektrums durch Zugabe erhöhter Mengen verschiedener Säuren ist auch die Komplexbildung, besonders mit HCl, HNO_3 und H_2SO_4 nachgewiesen worden [H36, Y1].

Quantitative Messungen der Komplexkonstanten stammen von Ward und Welch [W15]. Sie bestimmten nach der Ionenaustauschmethode die Komplexkonstanten für die Bildung von $AmCl^{++}$ zu 0,068.

Die Fällungsreaktionen des Am^{3+} sind denen der Seltenen Erden analog.

Americium-IV wird nur im festen Zustand beobachtet [K17]. Die Existenz des Ions AmO_2^+ ist aus optischen Untersuchungen ableitbar. Die Struktur des Ions wird durch die Reversibilität des Redoxpaares Am-V/Am-VI und Infrarot-Untersuchungen [J6] gestützt. AmO_2^+-Lösungen sind im saurem Medium instabil und disproportionieren [Y1]:

$$3\,AmO_2^+ + 4\,H^+ \leftrightharpoons 2\,AmO_2^{++} + Am^{3+} + 2\,H_2O.$$

In salzsauren Lösungen endet die Reaktion bei Am^{3+}, da AmO_2^{++} durch Cl^- zu AmO_2^+ reduziert wird.

Infolge der starken α-Strahlung werden Lösungen von Am-V und Am-VI, wahrscheinlich über intermediär gebildetes H_2O_2, zum Am-III autoreduziert.

Die Existenz von AmO_2^{++} wurde kristallographisch und in Lösungen optisch und elektrochemisch nachgewiesen [s. K17]. Am-VI unterliegt der Autoreduktion durch die α-Strahlung; die Reduktionsrate beträgt für ^{241}Am ca. 4—5%/h.

AmO_2^{++} ist ein Oxydationsmittel von der Stärke des Ce^{4+} oder $MnO_4^- \cdot J^-$, Hydrazin, H_2O_2 reduzieren es zum Am^{3+}, Cl^-, Br^- zu AmO_2^+. Aus der starken Farbänderung bei der Zugabe von HF oder H_2SO_4 oder HNO_3 kann man auf Komplexbildung mit diesen Säuren schließen; auch das Potential Am-V/Am-VI wird durch Zugabe von SO_4^{--} verschoben.

Die Ähnlichkeit von UO_2^{++} und AmO_2^{++} wird durch die Extrahierbarkeit von Am-VI mit Diäthyläther aus 1 m HNO_3 in gesättigter NH_4NO_3-Lösungen unterstrichen.

3.8 Curium und Transcuriumelemente

Die Elemente vom Cm aufwärts liegen in wäßriger Lösung — in Analogie zu den Seltenen Erden — nur in Form ihrer hydratisierten 3-wertigen Ionen vor. Alle Versuche, selbst unter extremen Bedingungen, Cm-Verbindungen höherer oder niedriger Wertigkeit zu gewinnen, verliefen negativ. Das ist in Übereinstimmung mit der Tatsache, daß mit steigender Ordnungszahl das Potential Me-III/VI vom Uran zum Americium hin zunimmt.

Die damit ähnlichen Eigenschaften der Elemente 96—102 bringen es mit sich, daß bei Ionenaustausch und Solventextraktion analog zur Trennung der Seltenen Erden verfahren werden muß.

Die Trennkoeffizienten dieser Elemente voneinander sind so niedrig, daß man bei der Solventextraktion mit TBP vielstufige Gegenstromverteilungen anwenden muß (s. Abb. 43), [P11, P12]. Die Trennfaktoren bei der Extraktion mit TTA [M10] sind noch geringer als die mit TBP.
Die chemischen Eigenschaften des Cm und der Transcuriumelemente wie Komplexbildungen, Hydrolyse und Fällungsreaktionen gleichen denen der 3-wertigen Actiniden.
Bei der Verarbeitung größerer Mengen Curium (100C) ist bisher nur der Ionenaustausch zur Abtrennung von Am angewendet worden [H37].

3.9 Ruthenium

3.91 *Extrahierbare Verbindungen*

Das Extraktionsverhalten des Ru bei der Brennstoffaufarbeitung verursacht sehr große Schwierigkeiten, da einerseits eine Vielzahl von Ru-Verbindungen mit sehr verschiedenen VK entstehen und andererseits das Verhältnis, in dem diese Verbindungen gebildet werden, selbst in ein und demselben Löseprozeß sehr starken Schwankungen unterworfen ist.

Tabelle 51: Stabilität und Extrahierbarkeit (mit TBP) der in den Ausgangslösungen vorhandenen Ru-Verbindungen

Verbindungen und Farbe	Verhalten in HNO_3/HNO_2 Gem. b. Zi.-T.	Extrahierbarkeit
Ru(NO)-Nitrato-Komplexe (1) (rot bis braun)	stabil, Umwandlung aber möglich	hoch f. $RuNO(NO_3)_3$. mäßig für $RuNO(NO_3)_2X$
Ru(NO)-Nitro-Komplexe (2) (gelb)	stabil	mäßig
Ru-NO-Verbindung nicht Komplex (3)	Umwandlung zu (1) und (2)	sehr niedrig
Ru-O-Ru-Nitrate (4) (braun)	stabil in Abwesenh. von HNO_2	sehr niedrig

Von den Ru-III-Verbindungen (Tabelle 51), die sich alle vom RuNO-Typ ableiten, werden von Estern, Äthern, Ketonen und TBP die Trinitratokomplexe sehr gut ($VK_{Ru} > 100$), die Dinitrato- und die Nitrokomplexe mäßig ($VK_{Ru} \sim 5$) und die Mononitratokomplexe und nichtkomplexen Nitrate kaum extrahiert. Ebenfalls

niedrige VK_{Ru} weisen die durch Hydrolyse über $Ru(NO)(OH)_3$ entstandenen Vielkernkomplexe und alle Verbindungen des Ru-IV auf.
Von den Cl^--Komplexen ist die Säure $H_2Ru(NO)Cl_4OH$ besonders gut in Ketonen löslich. [F17, F6, F1, F28, B45.] Vorteilhaft für die Prozeßführung ist allerdings die Tatsache, daß bei der TBP-Extraktion der VK_{Ru} bei Uransättigung der organischen Phase um den Faktor 56 reduziert wird.
Die Zersetzungsprodukte des TBP, HDBP und H_2MBP, die sich bei der Entseuchung von anderen Spaltprodukten sehr unangenehm auswirken, extrahieren Ru(NO)-Komplexe gar nicht und die Ru–O–Ru-Salze nur sehr geringfügig ($VK_{Ru} = 10^{-3}$). Das gleiche gilt für die flüssigen Anionenaustauscher (langkettige Amine) in salpetersauren Lösungen, die in wenigen Stufen Entseuchungsfaktoren von 10^5 erbringen; — in Cl^--haltigen Lösungen ist der Entseuchungsfaktor jedoch nur dem mit TBP erreichbaren gleich [M10].
Zu erwähnen ist noch der hohe Verteilungskoeffizient der Diphenylthioharnstoffkomplexe des Ru; diese Verbindungen werden unter Prozeßbedingungen nicht wieder rückextrahiert, verbleiben also in der organischen Phase und erfordern somit einen gesonderten Prozeß der Reinigung des Solvens vom Ru.

3.92 *Redoxverhalten*

Ru vermag in den Wertigkeitsstufen 0—8 zu existieren. Von HNO_3, die gewöhnlich als Lösungsmittel benutzt wird, wird es zu RuO_4 oxydiert. Beim Auflösen von bestrahltem Uran jedoch, in dem es in sehr geringen Mengen vorliegt, führen die in großen Mengen entstehenden nitrosen Gase zur Reduktion und Bildung von Ru–NO-Verbindungen, in denen das Ru als Ru-III und Ru-IV vorliegt.
Hochkonzentrierte HNO_3, Ozon, $KMnO_4$, HJO_4 oxydieren diese Verbindungen zu RuO_4; allerdings ist die Reaktionsgeschwindigkeit der Verbindungen 1, 2 und 3 (Tabelle 51) sehr langsam. Diese Reaktion ist beim gesonderten RuO_4-Destillationsprozeß (s. Kap. 5) von Bedeutung.
Die Reduktion der Ru-Verbindungen verläuft ebenfalls sehr langsam und ist schwierig zu realisieren. Da aber niedrige Wertigkeitsstufen des Ru sehr schlecht extrahiert werden, und die Reduktion von Ru-IV und RuO_4 glatt verläuft, verfährt man so, daß zunächst mit O_2 oder O_3 oxydiert und dann mit H_2O_2 oder HCOOH reduziert wird [B47]. Durch diese Verfahrensweise steigt der Ru-Entseuchungsfaktor von 100 auf 440 an.
Die Redoxpotentiale des Ru sind — mit Ausnahme von Ru-IV/VIII (in 1 m $HClO_4$, 1,4 V) [W5] — nicht in der Literatur beschrieben; die Ursache dürfte in der Vielfalt der Ru-Verbindungen zu suchen sein, die in wäßrigen Lösungen nebeneinander oft im metastabilen Gleichgewicht, vorliegen.

3.93 *Komplexbildung und Hydrolyse*

Die Komplexchemie des Ru-III [F6, F28] ist der des Co-III sehr ähnlich (Oktaederkonfiguration, Komplexisomerie usw.).

Vom hypothetischen Wassergehalt abgesehen, sind folgende *Ru(NO)-Nitratokomplexe* bekannt:

$[Ru(NO)(NO_3)_3(OH_2)_2]$, $[Ru(NO)(NO_3)_3(OH_2)(OH)]^-$	Trinitrato-Komplexe
$[Ru(NO)(NO_3)_2(OH_2)_2(OH)]$, $[Ru(NO)(NO_3)_2(OH_2)(OH)_2]^-$	Dinitrato-Komplex
$[Ru(NO)NO_3(OH_2)_2(OH)_2]$, $[Ru(NO)NO_3(OH)_4]^{--}$	Mononitrato-Komplex
$(H_2O)(HO)(NO_3)Ru(NO)\langle {}^{OH}_{OH} \rangle (NO)Ru(OH)_2(OH_2)$	Heminitrato-Komplex

Die Existenz der komplexen Anionen $[RuNO(NO_3)_3(OH_2)(OH)]^-$ und $[Ru(NO)(NO_3)_3(OH)_2]^{2-}$ und $[Ru(NO)(NO_3)_4OH]^{2-}$ in stark salpetersauren Lösungen ist durch das Verhalten an Anionenaustauschern nachgewiesen worden. In der organischen Phase hält FLETCHER [F17] die Existenz von $H_2[Ru(NO)(NO_3)_5]$ für möglich. — Es wurde auch nachgewiesen, daß praktisch in allen Lösungen unter Prozeßbedingungen Ru–NO-Nitrate infolge Ionisationsisomerie gleichzeitig als anionische, kationische und ungeladene Formen nebeneinander vorliegen:

$$\begin{array}{rcl} H^+[Ru(NO)(NO_3)_3OH]^- & \rightleftharpoons & \\ & & [Ru(NO)(NO_3)_3OH_2] \\ NO_3^- + [Ru(NO)(NO_3)_2(OH_2)_3]^+ & \rightleftharpoons & \\ & & H^+ + [Ru(NO)(NO_3)_2(OH)(OH_2)_2]^{++} \\ H^+ + [Ru(NO)(NO_3)_2(OH)_2(OH_2)]^- & \rightleftharpoons & \end{array}$$

Wie aus optischen Untersuchungen hervorgeht [B49] erfolgt die Gleichgewichtseinstellung aller dieser Komplexe, besonders zum leicht extrahierbaren $Ru(NO)(NO_3)_3 \cdot 2\,TBP$ sehr langsam. Dieses Verhalten wird auch durch die steigende Ru-Extraktion in Abhängigkeit von der Zeit bewiesen.

Stabiler als die Nitrato- sind die *Ru(NO)-Nitro-Komplexe*, deren Bildung durch die Anwesenheit von NO_2^- stark begünstigt wird. Wenn einmal in der Lösung vorhanden, dann ist es sehr schwer, sie wieder zu zerstören, da sie selbst dem Kochen mit konz. HNO_3 widerstehen. — Als Nitro-Verbindung in den Ausgangslösungen wird $[Ru(NO)(NO_2)_2(OH)(OH_2)]$ angenommen, das sich gut mit Ketonen, aber nur mäßig mit TBP extrahieren läßt. In NO_2^--freien Lösungen wandelt sich diese Verbindung langsam in schwerer extrahierbare Formen mit weniger als 2 NO_2-Gruppen pro Ru um. Die Verbindung wird nicht durch Alkalien hydrolysiert, sondern bildet das Hydroxyd.

Beachtliche Mengen des Ru liegen in salpetersauren Lösungen, besonders bei niedrigen HNO_3-Konzentrationen, als nicht komplexes $[Ru(NO)OH]^{++}$ vor. Dieses Ion hydrolysiert, wenn der pH-Wert ansteigt, weitgehend zu polynuclearen Verbindungen, und erlaubt damit, durch deren niedrigere VK_{Ru}, wesentlich bessere Entseuchung vom Ru, weil die Depolymerisation bei Zimmertemperatur sehr langsam verläuft.

Die *Ru-IV-Verbindungen* teilt man in zwei Gruppen ein:

paramagnetische Einkernkomplexe wie $[RuCl_6]^{2-}$ und
diamagnetische Mehrkernkomplexe mit –O-Brücken und ungeklärten Bildungsverhältnissen.

Die Einkernverbindungen gehen bei Ruthenium-Konzentrationen $> 10^{-6}$ m in den Mehrkerntyp über. Steigt die Konzentration über 10^{-2} m, was unter Prozeßbedingungen nie erreicht wird, dann bildet sich schwerlösliches RuO_2. — Die Ru-IV.-Verbindungen finden sich in den Prozeßlösungen nur in sehr geringem Umfang, da sie durch die HNO_3/HNO_2 sehr leicht und schnell zu Ru(NO)-Verbindungen reduziert werden. Unter bestimmten Bedingungen sind sie schon beobachtet worden, weil sie in Gegenwart von Luft in 3 m HNO_3 durch eine photochemische Reaktion gebildet werden können.

3.10 *Technetium*

Extrahierbar sind nur die höheren Wertigkeitsstufen des Tc, besonders das TcO_4^- (Tabelle 52).
In sauren Lösungen führen Amine zur Verbindungsbildung $[R_3NH]TcO_4$, während durch sauerstoffhaltige Solventien und im alkalischen Medium nur Salze extrahiert werden.

Tabelle 52: Verteilungskoeffizienten des TcO_4^-/TcO_4^{--} mit verschiedenen Solventien

Solvens	alkal.	neutral	2 n H_2SO_4
Hexon	17	0,28	6,9
Diisopropyläther	—	—	—
Diäthyläther	—	—	—
TBP	—	6,4	17,5
Pyridin	39	—	—
Piperidin	37	—	—

Das Potential TcO_4^{2-}/TcO_4^- wird zu 0,2 bzw. 0,5 V geschätzt. Selbst durch sehr schwache Reduktionsmittel wird Tc zu seiner niedrigsten, wahrscheinlich zweiwertigen Stufe reduziert, dessen Verbindungen mit allen Extraktionsmitteln unbedeutend kleine Verteilungskoeffizienten besitzen [G 32].

3.11 *Jod*

Eines der unangenehmsten Spaltprodukte für die Extraktion von kurz abgekühlten Reaktorbrennstoffen ist das Jod. Es wird einerseits durch einen einfachen Verteilungsmechanismus und zum anderen besonders stark durch ungesättigte Verbindungen der organischen Phase extrahiert. Gereinigte Verdünner lösen deshalb viel weniger Jod als unsaubere. HJ wird unter Normalbedingungen nicht, aber in Gegenwart von Jod ausgezeichnet in der organischen Phase gelöst. Die Mitextraktion des Jodes vermindert man daher durch sorgfältige Auswahl der Lösungsmittel, durch Reduktion zu J^- oder umgeht sie am besten dadurch, daß man es vor der Extraktion abdestilliert oder durch genügend lange Kühlzeiten abklingen läßt.

3.12 *Zirkon/Niob*

3.121 Extrahierbare Verbindungen

Die umfassendsten Untersuchungen liegen über die Extraktion des Zirkons mit TBP und TTA vor, wobei erstere praktischen Untersuchungen für die Kernbrennstoffaufarbeitung, letztere dagegen der Klärung von Fragen der Zirkonchemie dienen.

Bei der Solventextraktion mit TBP, mit dem die Actiniden als $Me(NO_3)_3 \cdot 3\,TBP$, $Me(NO_3)_4 \cdot 2\,TBP$ und $MeO_2(NO_3)_2 \cdot 2\,TBP$ extrahiert werden [F1 und K15], zeigen Zr^{4+} und Nb^{5+} unterschiedliches Verhalten gegenüber diesen Extraktionsmitteln [B16]. Die hohe Ladung und der kleine Ionenradius führen zu starker Komplexbildung sowohl mit OH^- als auch mit anderen Anionen. Die Komplexe besitzen alle kleine Verteilungskoeffizienten, wie aus der Tabelle 53 hervorgeht:

Tabelle 53: Änderung des VK des Zr durch Gegenwart von komplexbildenden Anionen

Zugesetztes Ion	Molarität	Faktor der Erniedrigung des VK_{Zr}
PO_4^{---}	0,1	100
SiF_6^{--}	0,001	10
SO_4^{--}	0,1	6
ox^{--}	0,01	60

Bei niedrigen HNO_3-Konzentrationen liegen mehr Polynuclearprodukte in beiden Phasen vor; hohe HNO_3-Konzentrationen hingegen begünstigen die Bildung des einfachen Zr-Nitrates, das wesentlich besser extrahierbar ist (Abb. 45).

Da man bei der Extraktion von U/Pu schon relativ stark salpetersauer arbeiten muß, werden beachtliche Mengen des Zr mit- und rückextrahiert. Zr ist somit neben Ru das Spaltprodukt, das bei der TBP-Extraktion mehrfache Extraktionszyklen erforderlich macht. Erfreulich ist allerdings die Tatsache, daß die VK von Zr und Nb durch die Gegenwart von sehr viel U (80% Sättigung) um den Faktor 6 bis 9 reduziert werden. Die Extraktion des Zr in TBP-Lösungen ist in über 2 m HNO_3 unabhängig von c_{H^+}. Die Extraktion nach verschiedenen Parametern läßt nach MURBACH und McVEY [M20] auf $Zr(NO_3)_4 \cdot 3$ TBP schließen. In salzsaurer Lösung jedoch [L7] weist die Abhängigkeit des Verteilungskoeffizienten von der TBP-Konzentration auf die Verbindung $ZrCl_4 \cdot 2$ TBP hin; wobei sich außerdem in diesem Fall in der organischen Phase weniger Polymere befinden als in der wäßrigen.

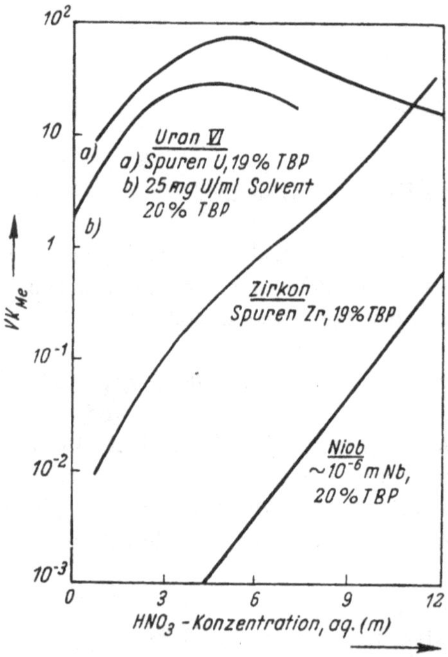

Abb. 45. Extraktion von U-VI, Zr und Nb durch TBP-Lösungen in Abhängigkeit von der HNO_3-Konzentration.

Der Verteilungskoeffizient des Zr-IV gegenüber HDBP allein ist noch nicht untersucht worden. Lediglich bei Gemischen von TBP mit HDBP [S30] hat man festgestellt, daß Zr durch HDBP wesentlich stärker in der organischen Phase zurückgehalten wird als durch TBP, denn die Reihenfolge der Stabilität ist

$$Pu^{4+} > Zr^{4+} > Nb^{5+} > UO_2^{2+} > SE^{3+}.$$

In Gegenwart von viel Uran fallen die Verteilungskoeffizienten des Zr mit HDBP genau wie beim TBP sehr stark ab, d. h. unter Prozeßbedingungen ist die Zr-Mitextraktion wesentlich geringer.
Die Extraktionssysteme $ZrCl_4$ mit Amyläther oder Acetonitril sind von LARSEN und Mitarbeitern [L 11] bearbeitet worden.

Bei der Extraktion mit Aminen herrschen analoge Verhältnisse wie bei der mit anderen Extraktionsmitteln. Die Strukturen der extrahierten Verbindungen sind noch nicht ermittelt worden; es muß sich dabei aber auf alle Fälle um anionische Komplexe handeln. Die Entseuchung von Zr und Nb kann bei diesem Prozeß in einem Kreislauf erreicht werden, wenn 2 Spaltproduktabstreifer vorgeschaltet werden [P1].

Die Extraktion mit TTA in Kohlenwasserstoffen ist sehr gut. Da die Verteilungskoeffizienten von Chelaten mit steigender Ladung des Metallatoms anwachsen, wird Zr^{4+} zusammen mit Pu^{4+} extrahiert. Die Rückextraktion des Pu erfolgt wie gewöhnlich als Pu^{3+}, während das Zr im Solvens verbleibt und erst mit anderen Reagenzien (Oxalsäure, siehe Chelatprozeß, Kap. 5) rückextrahiert werden kann.

3.122 Komplexbildung und Hydrolyse

Zirkon vermag in wäßrigen Lösungen nur im vierwertigen Zustand zu existieren. Sowohl seine Hydrolyse als auch seine Komplexbildung — im weit stärkeren Maße noch die des Niobs — sind sehr ungenügend bekannt und werden oft widersprechend gedeutet, so daß weit weniger Angaben als über die Chemie des Plutoniums vorliegen.

Einige Untersuchungen über das Verhalten des Zirkons in *Nitratlösungen* sind bekannt [C17, C34, B50]. Nach Ansichten von BLUMENTHAL [B49] jedoch sind die gezogenen Schlüsse nicht eindeutig, weil die Hydrolyse des Zr^{4+} nicht genügend untersucht worden ist. Es ist aber eine Tatasche, daß mit steigender NO_3^- und besonders HNO_3-Konzentration extrahierbare Nitrate gebildet werden müssen. Nur die Existenz der komplexen Säure $H_2[Zr(NO_3)_6]$ wird als gesichert angesehen.

In Chloridlösung findet sich das Zirkon allgemein als $[ZrOOH]^+$, das zu lockeren Aggregaten mit einem Molekulargewicht von $\sim$ 8000 (aus Lichtstreuungsmessungen) zusammentritt; wahrscheinlich handelt sich es hier nicht um exakte Polymere. Mit steigender HCl-Konzentration erfolgt Zurückdrängen der Hydrolyse:

$$[ZrOOH]^+ + H_3O^+ \rightarrow ZrO^{2+} + 2H_2O$$

$$ZrO^{2+} + H_3O^+ \rightarrow [ZrOH]^{3+} + H_2O$$

$$[ZrOH]^{3+} + H_2O^+ \rightarrow Zr^{4+} + 2H_2O.$$

Aber man kann nicht annehmen, daß Zr^{4+} wirklich existenzfähig ist, denn ZrO^{2+} hat die Tendenz, zu $Zr_4(OH)_8^{8+}$ zu polymerisieren. Die Polymeren sollen nach ZIELEN und KRAUS [B49, S129] als monodisperse, ringförmig gebaute Tri- oder Tetramere vorliegen und nicht wie nach CONNICK und Mitarbeitern [C17, C34] Polymere höheren Molekulargewichts sein.

In *Sulfatlösungen* liegt Zr als $[ZrO(SO_4)_2(OH_2)_2]^{2-}$ oder als $[ZrO(SO_4)_3(OH_2)_2]^{4-}$ vor und bildet in schwefelsauren Lösungen nach

$$[ZrO(SO_4)_2]^{2-} + H^+ \leftrightharpoons [ZrOH(SO_4)_2]^-$$

die Oxo- zur Hydroxylgruppe um; in stark schwefelsauren Lösungen werden auch diese dann verdrängt:

$$[ZrOH(SO_4)_2]^- + SO_4^{2-} \rightarrow [ZrOH(SO_4)_3]^{3-}$$

$$[ZrOH(SO_4)_3]^{3-} + H^+ \rightarrow [Zr(SO_4)_3 \cdot OH_2]^{2-}$$

$$[Zr(SO_4)_3 \cdot OH_2]^{2-} + SO_4 \rightarrow [Zr(SO_4)_4]^{4-} + H_2O.$$

In allen diesen Verbindungen ist das SO_4^{--} kovalent an das Zr gebunden, und es ist daher exakter von Sulfatozirkonsäuren als von Zirkonsulfaten zu sprechen.

Besonders beachtenswert ist die noch stärkere Komplexbildung mit F^- zu ZrF_6^{--} oder partiell hydrolysierten Produkten, deren Gegenwart die Extraktion von Zirkon besonders stark verhindert.

3.13 *Cer*

Die leicht extrahierbaren Formen des Cer leiten sich vom Ce-IV ab. Die Verbindungen des Ce-III verhalten sich wie die der Seltenen Erden. Dieses unterschiedliche Verhalten wird zur Trennung und Reinigung des Cers von anderen Elementen, besonders den Lanthaniden, benutzt [W 16].

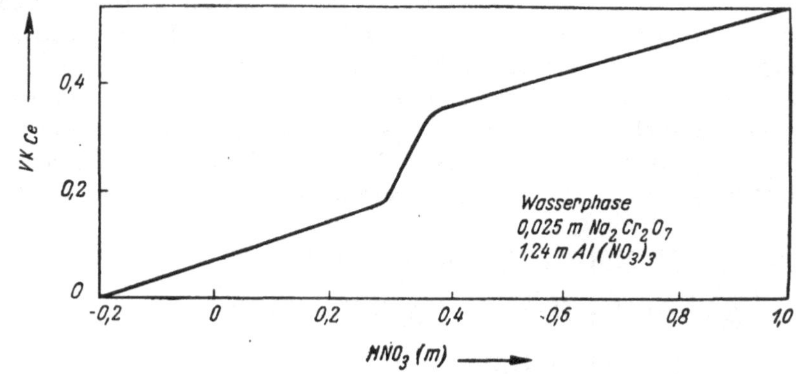

Abb. 46. Abhängigkeit des VK_{Ce} (Hexon) in Abhängigkeit von den HNO_3-Konzentrationen.

Beachtliche Verteilungskoeffizienten mit Ketonen besitzen im sauren Medium $H_2[Ce(NO_3)_6]$ (S 2) und $H[Ce(NO_3)_5OH_2]$ (W 17) (Abb. 46) und aus neutralen Lösungen $Ce(NO_3)_4$ sowie $Me_2[Ce(NO_3)_6]$.

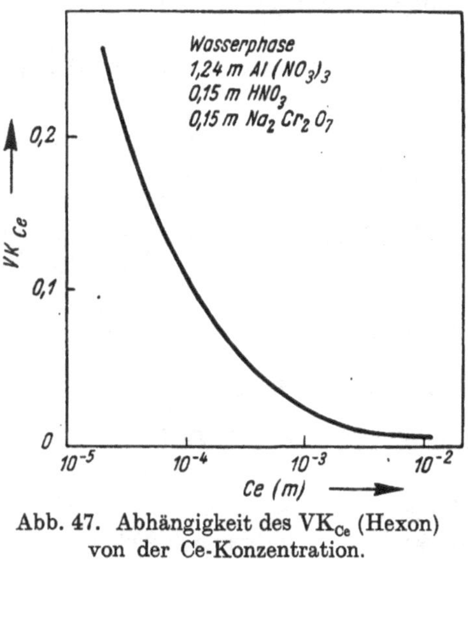

Abb. 47. Abhängigkeit des VK_{Ce} (Hexon) von der Ce-Konzentration.

Mit TBP wird $Ce(NO_3)_4$ extrahiert und mit den flüssigen Ionenaustauschern ist das Extraktionsverhalten des Ce^{4+} dem des Th^{4+} analog.

Besondere Beachtung muß der Ce^{4+}-Mitextraktion im Hexonprozeß*) (siehe Kap. 5) geschenkt werden, da hier das Cer infolge Gegenwart von $Cr_2O_7^{--}$ in größerem Ausmaß als Ce-IV vorliegt als bei anderen Prozessen. Dabei treten 3 Besonderheiten auf:

mit steigender Ce-Konzentration fällt der VK_{Ce} stark ab (Abb. 47).

*) Hexon = Methylisobutylketon (MIBK).

Der VK_{Ce} zeigt in Abhängigkeit von der Konzentration des $Cr_2O_7^{--}$ ein Maximum bei 10^{-3} m (Abb. 48). Vergleiche mit anderen Oxydationsmitteln, die alle kein Maximum geben, führen zu dem Schluß, daß einerseits $Cr_2O_7^{--}$ direkt an der Ce-Extraktion beteiligt sein muß und andererseits bei höheren Chromatkonzentrationen das Cer in Form von Polychromaten in der Wasserphase zurückgehalten wird.

Die Extrahierbarkeit von $MeCe(NO_3)_6$ kann zur Mitextraktion anderer Spaltprodukte führen.

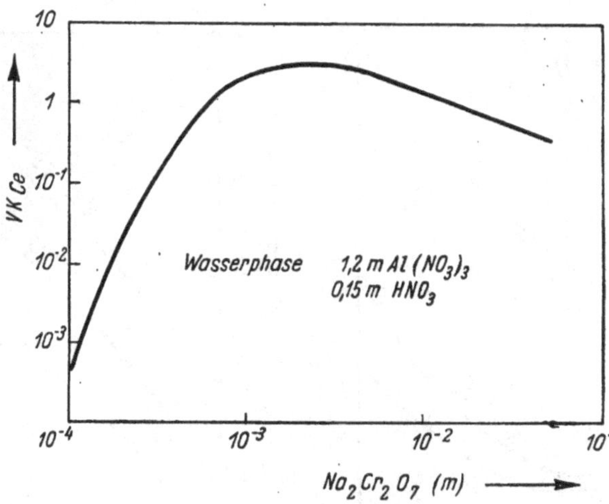

Abb. 48. Abhängigkeit des VK_{Ce} (Hexon) in Abhängigkeit von den $Cr_2O_7^{--}$-Konzentrationen.

3.14 *Seltene Erden*

Die Verteilungskonstanten der Seltenen Erden (SE) mit Ausnahme des Ce^{4+} sind unter Prozeßbedingungen mit allen bekannten Extraktionsmitteltypen so gering, daß ein Extraktionszyklus mit Abstreifer durchaus zur Entseuchung von diesen Elementen genügt (Tabelle 54).

Tabelle 54: Verteilungskonstanten der Seltenen Erden mit verschiedenen Extraktionsmitteln

Solvens	Bedingungen	VK_{SE}
TBP (30%)	3 m HNO_3	0,0004
TTA	pH 2	$<0,01$
Amin prim.	1 m SO_4^{--}, pH 1	20
Amin sec. tert.		$<0,01$
MIBK	0,25 HNO_3, 1,5 m $Al(NO_3)_3$	0,01

Durch Änderung der Säurekonzentration jedoch (Bildung von Säuren des Typs $H_n[(SE)X_{3+n}]$ und der entsprechenden Anionen) und durch Erhöhung der Lösungsmittelkonzentration kann man die Extraktion der SE ebenfalls erzwingen, z. B. mit 100% TBP in HNO_3 [P7] (Abb. 49, 50).
Es ist dabei möglich, sogar eine Trennung der SE untereinander zu erreichen. Die extrahierte Form soll die Zusammensetzung $SE(TBP)_a(H_2O)_{x-a}(NO_3)_3$ haben. Die Verteilungskonstante ist dabei eine Funktion von C_{HNO_3} und der Ordnungszahl des Elementes (Abb. 43 und Abb. 49).

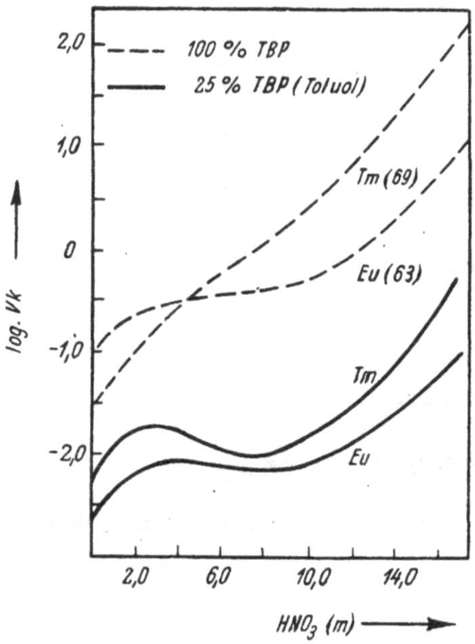

Abb. 49. Verteilungskoeffizienten von Eu und Tm mit TBP und -lösungen in Abhängigkeit von der HNO_3-Konzentration.

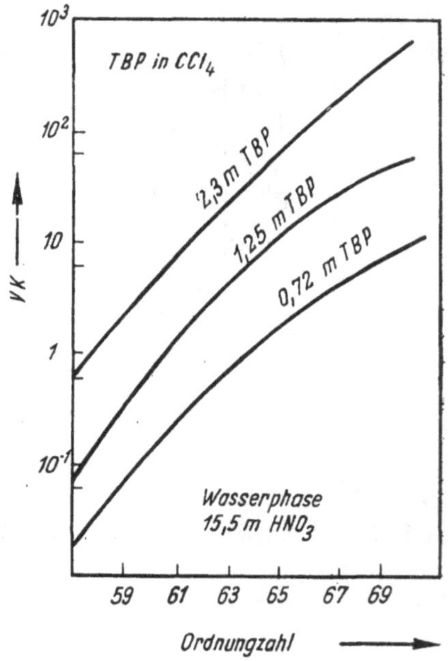

Abb. 50. VK der Lanthaniden in Abhängigkeit von der Ordnungszahl.

Die Solventextraktion der SE kann ferner unter folgenden Bedingungen und mit folgenden Extraktionsmitteln erreicht werden:

Bei Anwendung hoher $NaNO_3$-Konzentration [S 33] mit TBP in Kerosin wurde die Bildung von $Y(NO_3)_3 \cdot 3$ TBP und $Ce(NO_3)_3 \cdot 3$ TBP beobachtet.
Aus Lösungen hoher HCl-Konzentration kann man die SE mit TBP sowohl extrahieren [P 1] als auch trennen [W 13].
Die Alkylphosphorsäuren (z. B. Di-2-äthylhexylphosphorsäure HD2EHPA) in verschiedenen Verdünnern besitzen eine größere Extraktionskraft für die Lanthaniden als das TBP. Die extrahierbare Form ist $Me(D2EHPA)_3$. Die Trennfaktoren $VK_{Z+1} : VK_Z = 2{,}5$ [P 3].

Unter bestimmten Bedingungen können SE mit Aminen aus chloridhaltigen Lösungen nicht, aus schwach sauren NO_3^--Lösungen jedoch mit Trennwirkung extrahiert werden. Während bei Sulfatlösungen primäre Amine wirksam sind, werden die Nitrate nur von tertiären Aminen extrahiert [P18, W1].

Tabelle 55: Verteilungskonstanten verschiedener Elemente mit Aminen im Sulfatsystem

	SE	U-VI	Pu-VI	Pu-IV
tert. Amine	0,01	40		
prim. Amine	40	80—120		
Trilauryl-Amin in NO_3^-	0,0002		6,2	190

Auch TTA kann zur Extraktion von SE benutzt werden. Dabei werden die SE (pH = 3) etwas besser extrahiert als die dreiwertigen Actiniden (pH = 4), aber schlechter als Np, Pu, Th und Zr im 4wertigen Zustand (pH = 2,5).

Das Hydrolyseverhalten der Seltenen Erden braucht hier nicht in Erwägung gezogen werden, da diese unter Prozeßbedingungen (selten pH > 2) noch nicht hydrolysiert sind; außerdem kann der Hydrolyseeffekt für die Entseuchung der Spaltmaterialien von den Seltenen Erden nur von Nutzen sein, weil die letzteren dann eine noch geringere Tendenz besitzen, in die organische Phase überzugehen.
Die Komplexbildung fällt ebenfalls unter Prozeßbedingungen nicht bedeutend ins Gewicht. NO_3^- bildet stärkere Komplexe als Cl^-. Die Komplexbildung mit Chelatbildnern ist größer als die der Actiniden-III und Me-II, aber kleiner als die der Me-IV.

3.15 *Erdalkalimetalle*

Unter den normalen Bedingungen der Brennstoffaufarbeitung werden Erdalkalimetalle nicht extrahiert. Auch bei hohen Aussalzstärken bzw. bei Anwesenheit anionen- oder kationenkomplexbildender Agenzien liegen die Verteilungskoeffizienten noch 3 bis 4 Zehnerpotenzen tiefer als die der Spaltmaterialien, betragen also auch die Trennfaktoren $VK_U : VK_{Erdalk.}$ und $VK_{Pu} : VK_{Erdalk.}$ mehr als Tausend (Tabelle 56).
Lediglich mit Chelatbildnern (besonders mit TTA) kann man bei hohen pH-Werten auch Strontium — alle anderen Elemente außer den Alkalien werden bei pH = 2 bis 4 restlos extrahiert — in die organische Phase überführen. Diese Methode ist zur Abtrennung von ^{90}Sr aus Spaltproduktlösungen bei pH 6 bis 8 untersucht worden [H39].
Führt man die Erdalkalien in anionische Komplexe der Äthylendiamintetraessigsäure über, dann steigt die Extrahierbarkeit mit Aminen an [B51].

Tabelle 56: Verteilungskoeffizienten von U-VI und Erdalkalien mit verschiedenen Extraktionsmitteln

Extraktionsmittel	$VK_{U\text{-}VI}$	$VK_{Erdalkalien}$
Äther	2—200	0,0001
Hexon		
Dibutylcarbitol	3	0,001
TBP	30	0,001
DBP	>als mit TBP	0,01
Tert. Amine	90	0,01
TTA	0,6 13 (U-IV)	0,01

3.16 *Alkalimetalle*

Für die Alkalien gilt in bezug auf die Extrahierbarkeit das gleiche wie für die Erdalkalien. Die Trennfaktoren gegenüber Spaltmaterialien mit verschiedenen Solventien unter Prozeßbedingungen sind alle wesentlich größer als 10^3 [V3, C1]. Selbst durch β-Diketone können bei pH 6 bis 8 Alkalien nicht extrahiert werden. Die einzige Ausnahme davon stellt das Lithium dar, das durch Dipivaloylmethan selektiv von den anderen Alkalien abgetrennt werden kann [G5].

3.17 *Korrosionsprodukte*

Aus salpetersauren Lösungen, wie sie unter Prozeßbedingungen vorliegen, wird keines der Korrosions- und Legierungselemente (Fe, Cr, Ni, Mo, V, Co, Al) extrahiert. Lediglich $Cr_2O_7^{--}$ läßt sich aus 8n HNO_3 mit Äthern zu ~ 10% extrahieren. (Das Extraktionsverhalten des Zirkons, das sehr oft als Hüllen- oder Legierungsbestandteil verwendet wird, ist bereits im Abschnitt 3.12 ausführlich behandelt worden.)

Wesentlich andere Verhältnisse findet man jedoch in salzsauren Medien vor. Es ist bekannt, daß besonders für analytische Zwecke, Fe, Mo, Cr-VI, V-V und Co mit Äthern, Estern und TBP in recht beachtlichem Umfang extrahiert werden können [M38, M39, S47]. Sie Solventextraktion mit anderen Halogeniden und Pseudohalogeniden, besonders Br^-, J^-, SCN^-, N_3^- ist von Morrison und Freiser [M39] für alle Elemente zusammengestellt worden, besitzt aber wie auch die Extraktion mit Hilfe von Chaltbildnern, z. B. β-Diketonen, Oxinen usw., nur analytische Bedeutung.

Besondere Beachtung muß man der Mitextraktion der Elemente Fe-III, V-V, Mo-VI und Cr-VI bei der Extraktion mit flüssigen Ionenaustauschern widmen. Während man die Mitextraktion des Fe und V mit sauren Phosphorsäureestern nicht umgehen kann, hat man bei den Aminen eine ganze Anzahl von Variations-

möglichkeiten: Die Extraktion des Fe kann man durch die Wahl des Amines (sec. und tert., s. Tabelle 27) oder durch Arbeiten bei niedrigen pH-Werten (VK_{Fe} steigt um den Faktor 10 pro pH-Einheit, Abb. 31c), verhindern.
Vanadin läßt sich leicht zu V-IV reduzieren, das nur sehr kleine VK_V besitzt (s. Amex für Vanadin, Kap. V); analoges gilt auch für Cr-VI nach Reduktion zu Cr-III. Molybdän wird zwar in saurer Lösung recht gut extrahiert, aber unter Prozeßbedingungen nicht mit rückextrahiert, so daß es bei der Solventrückgewinnung leicht mit Basen als MoO_4^{--} abgetrennt werden kann. Molybdän spielt insofern auch nicht eine bedeutende Rolle, als es beim Auflösen der Brennstäbe nach den bekannten Löseverfahren als MoO_3 ausgefällt wird und somit nur in geringen Konzentrationen in den Ausgangslösungen vorliegt.

4 VERFAHRENSTECHNIK DER EXTRAKTIVEN AUFARBEITUNG

Aufgabe der Verfahrenstechnik ist es, aus den günstigsten Reaktionsbedingungen ein optimales Verfahrensschema unter Berücksichtigung des zur Verfügung stehenden Materials und der Betriebssicherheit zu entwickeln, die Kenngrößen für die einzelnen Apparate zu berechnen und dem Konstrukteur Angaben über die vorteilhaftesten Konstruktionen zu bieten. In diesem Sinne soll die Extraktion als ,,unit operation" (wie z. B. Destillation, Filtration usw.) betrachtet werden. Ihre spezifischen Besonderheiten können bei der extraktiven Aufarbeitung allerdings erst dann formuliert werden, wenn bekannt ist, welche Art von Brennelementen aufzuarbeiten ist und welches Verfahren angewendet wird.

Der Aufgabenstellung entsprechend unterteilt sich das verfahrenstechnische Kapitel in 3 Hauptgebiete:

Zusammenstellung der bekanntesten Methoden zur Berechnung der notwendigen Zahl von Extraktionsstufen (4.1).

Aufstellung einer Übersicht über Betriebsweise, Konstruktion und Auslegung der in Betracht kommenden Extraktoren (4.2).

Nukleare Sicherheit bei Anlagen zur Aufarbeitung spaltbarer Materialien (4.3).

4.1 Grundlagen zur Berechnung der Stufenzahl

4.11 *Der Verteilungssatz von* Nernst

Zur Berechnung der Stufenzahl von Extraktoren wird der Nernst*sche Verteilungssatz* herangezogen:

$$\frac{S_E/V_{(E+S_E)}}{S_R/V_{(R+S_R)}} = \frac{C_E}{C_R} = VK$$

C_E, C_R = Konzentration der sich verteilenden Substanz in der Extrakt- bzw. Raffinatphase.

S_E, S_R = Menge der sich verteilenden Substanz in der Extrakt- bzw. Raffinatphase (g, kg).

V_{S_E}, V_{S_R} = Volumen der sich verteilenden Substanz in der Extrakt- bzw. Raffinatphase.

V_R, V_E = Volumen der reinen Extrakt- bzw. Raffinatphase.

VK = Verteilungskoeffizient.

In der Verfahrenstechnik werden häufig anstelle der Konzentrationen die Gewichtsverhältnisse angewendet; der Verteilungssatz geht dann in das *Beladungsgesetz* über:

$$\frac{S_E/(E + S_E)}{S_R/(R + S_R)} = \frac{X_E}{X_R} = m$$

X_E = Beladung der Extraktphase im Gleichgewicht;

X_R = Beladung der Raffinatphase im Gleichgewicht.

E = Menge der Extraktphase (g, kg)*);

R = Menge der Raffinatphase (g, kg)**).

In verdünnten Lösungen ist $S_E \ll E$ und $S_R \ll R$, so daß

$$m = \frac{S_E/E}{S_R/R}$$

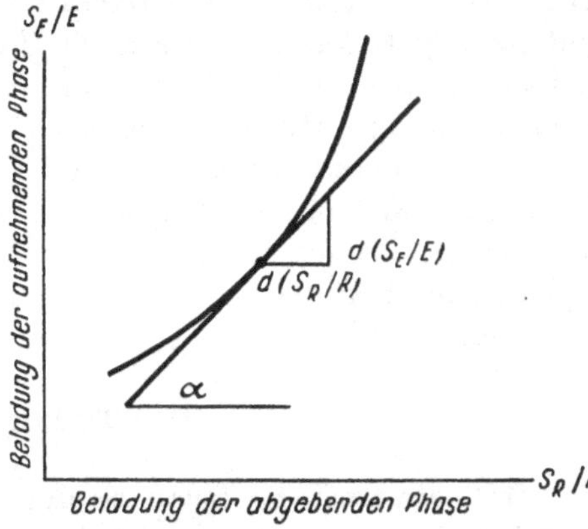

Abb. 51. Betriebskurve im THIELE-MCCABE-Diagramm.

wird Für die Gleichgewichtskurve (Extraktionsisotherme) gilt:

$$m = \operatorname{tg} \alpha_G = \frac{d(S_E/E)}{d(S_R/R)}.$$

Die Gleichgewichtskurve ist unter idealen Bedingungen eine Gerade (Abb. 51). Die Steigung m der Gleichgewichtskurve ist ein Maß für die Wirksamkeit des zur Extraktion benutzten Solvens E. Für die Gültigkeit des NERNSTschen Verteilungssatzes in der vorliegenden Form müssen folgende Voraussetzungen erfüllt sein:

Vollständig eingestelltes Gleichgewicht;
gänzliche Unlöslichkeit von Raffinat R und Extrakt E ineinander;
der gelöste Stoff S liegt in beiden Phasen im gleichen Molekularzustand vor;
beide Lösungen sind ideal verdünnt.

*) Als Extraktphase wird die Phase bezeichnet, die während des Extraktionsvorganges die zu extrahierende Substanz S aufnimmt.

**) Als Raffinatphase wird die Phase bezeichnet, die während des Extraktionsvorganges die zu extrahierende Substanz S abgibt.

Obwohl diese Bedingungen in der Praxis nie vollständig erfüllt sind, kann in vielen Fällen angenommen werden, daß der Verteilungskoeffizient konstant bleibt.

4.12 *Bestimmung des Extrahieraufwandes für kontinuierliche Gegenstromextraktoren*

4.121 Einleitung

Der Extrahieraufwand (theoretische Stufenzahl n und erforderliche Lösungsmittelmenge E) kann graphisch mit Hilfe des THIELE-McCABE-*Diagrammes* bzw. des GIBBSschen *Dreieckdiagrammes* oder rechnerisch ermittelt werden. Für die rechnerische Ermittlung ist Voraussetzung, daß die Gleichgewichtskurve im betrachteten Konzentrationsgebiet eine Gerade ist. Während bei der rechnerischen Ermittlung und bei der Anwendung des THIELE-McCABE-Diagrammes Voraussetzung ist, daß die Mengen von Raffinat- und Extraktphase konstant bleiben, berücksichtigt das Dreieckdiagramm die gegenseitige Löslichkeit der Phasen ineinander.

4.122 Das THIELE-McCABE-Diagramm

Als Ordinate wird die Beladung des aufnehmenden Stoffes (Extrakt) und als Abszisse die des abgebenden (Raffinat) gewählt. In dieses Diagramm (Abb. 52) zeichnet man zunächst die *Gleichgewichtskurve* ein, die durch Messung des Verteilungskoeffizienten bestimmt worden ist. Zur Ermittlung des Extrahieraufwandes werden dann die gewünschte *Endbeladung* im Raffinat X_{R2} und die *Ausgangsbeladung* X_{R1} auf der Abszisse eingetragen. Eine durch den Punkt X_{R2} laufende Gerade nennt man *Betriebslinie*. Ihre Steigung $\text{tg}\,\alpha_B = R/E$ drückt das Mengenverhältnis von Raffinat zu Extraktphase aus. Für $\text{tg}\,\alpha_B$ gibt es einen maximalen Wert, der bei gegebener Raffinatmenge die Mindestmenge des Extraktionsmittels festlegt. Dieser maximale Wert wird im Diagramm durch diejenige Betriebslinie wiedergegeben, welche durch den Schnittpunkt des Achsenabschnittes X_{R1} mit der Gleichgewichtskurve verläuft. In der Praxis wählt man eine Extraktionsmittelmenge E, die größer ist als die Mindestmenge, um eine endliche Stufenzahl zu erhalten.

Zwischen der Gleichgewichtskurve und der Betriebslinie wird mit Hilfe des Stufenzuges $\eta_1, \ldots \eta_n$ die notwendige Anzahl der *theoretischen Stufen* ermittelt. Ausgangspunkt für den Stufenzug ist die Ausgangsbeladung X_{R1} (kg/kg) der Raffinatphase. Der Stufenpunkt auf der Betriebslinie ist der Mischpunkt. Entsprechend den beiden senkrecht aufeinander stehenden Geraden nimmt beim Entmischen die Beladung des Raffinates ab (waagerechte Achse) und die Beladung des Extraktes zu (senkrechte Achse). Das gleiche wiederholt sich im Gegenstrom in den folgenden Stufen.

4.123 Rechnerische Ermittlung der theoretischen Stufenzahl

Im THIELE-McCABE-Diagramm, Abb. 52, stellen η_1 die Abnahme der Beladung S_R/R in der ersten und η_3 die Abnahme von S_R/R in der zweiten Stufe dar. Das Verhältnis zweier waagerechter aufeinanderfolgender Stufenzüge beträgt:

$$\frac{\eta_1}{\eta_3} = \frac{E}{R} \cdot m$$

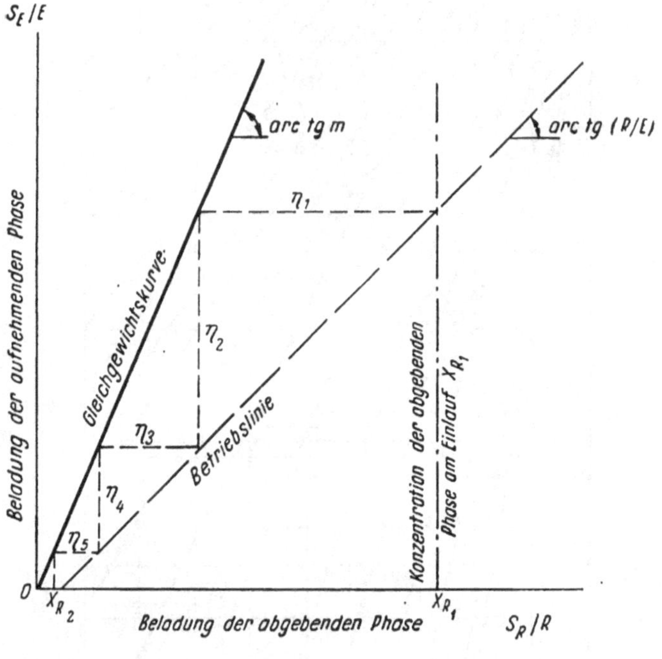

Abb. 52. Bestimmung des Extrahieraufwandes mit Hilfe des THIELE-McCABE-Diagrammes.

Für n theoretische Stufen erhält man dann den Ausdruck

$$\frac{\eta_1}{\eta_{2n-1}} = \left(\frac{E}{R} \cdot m\right)^{n-1}.$$

Wird von der Endbeladung X_{R_2} ausgegangen, dann läßt sich mit der von OTHMER und TOBIAS gefundenen Form:

$$X_{R2} = \frac{\left(m\,\frac{E}{R}\right) - 1}{\left(m\,\frac{E}{R}\right)^{n+1} - 1} \cdot 100\%$$

unter Verwendung des in Abb. 53 gezeigten Diagrammes die theoretische Stufenzahl ermitteln:

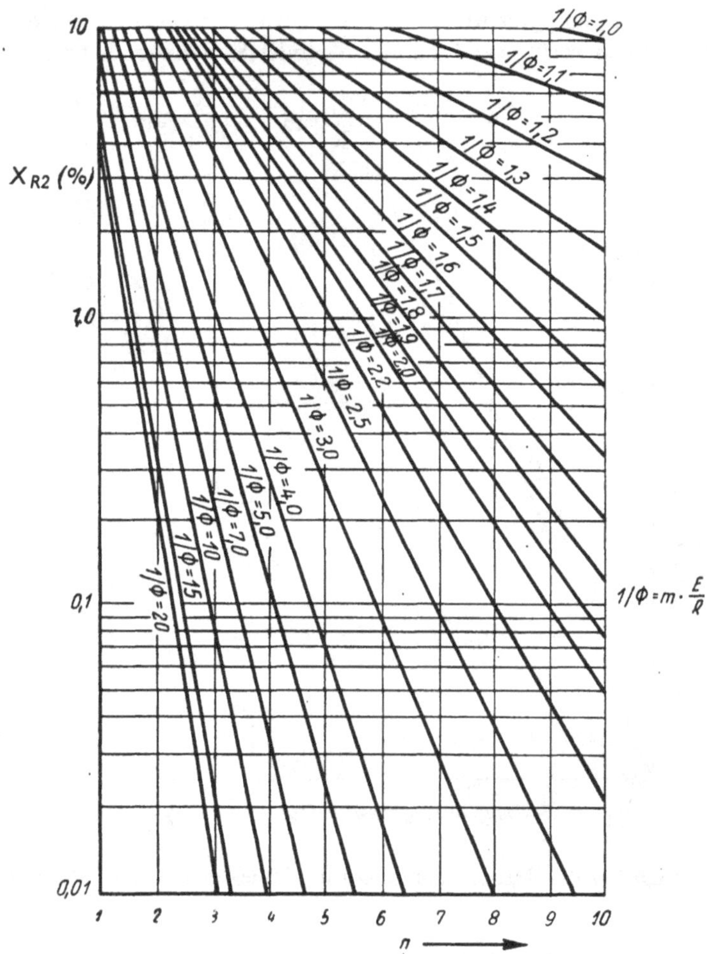

Abb. 53. Diagramm zur Bestimmung der theoretischen Stufenzahl nach OTHMER und TOBIAS.

Aus dem Mengenverhältnis der beiden Phasen wird zunächst der Ausdruck $1/\Phi = m \frac{E}{R}$ berechnet. Ausgehend von der zulässigen Endverunreinigung des Raffinates X_{R2} (%) zieht man dann eine Parallele zur Abszisse bis zu dem berechneten Wert $1/\Phi$. Die durch den erhaltenen Kurvenschnittpunkt verlaufende Parallele zur Ordinate gibt auf der Abszisse die erforderliche Stufenzahl an.

4.124 GIBBSsches *Dreieckdiagramm*

Die 3 Eckpunkte des Dreiecks stellen die reinen an der Extraktion beteiligten Stoffe dar abgebendes und aufnehmendes Lösungsmittel und gelöste Substanz. Innerhalb dieses Dreiecks verläuft die experimentell aufgenommene Löslichkeitskurve.

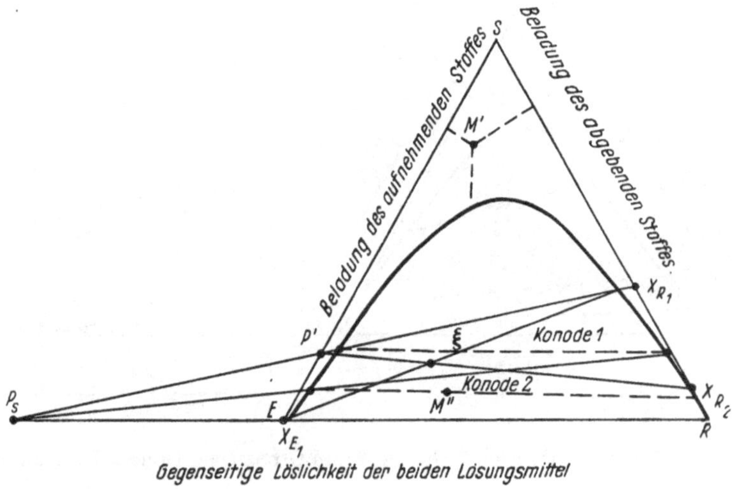

Abb. 54.
Bestimmung der theoretischen Stufenzahl mit Hilfe des GIBBSschen Dreieck-Diagrammes.

$X_{R1} = \left(\frac{S_R}{R + S_R}\right)_1$; Beladung des Raffinates am Zulauf.

$X_{R2} = \left(\frac{S_R}{R + S_R}\right)_2$; Beladung des Raffinates am Ablauf.

$X_{E1} = 0$ Beladung des Extraktes am Einlauf.

ξ = Verhältnis der aufnehmenden Phase E zur beladenen abgebenden Phase $(R + S_R)$ am Einlauf. Die Verbindungslinie $X_{E1} - X_{R1}$ wird entsprechend diesem Verhältnis geteilt.

P_S = Schnittpunkt aller Stufengeraden. Der Punkt P_S liegt am Schnittpunkt der beiden Geraden $\overline{X_{R1}P}$ und $\overline{RX_{E1}}$. Wenn die aufnehmende Substanz nach einer nicht vollkommenen Reinigung wieder verwendet wird, dann liegt X_{E1} zwischen E und S.

Oberhalb der Löslichkeitskurve bilden alle drei Substanzen eine homogene Lösung und werden durch einen Punkt, den Mischpunkt, wiedergegeben: M'. Da unterhalb der Löslichkeitskurve die aufnehmende und die abgebende Phase miteinander nicht mischbar sind, wird die Gesamtmenge der Substanzen im System durch zwei Punkte auf der Löslichkeitskurve dargestellt. Die Verbindungsgerade von zwei zusammengehörigen Punkten bezeichnet man als Konode. Auf dieser Konode würde der Mischpunkt liegen, wenn alle 3 Stoffe miteinander mischbar wären: M''.

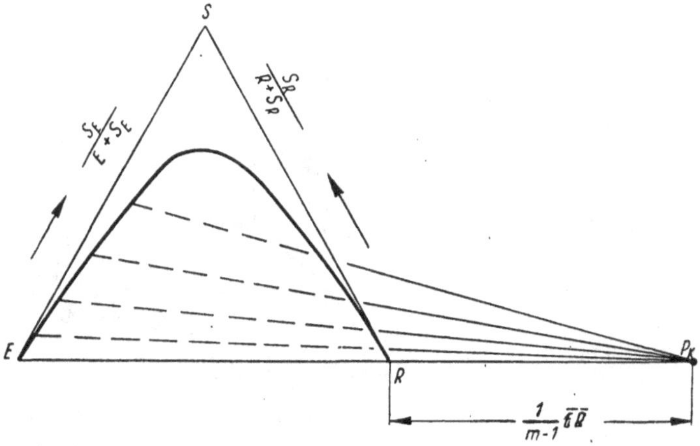

Abb. 55. Konoden (Gleichgewichtslinien) im GIBBSschen Dreieck-Diagramm.

Die Verlängerung aller Konoden (Abb. 55) geht auf Grund der Mischungsregel durch einen gemeinsamen Schnittpunkt: P_K, der auf der Verlängerung der Achse E—R liegt. Der Abstand vom Punkt R beträgt: $\frac{1}{m-1} \cdot \overline{ER}$ ($\overline{ER}$ = Länge der Achse E—R). Der Einfluß des Verteilungskoeffizienten auf die theoretische Stufenzahl der Extraktion wird durch die Neigung der Konoden ausgedrückt. Für den Sonderfall der Extraktion mit Rücklauf sei an dieser Stelle auf die einschlägige Spezialliteratur verwiesen [A8, T4, T6].

4.125 *Die Bestimmung der Kolonnenhöhe aus der theoretischen Stufenzahl*

Zur Bestimmung der Gesamthöhe H einer Kolonne ist außer der Zahl der theoretischen Stufen n noch die Höhe einer einzelnen theoretischen Stufe HETS erforderlich:

$$H = n \cdot (\text{HETS}).$$

Die Höhe einer theoretischen Stufe selbst läßt sich nur durch den Versuch ermitteln. Sie ist nicht identisch mit der anschließend behandelten Höhe einer Übergangseinheit.

4.126 *Die Ermittlung des Extrahieraufwandes bei der Uran-Spaltprodukt-Trennung*

Für die Praxis der Uran-Extraktion aus stark salpetersauren Lösungen stößt die rechnerische Bestimmung des Extrahieraufwandes auf große Schwierigkeiten, da die Verteilungskoeffizienten von Uran und Salpetersäure sich im Verlauf der Extraktion wechselseitig beeinflussen. Die Uran- und Spaltprodukte enthaltende salpetersaure Lösung wird in der Mitte der Extraktionskolonne zugespeist und fließt durch den unteren Teil der Kolonne, den Extraktionsteil (Abb. 56). Die aufsteigende organische Phase extrahiert Uran, Salpetersäure und in geringem Maße auch Spaltprodukte. Letztere verlassen die Extraktionskolonne am Kolonnenfuß. Der aufsteigenden organischen Phase fließt in der Waschsektion der Kolonne eine wäßrige Waschlösung entgegen, welche in die organische

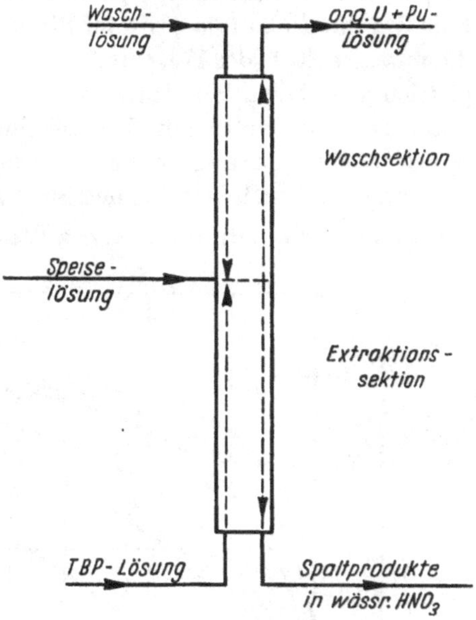

Abb. 56.
Gegenstrom der Phasen in einer Extraktionskolonne mit aufgesetzter Waschkolonne.

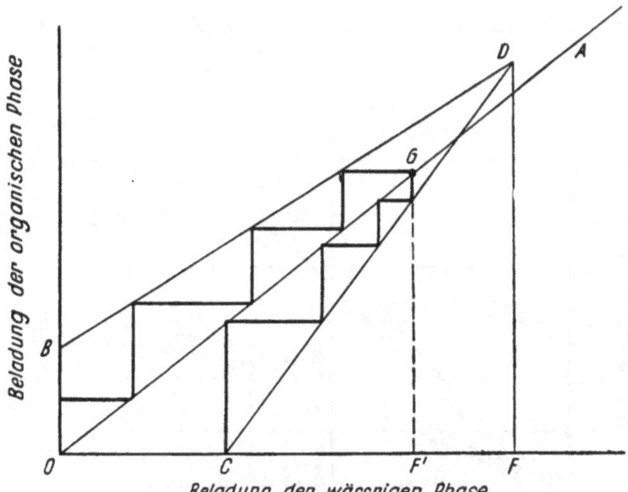

Abb. 57.
THIELE-MCCABE-Diagramm für eine Extraktionskolonne mit aufgesetzter Waschkolonne.

Phase extrahierte Spaltprodukte zurückextrahiert. Das Uran wird in der folgenden Kolonne abgestreift.

Zu jedem der beiden Teile der Extraktionskolonne gehört eine besondere Betriebslinie. Da die Einlaufstufe sowohl die oberste Stufe des Extraktionsteiles als auch die unterste Stufe des Waschteiles ist, müssen die beiden Betriebslinien durch den gleichen der Einlaufkonzentration F zugehörigen Punkt D gehen, wie in (Abb. 57) erläutert wird, wobei zur Vereinfachung ein konstanter Verteilungskoeffizient des gelösten Stoffes angenommen worden ist. Sind B und C die vorgegebenen Endbeladungen des sich verteilenden Stoffes in der Exakt- und Raffinatphase, so sind $\overline{BD}$ und $\overline{CD}$ die Betriebslinien des Wasch- bzw. Extraktionsteiles. Der Übergang

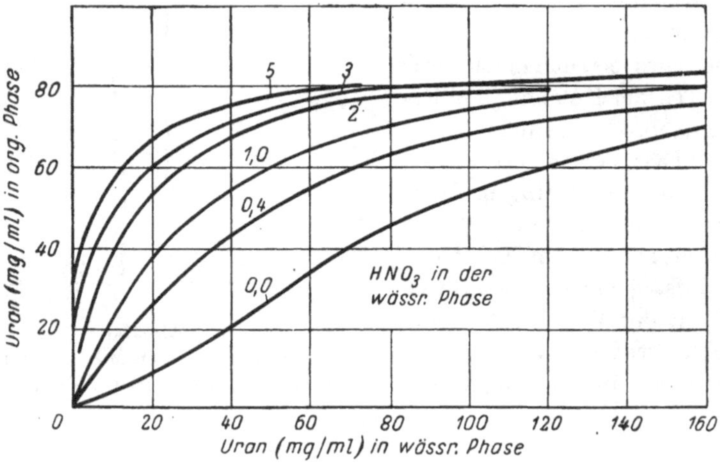

Abb. 58. Verteilungskoeffizient von Uran in Abhängigkeit von der Salpetersäurekonzentration.

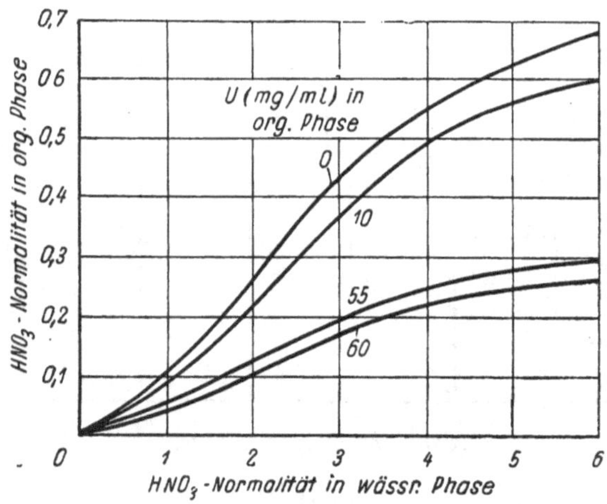

Abb. 59. Verteilungskoeffizient von Salpetersäure in Abhängigkeit von der Urankonzentration.

der zwischen den Betriebslinien und der Gleichgewichtskurve $\overline{OA}$ befindlichen Treppenkurve vom Extraktions- in den Waschteil erfolgt beim Punkt G, dem Schnittpunkt der Gleichgewichtskurve mit der wirklichen Konzentration am Einlaufboden F'.

Wie aus Abb. 58 u. 59 zu ersehen ist, sind die Verteilungskoeffizienten von Uran- und Salpetersäure von deren Konzentrationen weitgehend abhängig. Da sich beim Extraktionsvorgang die Konzentrationen von Uran und HNO_3 und deren Verteilungskoeffizienten ändern, muß für jede Stufe im Thiele-Mc-Cabe-Diagramm eine neue Verteilungskurve eingezeichnet werden. In Abb. 60 wird ein solches Beispiel dargestellt.

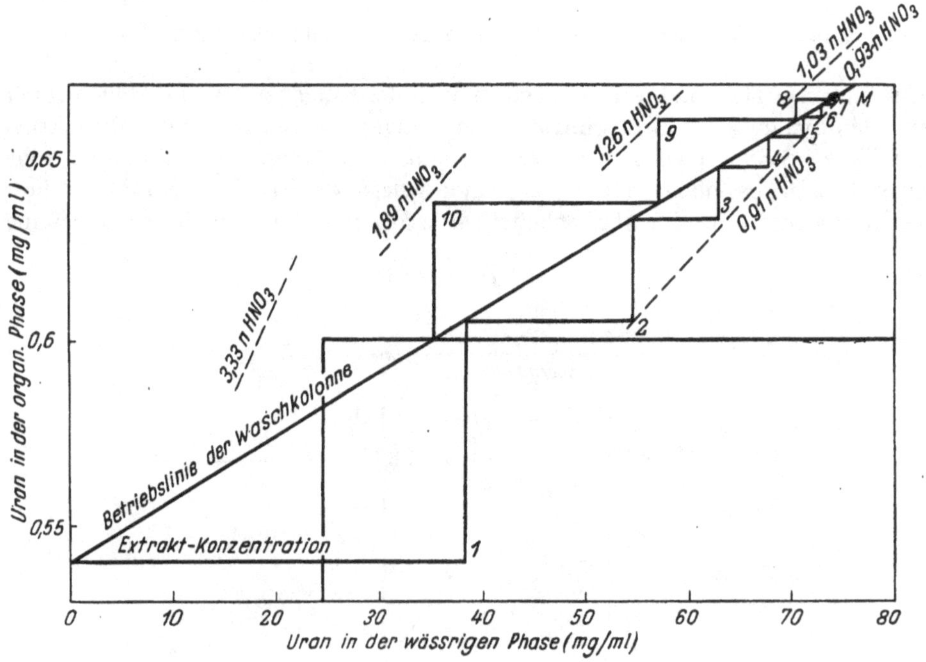

Abb. 60.
Urankonzentrationen in der Waschsektion einer Kolonne zur Uran-Spaltprodukttrennung.

Die Behandlung der Spaltprodukte erfolgt in der Weise, daß nur die am leichtesten extrahierbaren berücksichtigt werden; das sind in den meisten Fällen Zirkon und Ruthenium. Dabei wird in gleicher Weise vorgegangen wie beim Uran, wobei wegen der geringen Spaltproduktmenge deren Veränderung im Verlauf der Extraktion ohne Einfluß auf die Uranextraktion bleibt. Dagegen ist umgekehrt die Veränderung der Urankonzentration vom Einfluß auf die Zr- und Ru-Verteilung. Bei der Plutoniumextraktion müssen Bedingungen vermieden werden, unter denen das Plutonium im Kreislauf in der Kolonne geführt werden kann, und damit die nukleare Sicherheit der Anlage gefährdet wird. Das tritt auf, wenn im Waschteil

das Pu unter der Wirkung hoher U-Konzentration in die wäßrige Phase und im Extraktionsteil unter der Wirkung hoher HNO_3-Konzentration in die organische Phase übergeht.
Für die Extraktion von Uran und Plutonium aus der salpetersauren Lösung bestrahlter Kernbrennstoffe mit 20%igem TBP wurde von WOOD und WILLIAMS [W 21] auf Grund von Literaturangaben [V 6; K 40; K 41; K 42; P 20] das günstigste Verfahren zur Bestimmung des Extrahieraufwandes ermittelt. Bei ihnen sind auch Verteilungskurven von Uran, Pu, HNO_3 und einzelnen Spaltprodukten zusammengestellt [F 29, F 1, G 19, H 21, M 41, A 12, S 20, B 28].

4.127 Übergangseinheiten bei der Gegenstromextraktion

Um für einen bestimmten Kolonnentyp auch die Kolonnenhöhe in Abhängigkeit von den dynamischen Bedingungen aus den Eigenschaften der an der Extraktion beteiligten Stoffe berechnen zu können, muß eine dynamisch definierte „Höhe einer Übergangseinheit" (HTU) zugrunde gelegt werden. Die Grundlage ihrer Definition ist die aus der Ähnlichkeitstheorie folgende allgemeingültige Beziehung

$$a \cdot H = w \cdot \Omega$$

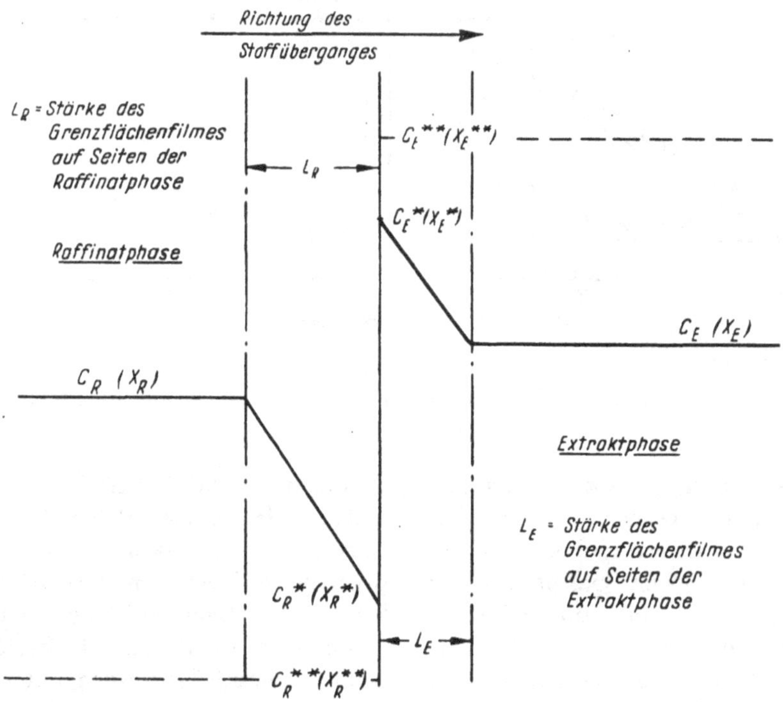

Abb. 61. Konzentrationsverlauf an der Phasengrenze.

für den Zusammenhang zwischen der Kolonnenhöhe H, der spezifischen Grenzfläche a, der Strömungsgeschwindigkeit w und dem Stoffübergangswiderstand Ω. Diesem Stoffübergangswiderstand ist die Stoffübergangsgeschwindigkeit umgekehrt proportional. Nach der Zweifilmtheorie von WHITMAN besteht die Grenzfläche zwischen den beiden flüssigen Phasen aus zwei stationären Filmen (Abb. 61). An der Phasengrenzfläche herrscht eine andere Konzentration (C_R^* bzw. C_E^*) als in größerer Entfernung von dieser (C_R bzw. C_E); diese Konzentrationsdifferenz $C_R - C_R^*$ bzw. $C_E^* - C_E$ ist zusammen mit dem zugehörigen Einzelfilm-Stoffübergangskoeffizienten k_R bzw. k_E, der von den physikalischen Eigenschaften der Phase und den Strömungsbedingungen abhängt, für die Geschwindigkeit des Stoffübergangs verantwortlich. Durch Erweiterung dieser Betrachtungen auf die gesamte Kolonne mit der Höhe H und dem Kolonnenquerschnitt S_f und unter Berücksichtigung der spezifischen Phasengrenzfläche a_f und Einführung der Gewichtsbrüche X (siehe Beladungssatz) erhält man entsprechend dem Zusammenhang zwischen der Höhe einer Übergangseinheit (HTU), der Anzahl der Übergangseinheiten N_t und der Kolonnenhöhe H

$$H = N_t \cdot (HTU)$$

die Definitionsgleichungen:

$$(N_t)_R = \int_{X_{R1}}^{X_{R2}} \frac{(1-X_R)^*_{\text{mittel}}}{(1-X_R)} \cdot \frac{dX_R}{(X_R - X_R^*)} = \int_{X_{R1}}^{X_{R2}} \frac{dX_R}{(1-X_R)_{\ln} \dfrac{(1-X_R^*)}{(1-X_R)}}$$

$$(HTU)_R = \frac{R + S_R}{k_R \cdot \bar{c}_R \cdot S_f \cdot a_f \cdot (1-X_R)^*_{\text{mittel}}}.$$

(Für die Extraktphase gelten die entsprechenden Gleichungen.)

$\overline{C_R}$ = mittlere Raffinatkonzentration in der Kolonne

X_{R1} = Beladung am Zulauf der Raffinatphase

X_{R2} = „ am Ablauf „ „

$(1-X_R)^*_{\text{mittel}}$ = Logarithmischer Mittelwert von $(1-X_R)$ u. $(1-X_R^*)$.

Auf Grund der Unkenntnis der wirklichen Größen von C_R^* und C_E^* (und damit auch von X_R^* und X_E^*) ist man zur Kolonnenberechnung mit Hilfe der Gesamt-Stoff-Übergangseinheiten (HTU) übergegangen, wobei an Stelle der Grenzflächenkonzentrationen C_R^* bzw. C_E^* die Gleichgewichtskonzentrationen C_R^{**} ($X_R^{**} = m \cdot X_E$) bzw. C_E^{**} ($X_E^{**} = m \cdot X_R$) und an Stelle der Einzelfilm-Stoffübergangskoeffizienten k_R bzw. k_E die Gesamt-Stoffübergangskoeffizienten K_R bzw. K_E verwendet werden. Das entsprechende Integral für N_t läßt sich dann graphisch lösen [T 6] und für den Fall, daß m konzentrationsunabhängig ist, läßt sich die

Zahl der Gesamt-Stoffübergangseinheiten $(N_t)_{ges}$ mit Hilfe der folgenden Beziehung berechnen:

$$(N_t)_{R,\,ges} = \frac{m \cdot E}{m \cdot E - R} \cdot \ln \left[\frac{m \cdot E - R}{m \cdot E} \cdot \frac{X_{R1} - \frac{X_{E2}}{m}}{X_{R2} - \frac{X_{E2}}{m}} + \frac{R}{m \cdot E} \right]$$

$$(N_t)_{E,\,ges} = \frac{m \cdot E}{R - m \cdot E} \cdot \ln \left[\frac{R - m \cdot E}{R} \cdot \frac{X_{E2} - m \cdot X_{R1}}{X_{E1} - m \cdot X_{R1}} + \frac{m \cdot E}{R} \right]$$

X_{E2} = Beladung am Zulauf der Extraktphase;
X_{E1} = Beladung am Ablauf der Extraktphase;
m = Beladungskoeffizient.

Die Höhe der Übergangseinheiten hängt in erster Linie vom Durchsatz ab, wobei bei steigendem Durchsatz infolge besserer Durchmischung einmal die spezifische Grenzfläche und die Geschwindigkeit des Stofftransports größer und zum anderen die Phasenkontaktzeit geringer wird. Infolge dieser gegenläufigen Tendenzen gibt es einen minimalen Wert für die Höhe einer Übergangseinheit. Diesen minimalen Wert verwendet man zur Auslegung der Kolonnen, wenn der Stoffaustausch eine große Zahl von Übergangseinheiten erfordert. Ist nur eine geringe Anzahl von Übergangseinheiten erforderlich, dann nimmt man eine größere Höhe für eine Übergangseinheit zugunsten eines größeren Durchsatzes in Kauf.

4.2 Extraktoren für die Kernbrennstoffaufarbeitung

4.21 *Allgemeines*

Die zur Verwirklichung des Gegenstromes verwendeten Apparate bestehen im Prinzip aus einem Gefäß mit einer Zuleitung der schweren und einer Abteilung der leichten Phase an dem höher gelegenen Ende und einer Zuleitung der leichten und einer Ableitung der schwereren Phase an dem anderen niedriger gelegenen Ende der Apparatur. Auf diese Weise wird durch den Dichteunterschied der Phasen ein Gegenstrom verursacht. Zur Vergrößerung der Kontaktflächen wird mittels festen und bewegten Einbauten eine erhöhte Durchmischung der Flüssigkeiten bewirkt. Die in Betracht kommenden Extraktoren — Morello und Poffenberger [M 31] haben alle bis 1950 praktisch verwendeten beschrieben — ordnet man am besten nach der Art des Phasenkontaktes:

A. Kolonnen mit festen Einbauten:

a) Kolonnen mit benetzten Wänden;
b) Sprühkolonnen (Regenkolonnen);
c) Füllkörperkolonnen;
d) Siebbodenkolonnen.

Außer den Siebböden werden noch eine Reihe anderer Bodenkonstruktionen beschrieben, deren Betriebsverhalten sich aber nicht wesentlich von dem der Siebböden unterscheidet.

B. Pulsierende Kolonnen:

a) pulsierende Siebbodenkolonnen;
b) pulsierende Füllkörperkolonnen;

C. Extraktoren mit bewegten Einbauten:

a) Mixer-Settler;
b) FENSKE-Extraktor;
c) SCHEIBEL-Extraktor;
d) Vibro-Kolonne;
e) „Rotating-disc"-Kolonne;
f) THOMAS-Extraktor.

Diejenigen Kolonnentypen, die bereits in Aufarbeitungsanlagen eingesetzt worden sind oder für die Anwendung in Aufarbeitungsanlagen besonders geeignet erscheinen, werden beschrieben.
Die Leistungsfähigkeit einer Extraktionsapparatur wird in erster Linie von dem Durchsatz und von der Höhe einer theoretischen Stufe bzw. einer Übergangseinheit bestimmt. An Stelle der Stufenhöhe wird bei abgeteilten Extraktoren die Wirksamkeit einer praktischen Stufe in % angegeben. Neben diesen vom Extraktionssystem abhängigen Größen spielen bei der Beurteilung einer Kolonne noch Gesichtspunkte der Sicherheit und der Wirtschaftlichkeit eine Rolle.
Die obere Grenze für den Durchsatz ist die Überflutungsgeschwindigkeit. Das ist die Geschwindigkeit, bei der die geschlossene Phase schneller nach unten strömt als die Tropfen der dispergierten Phase aufsteigen können oder umgekehrt. Infolgedessen wird die dispergierte Phase von der die Kolonne verlassenden geschlossenen Phase mitgerissen.
Mit der Erhöhung des Durchsatzes machen sich Erscheinungen bemerkbar, durch welche die Wirksamkeit des Extraktors beeinträchtigt wird. Die geforderte Reinheit der ausfließenden Raffinatphase wird dann nicht erreicht.
Der *unvollständigen Vermischung* kann bei den in erster Linie für die Aufarbeitung in Frage kommenden Extraktoren mit mechanischer Phasenmischung durch erhöhte Mischerleistung vorgebeugt werden. Die *Rückmischung* ist dagegen infolge der sehr schnellen Wirbeldiffusion bei hohen Geschwindigkeiten der Phasen vorhanden. Bei der in Abb. 80 (S. 160) dargestellten Rückmischung der schweren Phase werden feinste Tropfen der schweren Phase von der leichten Phase mitgerissen. Dadurch tritt scheinbar eine Änderung des Mengenverhältnisses der leichten zur schweren Phase ein. Über ihre rechnerische Berücksichtigung liegen verschiedene Untersuchungen vor [J 10] [G 33] [J 15]. *Nebenströme* treten vor allem bei Füllkörperkolonnen (Kanalbildung) und bei Mixer-Settlern auf.

Die Untersuchungen über das Betriebsverhalten der Extraktionskolonnen werden meist mit einer Reihe sogenannter Testsysteme vorgenommen. Solche Testsysteme sind z. B.

Isoamylalkohol	— Borsäure	— Wasser
Methylisobutylketon	— Essigsäure	— Wasser
Toluol	— Benzoesäure	— Wasser
Toluol	— Diäthylamin	— Wasser
Benzol	— Essigsäure	— Wasser
Toluol	— Essigsäure	— Wasser.

Will man aus den Untersuchungen des Testsystems I auf ein System II mit der gleichen wäßrigen und organischen Phase, aber verschiedenem gelösten Stoff mit einem anderen Verteilungskoeffizienten m schließen, so gilt unter den Voraussetzungen annähernd gleicher Bedingungen (Durchsatz, Temperatur usw.) und annähernd gleicher Stoffübergangsgeschwindigkeiten $(k \cdot a_f)$ die Beziehung:

$$\frac{(k \cdot a_f)_{I\,aq}}{(k \cdot a_f)_{II\,aq}} = \frac{1 + m_I}{1 + m_{II}}.$$

Ändern sich sowohl das Lösungsmittel als auch der gelöste Stoff, so ist die Stoffübergangsgeschwindigkeit $(k \cdot a_f)$ noch zusätzlich von der Tropfengröße der dispergierten Phase abhängig:

$$\frac{(k \cdot a_f)_{II\,aq}}{(k \cdot a_f)_{I\,aq}} = \left(\frac{\Delta\rho_{II}}{\Delta\rho_I} \cdot \frac{\gamma_I}{\gamma_{II}}\right)^n \cdot \frac{1 + m_{II}}{1 + m_I}$$

$\Delta\rho$ = Dichtedifferenz zwischen wäßriger und organischer Phase;
γ = Grenzflächenspannung.

Aus dem bisher untersuchten System wurde gefunden, daß man mit $n = 0{,}87$ die beste Näherung erhält. Mit Hilfe dieser Beziehungen kann somit die für ein Testsystem bestimmte Höhe einer Übergangseinheit bei gleichen Konzentrationsverhältnissen und gleichem Durchsatz auf das Bezugssystem umgerechnet werden.

4.22 *Füllkörperkolonnen*

Die Füllkörperkolonne besteht aus einem Rohr, das im Innern mit Füllkörpern versehen ist. Diese sind auf einem Tragrost aufgeschüttet und lassen am Fuß und am Kopf der Kolonne noch etwas freien Raum, damit sich die Phasen absetzen können. Der Zulauf der zu dispergierenden Phase ist als perforiertes Rohr oder als perforierter Boden ausgebildet.
Abb. 62 zeigt eine Kolonne mit unterem Verteiler zur Dispergierung der leichteren (organischen) Phase in der geschlossenen nach unten fließenden schweren (wäßrigen) Phase. In diesem Fall liegt die Phasengrenzfläche in der Trennsektion am Kopf der Kolonne. Wenn die schwere Phase dispergiert wird, liegt die Grenzfläche

am Kolonnenfuß. Die Bohrungen des Verteilers können relativ groß sein, um eine Verstopfung durch feste Teilchen zu vermeiden [L 19]: Sie betragen 5 bis 6 mm Durchmesser für Füllkörper von 25 mm Durchmesser und mehr. Wichtig ist, daß der Verteiler innerhalb der Füllkörperschüttung liegt. Die Überflutungsgeschwindigkeit wird dann höher als bei Kolonnen, die den Verteiler unter dem Tragrost für die Füllkörper haben, da sich im letzteren Falle die dispergierte Phase leicht unterhalb des Tragrostes staut und damit eine Überflutung hervorgerufen wird.

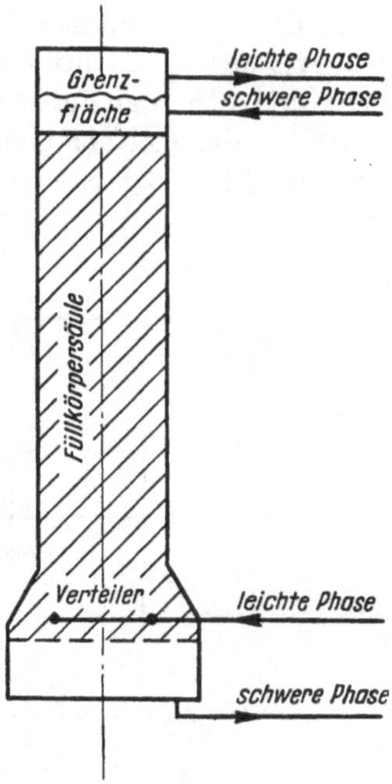

Abb. 62. Schema einer Füllkörperkolonne.

Bei Steinzeug- oder Metallfüllkörpern kann nur die organische Phase dispergiert werden. Will man die wäßrige Phase dispergieren, so müssen Kunststoff- oder hydrophobierte Füllkörper verwendet werden.

Die größte spezifische Phasengrenzfläche a_f (m^2/m^3) erreicht man, wenn die Phase dispergiert wird, die in der größeren Menge vorliegt. Die Berechnung der Grenzfläche in Füllkörperkolonnen kann mit Hilfe der von Keith und Hixson [K 43] angegebenen Diagramme oder durch Bestimmung der Tropfengröße und -frequenz erfolgen [G 34] [G 35].

Das günstigste Verhältnis von Kolonnendurchmesser zu Raschigringdurchmesser liegt in der Größenordnung von 10.

Je kleiner die Füllkörper sind, um so geringer ist der maximale Durchsatz und um so niedriger die erforderliche Kolonnenhöhe. Man kann sogar Glasringe oder -fasern als Füllkörper benutzen. Damit gefüllte Kolonnen sind jedoch nur für extrem niedrige Durchsätze geeignet [H 46]. Zur Bestimmung der Über-

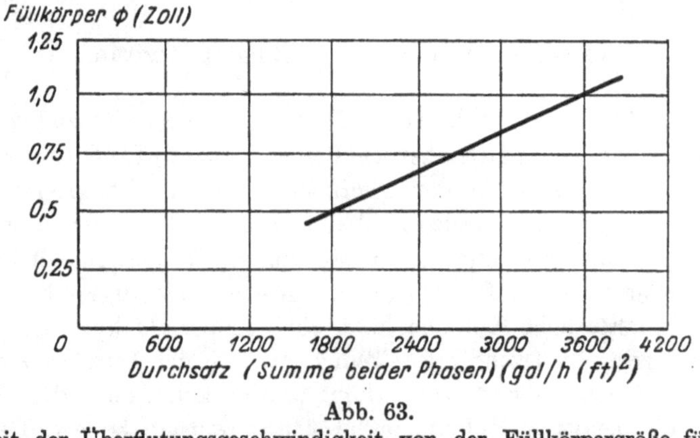

Abb. 63.
Abhängigkeit der Überflutungsgeschwindigkeit von der Füllkörpergröße für das System Wasser-Uranylnitrat-TBP in Kerosin.

flutungsgeschwindigkeit wurden Diagramme angegeben [C 47] [T 6]. Eine weitere für einen recht großen Bereich gültige Beziehung zur Berechnung der Überflutungsgeschwindigkeit teilen HOFFING und LOCKHART [H 47] mit. Den Einfluß der Füllkörpergröße auf die Überflutungsgeschwindigkeit im Redox-Prozeß zeigt Abb. 63 [J 1]. Die Überflutungsgeschwindigkeit wird verdoppelt, wenn die Füllkörpergröße von 12,5 mm auf 25 mm Durchmesser anwächst. Dagegen ist sie unabhängig von der Schütthöhe der Füllkörper oder dem Kolonnendurchmesser und auch weitgehend unabhängig von in der Lösung enthaltenen festen Teilchen. Die günstigsten Phasengeschwindigkeiten liegen allgemein bei 30—60% der Überflutungsgeschwindigkeit.

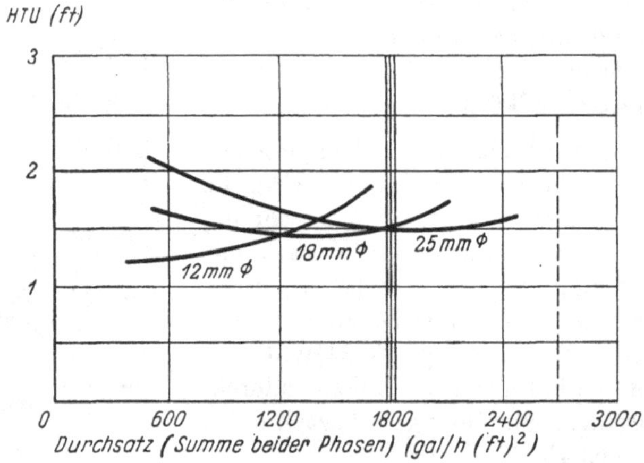

Abb. 64. Abhängigkeit der Höhe einer Übergangseinheit vom Durchsatz und der Füllkörpergröße für das System.
Wasser-Uranylnitrat-TBP in Kerosin

Für das in Füllkörperkolonnen eingesetzte System

Wasser — Uranylnitrat — TBP in Kerosin .

zeigt Abb. 64 die Abhängigkeit der HTU-Werte vom Durchsatz und von der Füllkörpergröße [J 1], wobei das Betriebsverhalten durchaus auf andere Systeme übertragen werden kann. Die Höhe der Übergangseinheit ist bei größeren (25 mm) Raschigringen weniger vom Durchsatz abhängig als bei kleineren. Der maximale Durchsatz für 12,5 mm Raschigringe beträgt nur $^1/_3$ des maximalen Durchsatzes von 25 mm Raschigringen. Dafür ist aber die für eine Übergangseinheit mit 25 mm Raschigringen erforderliche Kolonnenhöhe 20% größer als diejenige, welche für 12,5 mm Raschigringe notwendig ist. Man sieht, daß der Durchsatz einer Füllkörperkolonne auf den 3fachen Wert erhöht werden kann, ohne daß die für eine Übergangseinheit benötigte Kolonnenhöhe sich wesentlich ändert. Das ist einer der Vorzüge der Füllkörperkolonne. Die Höhe einer Übergangseinheit (HTU) ist ebenfalls etwas vom Kolonnendurchmesser abhängig. So ist z. B. der HTU-Wert für eine Kolonne von 200 mm Durchmesser 25% größer als für eine Kolonne von 75 mm Durchmesser bei gleicher Füllkörpergröße. Selbst wenn nur eine Uranrückgewinnung von 99% angenommen wird, sind für das beschriebene Beispiel 15 theoretische Stufen mit einer Höhe von ca. 0,90 m notwendig. Das ergibt eine Gesamthöhe der Füllkörperschüttung von 13,5 m und eine Kolonnenhöhe von 15 m. Diese beträchtliche Höhe ist die Hauptursache dafür, daß man allgemein vom Einsatz von Füllkörperkolonnen in Aufarbeitungsanlagen abgegangen ist und dafür Extraktoren einsetzt, deren Bauhöhe geringer ist. Zur extraktiven Abtrennung von Spaltprodukten in Füllkörperkolonnen sind Untersuchungen mit MIBK [S 37], Methylcyclohexanon [V 1] und Diäthyläther [J 16] beschrieben und Angaben über den Grenzflächenwiderstand beim Stoffübergang in diesen Systemen gemacht worden. Die Füllkörperkolonne wurde als eine der ältesten Kolonnenkonstruktionen besonders wegen ihres einfachen Aufbaues bei den ersten in den USA gebauten Anlagen zur Aufarbeitung von bestrahltem Uran verwendet [I 1]. Die dabei eingesetzten Kolonnen hatten eine Höhe von 6—15 m, einen Durchmesser von 0,25 m und waren mit Raschigringen aus rostfreiem Stahl (6—25 mm Durchmesser) gefüllt.

4.23 *Pulsierende Kolonnen*

Anstelle von Füllkörperkolonnen werden heute oft pulsierende Kolonnen oder Mixer-Settler eingesetzt. Die pulsierenden Kolonnen sind in Hanford und im Oak Ridge National Laboratory, USA [B 39] entwickelt und erstmalig in Hanford für radiochemische Trennung eingesetzt worden [B 40]. Abb. 65 zeigt das Prinzip einer pulsierenden Kolonne. Zum Mischen der Phasen in der Kontaktzone können Siebböden oder Raschigringe benutzt werden. Beim Vergleich mit einer Füllkörperkolonne fallen die breiten Trennsektionen auf, die 1,5- bis 3mal größer als der Durchmesser der Kontaktzone sind. Die Erweiterung der Kolonne ist wegen der gegenüber unpulsierten Kolonnen wesentlich längeren Absetzzeit erforderlich. Die *Pulsiereinrichtung* wird allgemein an die untere Trennsektion der Kolonne angeschlossen. Der Anschluß kann sowohl an die organische als auch an die wäßrige Phase erfolgen. Zur Pulsierung können Kolbenpumpen [G 23] oder Druckdosen (engl. „bellow“) Anwendung finden. Meist werden Druckdosen verwendet, da die Gefahr, daß radioaktive Flüssigkeit austreten kann, bei Kolbenpumpen größer ist. Allerdings ist die Lastwechselzahl der Druckdosen auch begrenzt, so daß die Druckdosen in bestimmten Zeitabständen ausgewechselt werden müssen. Die Pulsiereinrichtungen werden deshalb außerhalb des Strahlenschutzes angeordnet, wobei die Verbindungsleitung und die Druckdose nicht mit radioaktiver Flüssigkeit gefüllt sein darf. Die Übertragung der Pulsierung mittels eines gasgefüllten Rohres hat sich als ungünstig erwiesen, da ein kompressibles Medium einerseits dämpfend wirkt, andererseits Oberschwingungen auftreten können. Wenn die Pulsiereinrichtung an die wäßrige Phase angeschlossen wird, kann die Verbindungsleitung mit einer organischen Flüssigkeit gefüllt werden, die

leichter als und
nicht mischbar mit Wasser ist sowie
weder Uran noch Spaltprodukte extrahiert.

Untersuchungen über die Faktoren, die die Anordnung der Pulsiereinrichtung und die Größe des Verbindungsrohres zur Kolonne beeinflussen [C 40], ergaben, daß die Verbindungsleitung so kurz wie möglich gehalten und ein Mindestdurchmesser der Verbindungsleitung von 25 mm nicht unterschritten werden soll. Wenn der Durchmesser des Verbindungsrohres zu klein ist, dann gerät das Rohr in Schwingungen und reißt an der Verbindungsstelle zur Kolonne.

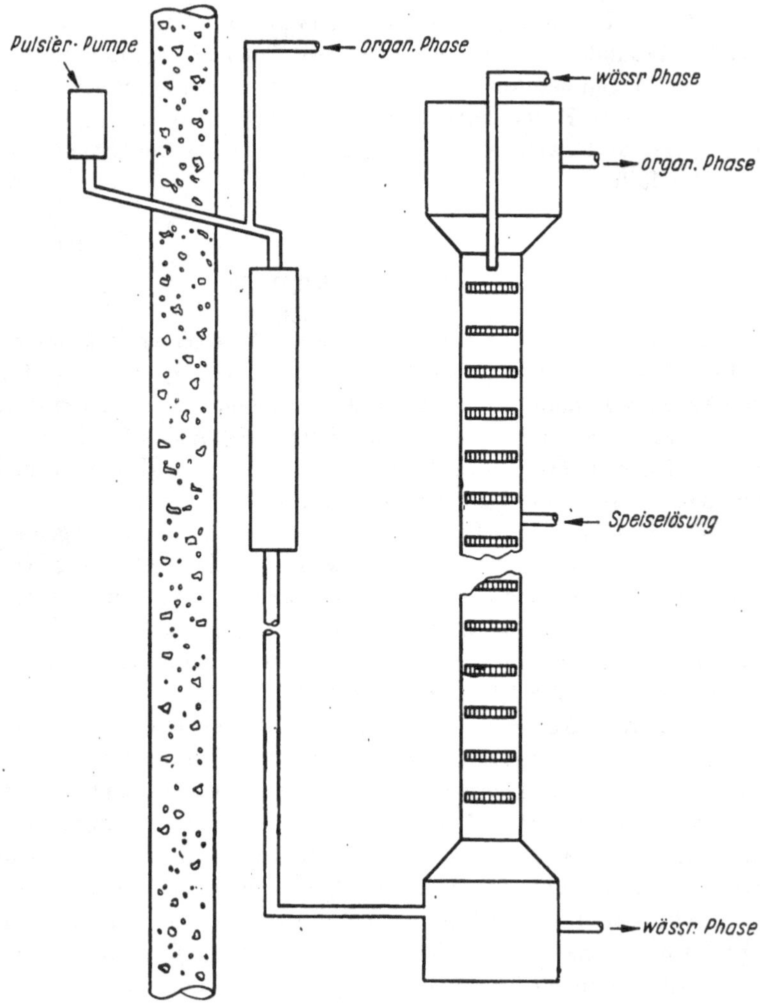

Abb. 65. Anordnung einer pulsierenden Siebbodenkolonne in einer Aufarbeitungsanlage.

Über die günstigste Form der zur Pulsierung verwendeten Schwingungen sind nur sehr wenige Untersuchungen ausgeführt worden [29]. Sie ergaben, daß die Höhe einer theoretischen Stufe bzw. Übergangseinheit bei Verwendung sinusförmiger Wellen gleich der bei nicht-sinusförmigen Wellen ist und daß mit sinusförmigen Wellen ein etwas höherer Durchsatz erreicht werden kann.
Als eine Folge der Pulsierung können Kavitationserscheinungen in der Kolonne auftreten [W 19]. Zur Verminderung dieses Effektes ist es notwendig, die zur Pulsierung erforderliche Energie abzuschätzen [J 12].
Um bei Aufarbeitungsanlagen die Kosten für den Strahlenschutz so niedrig wie möglich zu halten, kann es vorteilhaft sein, die Kolonnen zu unterteilen und mehrere Kolonnen geringer Bauhöhe nebeneinander aufzustellen. Nach JEALOUS und LIEBERMANN [J 13] ist es möglich, nur eine Pulsiereinrichtung für mehrere Teilkolonnen zu verwenden, wenn in den Verbindungsleitungen Gemische beider Phasen geführt und in die Verbindungsleitungen Tellerventile eingebaut werden.
Die Lage der Grenzfläche zwischen den beiden Phasen kann beliebig gewählt werden, d. h., daß sowohl die organische wie die wäßrige, wie beide Phasen dispergiert werden können. Im letzteren Fall liegt die Phasengrenzfläche in der Mitte der Kolonne. Zur Verteilung der dispergierten Phasen können ebenso wie bei Füllkörper-Kolonnen eine perforierte Platte [M 37] oder andere Verteilerkonstruktionen [P 16] verwendet werden.
Die Verwendung *pulsierender Siebbodenkolonnen* ist bis zu einer Dichtedifferenz $\Delta\rho = 0{,}05$ zwischen den beiden Phasen möglich [S 43]. Da die Bohrungen der Siebböden so eng sind, daß die Dichtedifferenz zwischen den beiden Phasen nicht ausreicht, um einen Gegenstrom hervorzurufen, müssen die Phasen beim Pulsieren durch die Bohrungen der Böden gepreßt bzw. gesaugt werden.

Abb. 66 zeigt die einzelnen Takte des Gegenstromes:

Bild 1: In den Sektionen zwischen den Siebböden liegen beide Phasen unvermischt vor.

Bild 2: Durch einen positiven Impuls wird die leichtere Phase durch die Bohrungen in die darüberliegende Sektion gedrückt und steigt in Tropfenform durch die über dem Boden liegende schwere Phase.

Bild 3: Die beiden Phasen trennen sich erneut in den Sektionen zwischen den Böden.

Bild 4: Durch einen negativen Impuls wird die über den Böden liegende schwere Phase nach unten gesaugt und fällt verteilt in viele Tropfen durch die leichtere Phase.

Bild 5: wie Bild 1.

Eine Operation, bei der zwischen den Impulsen so viel Zeit ist, daß die Phasen sich trennen können, bezeichnet man als *Mixer-Settler-Operation*.
Abb. 67 zeigt den Bereich der verschiedenen in einer pulsierenden Kolonne auftretenden Operationstypen in Abhängigkeit vom Durchsatz beider Phasen und der Frequenz.

Das Gebiet links der gestrichelten und ausgezogenen Geraden ist infolge ungenügender Pulsierung technisch nicht möglich, da der Phasentransport durch die Kolonne zu klein ist. Die doppelt schraffierte Fläche ist der Bereich der Mixer-

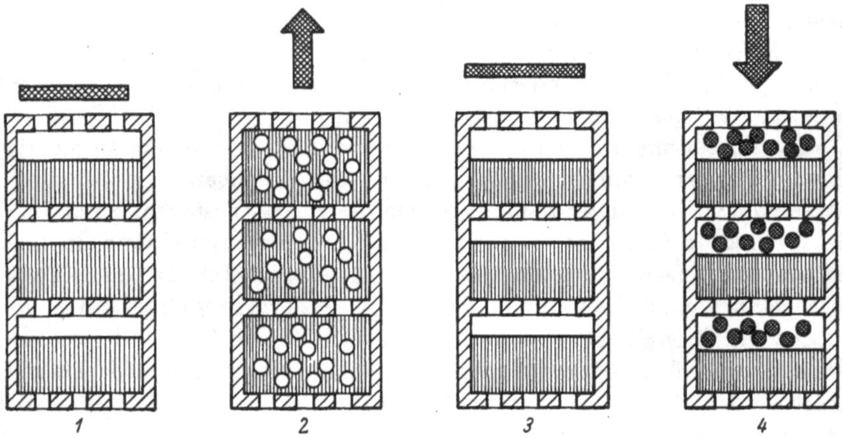

Abb. 66. Gegenstrom der beiden Phasen in einer pulsierenden Siebbodenkolonne (Mixer-Settler-Operation).

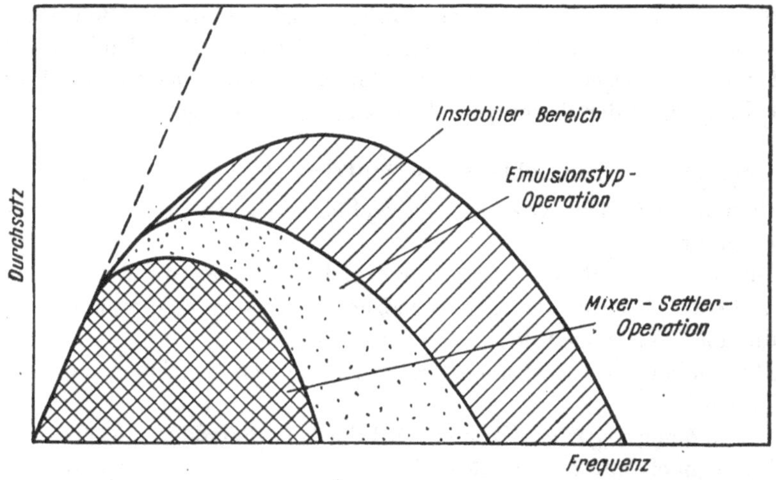

Abb. 67. Betriebsschaubild für eine pulsierende Kolonne.

Settler-Operation. Erhöht man Frequenz und (bzw. oder) Amplitude, so tritt *Emulsionstyp-Operation* ein. Diese ist dadurch gekennzeichnet, daß die Zeit zwischen den Impulsen so kurz ist, daß eine Trennung der Phasen nicht mehr eintreten kann. Der Tropfendurchmesser ist bei der Emulsionstyp-Operation wesentlich kleiner als bei der Mixer-Settler-Operation.

Die einfach schraffierte Fläche in Abb. 67 stellt das Gebiet der instabilen Operation dar. Obwohl noch keine Überflutung der Kolonne eintritt, koalesziert die dispergierte Phase in der Kolonne (Abb. 68).
Oberhalb der Emulsionstyp-Operation tritt Überflutung der Kolonne mit den gleichen Merkmalen wie bei Füllkörperkolonnen ein.
Die bei kleinen Durchsätzen und Frequenzen auftretende Mixer-Settler-Operation ist zwar sehr stabil, aber nur wenig wirksam. Mit dem Übergang zu der wesentlich wirksameren Emulsionstyp-Operation wird durch den kleineren mittleren Tropfendurchmesser und dadurch, daß keine Phasentrennung zwischen den Impulsen eintritt, die Phasengrenzfläche wesentlich größer und die Durchmischung der Phasen besser.
Da der Operationstyp sowohl von der Frequenz f als auch von der Amplitude a der Impulse abhängt, bezieht man die Angaben für die günstigsten Betriebsbedingungen immer auf das Produkt

Frequenz · Amplitude.

Bei niedrigen Werten dieses Produktes ist die Kolonnenwirksamkeit bei kleinen Amplituden und hoher Frequenz besser als bei großen Amplituden und kleinen Frequenzen. Deshalb ist es zweckmäßig, alle Werte auf $a \cdot f^n$ zu beziehen, wobei

$1 < n < 2$ ist und

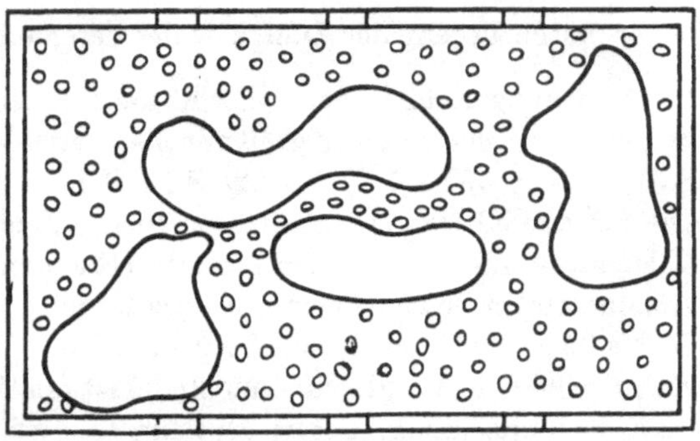

Abb. 68. Instabile Operation.

n nicht für alle Systeme den gleichen Wert zu haben braucht. Die Erhöhung des Stoffübergangs in einer pulsierenden Kolonne dürfte auf eine Vergrößerung der Phasengrenzfläche und die Erhöhung der Stoffübergangsgeschwindigkeit infolge der starken Durchmischung der geschlossenen Phase zurückzuführen sein.
Beim schnellen Durchtritt der Tropfen durch den Siebboden ist der Tropfen einer starken Scherkraft ausgesetzt. Dadurch tritt eine starke Rotation im Tropfeninnern auf. Der vorhandene Oberflächenfilm wird abgestreift und eine neue Flüssigkeitsschicht tritt an die Oberfläche. [H 44, K 37, L 15, N 7, S 39, S 40, G 24, G 25, G 26, K 38.]
Zur Erzeugung einer großen Grenzfläche ist es vorteilhaft, die Phase zu dispergieren, die in der größeren Menge vorliegt. Jedoch ist die für eine Übergangseinheit benötigte Kolonnenhöhe geringer, wenn die die Böden nichtbenetzende Phase dispergiert wird: das ist bei Metall die organische und bei Kunststoff die wäßrige Phase.
Sowohl der Durchsatz als auch die für eine Übergangseinheit benötigte Kolonnenhöhe wachsen mit zunehmendem Durchmesser der Bohrungen, dem Bodenabstand und dem Prozentsatz der freien Fläche (Lochfläche zur gesamten Bodenfläche).

Für möglichst hohen Durchsatz bei hohem Wirkungsgrad wurde folgender Standardboden festgelegt:

Bohrungsdurchmesser	3 mm
Bodenabstand	50 mm
Freie Fläche	23%
Material:	rostfreier Stahl.

Die Überflutungsgeschwindigkeit steigt mit wachsendem Verhältnis der geschlossenen zur dispergierten Phase und ist proportional [G 29]

der 0,7ten Potenz der Dichtedifferenz zwischen den Phasen
der 0,4ten Potenz der Grenzflächenspannung

und umgekehrt proportional

der 0,3ten Potenz der Zähigkeit der geschlossenen Phase.

Untersuchungen über das Überflutungsverhalten von pulsierenden Siebbodenkolonnen wurden in einer größeren Zahl von Arbeiten veröffentlicht [B 52, S 50, S 51, P 21, C 48, T 7, T 8, L 20, S 52, J 12, S 41, S 42].
Die für eine Übergangseinheit bzw. theoretische Stufe benötigten Kolonnenhöhen fallen stark mit wachsendem Produkt (Frequenz · Amplitude) ab. Beim Übergang zum instabilen Betrieb kehrt sich diese Tendenz um. Die optimalen Werte liegen bei 75 bis 95% der Überflutungsfrequenz. Die für eine Übergangseinheit bzw. theoretische Stufe benötigte Kolonnenhöhe ist relativ unabhängig vom Durchsatz. Bei einer Kolonne mit größerem Durchmesser ist die für eine Übergangseinheit erforderliche Kolonnenhöhe etwas größer. Die gleiche Wirkung ruft in geringerem Maße auch eine Erhöhung des Mengenverhältnisses der geschlossenen zur dispergierten Phase hervor. Die Höhe einer Übergangseinheit ist proportional der Dichtedifferenz der Phasen, umgekehrt proportional dem Diffussionskoeffizienten des gelösten Stoffes in der dispergierten Phase, und nahezu unabhängig von der Grenzflächenspannung. Die Erhöhung der Temperatur wirkt sich vorteilhaft auf die für eine Übergangseinheit benötigte Kolonnenhöhe aus. Die Ursache dafür ist in der Wirkung der Temperatur auf die den Stoffübergang bestimmenden Größen zu suchen. So werden bei erhöhter Temperatur die Zähigkeit kleiner und der Diffusionskoeffizient größer:

Die Einzelfilm-HTU-Werte des Systems

Wasser — Uranylnitrat — TBP in Kerosin

sind z. B. direkt proportional der 0,6ten Potenz der Schmidt-Zahl

$$\mathrm{Sc} = \frac{\text{Zähigkeit}}{\text{Dichte} \cdot \text{Diffusionskoeffizienten}}$$

der dispergierten Phase.

Zur Berechnung der Stoffübergangskoeffizienten bzw. der Höhe einer Übergangseinheit für pulsierende Siebbodenkolonnen werden eine Reihe von Gleichungen in der Literatur angegeben [S 54, R 29, C 48, T 8, S 52, L 21, L 20, C 42, C 38]. Einzelne solche behandeln die folgenden für die Aufarbeitung von Kernbrennstoffen wichtigen Systeme.

Tabelle 57: Technisch untersuchte Extraktionssysteme

System	Lit.-Zitat
Cyclohexanon—Uranyltrat—Wasser	[R 29]
o-Dichlorbenzol—TTA—HNO_3—Wasser	[C 42]
Pentaäther—Uranylnitrat—Wasser	[R 29]
TBP-CCl_4—Uranylnitrat—HNO_3—Wasser	[S 55]
TBP-„Shell deodorized spray base“—Uranylnitrat—HNO_3—Wasser	[S 55]
TBP-Kerosin—Uranylnitrat—Wasser	[E 5]

Als Beispiel sind die Betriebsdaten und Abmessungen einer Kolonne für das System

wäßrige HNO_3 — Uranylnitrat — TBP — KW

in folgender Tabelle [D 16] zusammengestellt:

Tabelle 58: Optimale Daten einer Testkolonne

Kolonne:	
Länge	1 m
Durchmesser	4 cm
Material	Glas
Siebböden:	23% freie Fläche
Bohrungen	3 mm
Bodenabstand	5 cm
Material	rostfreier Stahl
Amplitude:	4 cm
Frequenz	65 min^{-1}
HETS:	
für Stoffübergang in die organische Phase	= 35 cm
für Stoffübergang in die wäßrige Phase	= 15 cm
Mengenverhältnis organische: wäßrige Phase	2:1
Gesamtgeschwindigkeit beider Phasen 5,6 cm/sec	

Für die Anwendung im Redox-Prozeß sind verschiedene Typen von Siebböden getestet worden [G 29]:

Fluorothenböden mit 23% freier Fläche
5 mm Bohrungsdurchmesser,
100 mm Bodenabstand

zeigen angemessenen Durchsatz und hohe Wirksamkeit, wenn die wäßrige Phase dispergiert wird. Allerdings besteht bei diesen Böden die Gefahr von Strahlenschäden beim Einsatz in stark radioaktiven Systemen. Etwas besser als Fluorothen hat sich Polyäthylen bewährt. Bei einem *Standardboden* muß die organische Phase dispergiert werden. Jedoch sind weder die HTU-Werte noch der Durchsatz so gut wie bei Fluorothenböden. Das relativ unbefriedigende Arbeiten der Standardböden führte zu der Entwicklung des *Düsenbodens*.

Wenn die Düsen nach unten gerichtet sind, bewirken sie im Vergleich zum Standardboden bei einer leichteren organischen Phase und einer dispergierten wäßrigen Phase sowohl bessere HTU-Werte als auch einen höheren Durchsatz. Der Durchsatz von Düsenböden ist doppelt so groß wie der von Fluorothenböden. Bei dispergierter organischer Phase ist der Durchsatz von Düsenböden um 50% größer als der von Standardböden.

Die HTU-Werte betragen bei einer Frequenz von 80 min^{-1} unvermindert 0,6 bis 1,4 ft. Sie sind ebensogut wie die mit Fluorothenböden.

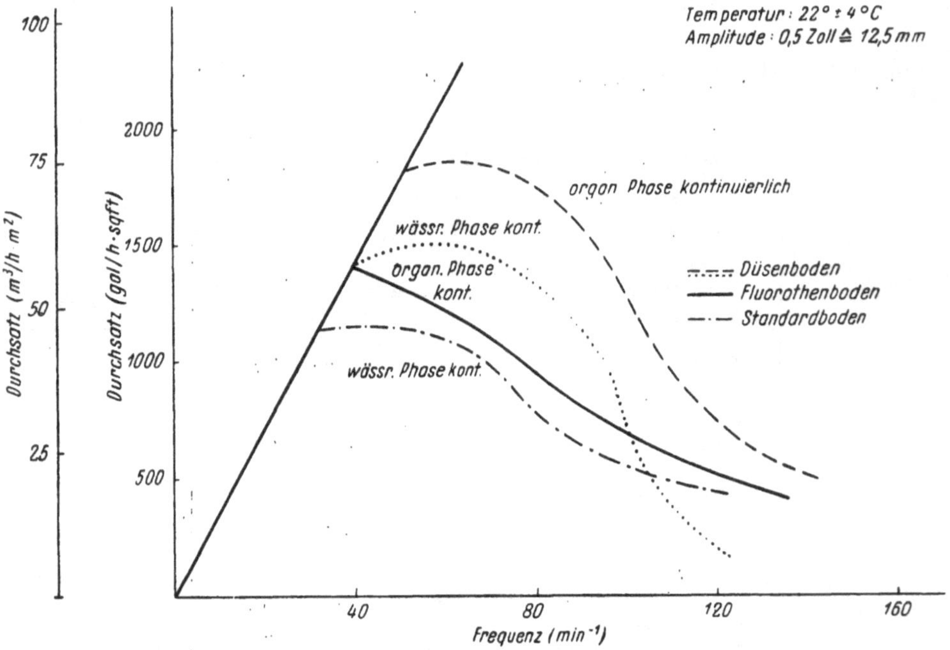

Abb. 69. Betriebsschaubild für Standard-, Düsen- und Fluorothenböden bei einer Amplitudenhöhe von 12,5 mm.

Abb. 69 zeigt die Stabilitätsgrenzen (der Emulsionstyp-Operation) von Sieb- und Düsenböden aus rostfreiem Stahl. Bei Düsenböden wird zweckmäßigerweise die wäßrige Phase dispergiert. Während bei der gleichen Frequenz die wäßrige Phase bei den Siebböden zu größeren Kugeln koalesziert, arbeitet der Düsenboden noch einwandfrei. Da dem Bestreben der dispergierten wäßrigen Phase, die Böden zu benetzen, die Düsen entgegenwirken, erhält man eine gleichförmige Dispersion. Selbst bei dispergierter wäßriger Phase hat der Düsenboden aus rostfreiem Stahl mit

3 mm Bohrungsdurchmesser,
8,5% freier Fläche,
1 mm Düsenhöhe,
100 mm Bodenabstand

einen um 50% höheren Durchsatz als Fluorothenböden, und ist ebenfalls größer als bei Standardböden mit dispergierter wäßriger Phase. Der maximale Durchsatz pro Kolonnenquerschnitt ist im Extraktionsteil größer als im Waschteil. Das kann ausgeglichen werden, indem man den Durchmesser des Waschteils zu dem des Extraktionsteils wie 4:3 macht.

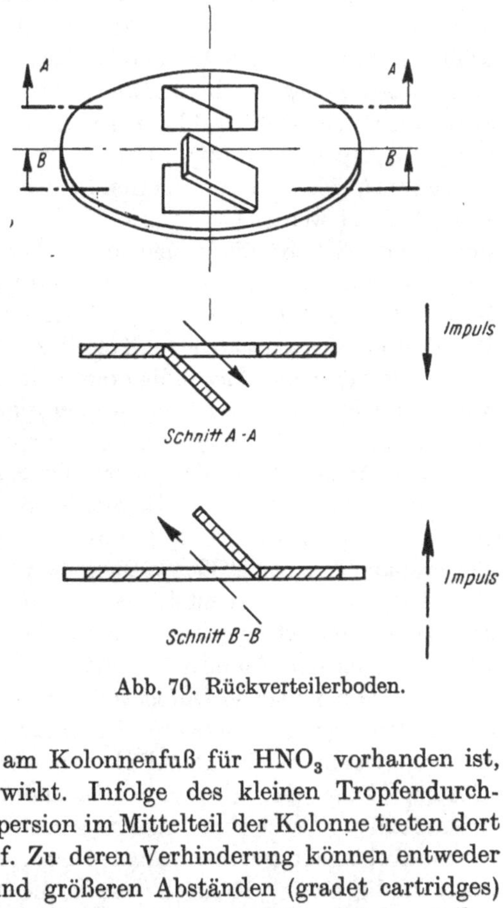

Abb. 70. Rückverteilerboden.

Bei der Uranextraktion treten am Kopf und am Fuß der Kolonne große und in der Mitte kleine Tropfen auf. Das liegt daran, daß am Kolonnenkopf (-einlauf) eine hohe Stoffübergangsgeschwindigkeit für Uran und am Kolonnenfuß für HNO_3 vorhanden ist, die stabilisierend auf die Tropfen wirkt. Infolge des kleinen Tropfendurchmessers, d. h. der dichten Tropfendispersion im Mittelteil der Kolonne treten dort zuerst Überflutungserscheinungen auf. Zu deren Verhinderung können entweder Böden mit erweiterten Bohrungen und größeren Abständen (gradet cartridges) oder in bestimmten Abständen zwischen den normalen Böden Rückverteiler- („Redistributor"-)böden eingesetzt werden. Durch die schrägstehenden Leitbleche (Abb. 70) dieser Böden wird die Flüssigkeit aus dem Kern der Kolonne mit der an der Kolonnenwand vermischt. Dadurch wird die Stoffübergangsgeschwindigkeit und damit der Tropfendurchmesser größer.

An der Phasengrenzfläche in der Kolonne sammeln sich immer ungelöste fremde Substanzen an. Bei Versuchsanlagen zur Aufarbeitung von Kernbrennstäben fand man, daß diese Akkumulationen stark radioaktiv sind. Wenn bei den Kolonnen die organische Phase dispergiert wird, dann liegt die Grenzfläche am Kopf der

Kolonne. Die abfließende organische Phase steht dann in Kontakt mit der durch radioaktive Fremdkörper verseuchten Phasengrenzfläche, wodurch die Reinheit der abfließenden organischen Phase beeinträchtigt werden kann. Aus diesem Grunde ist es besser, die Grenzfläche nach dem Kolonnenfuß zu verlegen, indem die wäßrige Phase dispergiert wird. Als günstigste Kolonnenausführung wird die Verwendung von Düsenböden im Extraktionsteil und alternierend angeordneten Fluorothenböden und Stahlböden im Waschteil gehalten. Die gute Wirksamkeit der alternierenden Böden für den Waschteil ist eine Folge der Koaleszenz der wäßrigen Phase an den Stahlböden bzw. der organischen Phase an den Fluorothenböden. Bei den optimalen Bedingungen besteht die Kolonne aus wechselnden Schichten von in wäßriger Phase dispergierter organischer Phase und in organischer Phase dispergierter wäßriger Phase. Die Wirksamkeit der alternierenden Böden wird durch Verschmutzung der Stahlböden beeinflußt, da diese von der organischen Phase benetzt werden.

Pulsierende Siebbodenkolonnen sind bisher vor allem in Anlagen zur Urangewinnung und zur Aufarbeitung von Kernbrennstäben eingesetzt worden [G28, R12, G29, L16, J14, B40, C40, E5, P17, R29, S43].

Die Vorteile der pulsierenden Kolonnen haben dazu geführt, daß auch Untersuchungen über die Anwendbarkeit pulsierender Siebbodenkolonnen auf nicht radioaktive Systeme ausgeführt worden sind [C41, B42, G30].

Die *pulsierenden Füllkörperkolonnen* sind genauso wie pulsierende Siebbodenkolonnen aufgebaut, nur daß anstelle der Siebböden sich eine Füllkörperschüttung befindet. Ebenso gilt für sie das gleiche Betriebsschaubild mit den verschiedenen Operationstypen. Der Hauptunterschied besteht darin, daß pulsierende Füllkörperkolonnen einen größeren Durchsatz und dafür auch eine größere Stufenhöhe als pulsierende Siebbodenkolonnen haben. Die HTU-Werte für pulsierende Füllkörperkolonnen betragen etwa die Hälfte von denen für nicht pulsierte und sind von Frequenz und Amplitude abhängig [P18]. Durch den kleineren Kolonnendurchmesser bei kleinem Durchsatz sind für pulsierende Füllkörperkolonnen leichter die Bedingungen nuklearer Sicherheit einzuhalten. Dieser Effekt wird aber erst von einem bestimmten Kolonnendurchmesser ab vorteilhaft, da sich die „Kanalbildung" bei kleinen Kolonnendurchmessern ungünstig auswirkt. Mit „Kanalbildung" bezeichnet man die Erscheinung, daß die Phasen nicht über dem ganzen Kolonnendurchmesser mit gleicher Geschwindigkeit, sondern mit größerer Geschwindigkeit in „Kanälen" durch die Kolonne fließen. Dadurch verkleinern sich sowohl die Kontaktfläche als auch die Kontaktzeit. Die Pulsierung verstärkt die Kanalbildung durch eine Orientierung der Füllkörper an der Kolonnenwand [T9].

Die zunehmende „Kanalbildung" mit wachsendem Abstand vom Verteiler kann auch die Ursache dafür sein, daß die Höhe einer Übergangseinheit von der Kolonnenhöhe abhängig ist.

Der Durchsatz und die Höhe der Übergangseinheit sind außer von Frequenz und Amplitude ebenso wie bei der normalen Füllkörperkolonne von der Größe der Füllkörper abhängig.

Außer für Aufarbeitungsanlagen sind pulsierende Füllkörperkolonnen auch für die Essigsäure-Extraktion versuchsweise eingesetzt worden [F 24, B 44, C 42, W 20].

4.24 *Mixer-Settler*

Der Mixer-Settler besteht aus einzelnen Stufen, bei denen in jeder eine so hohe Wirksamkeit des Stoffübergangs erreicht wird, daß eine praktische Stufe annähernd einer theoretischen entspricht. Der konstruktive Aufbau kann sehr unterschiedlich sein, doch liegt allen Ausführungen die Trennung in Misch- und Absetzraum zugrunde. Im engeren Sinne versteht man unter Mixer-Settler nur solche Extraktoren mit horizontaler Stufenanordnung (die mit vertikaler werden in 4.25 kurz erläutert).

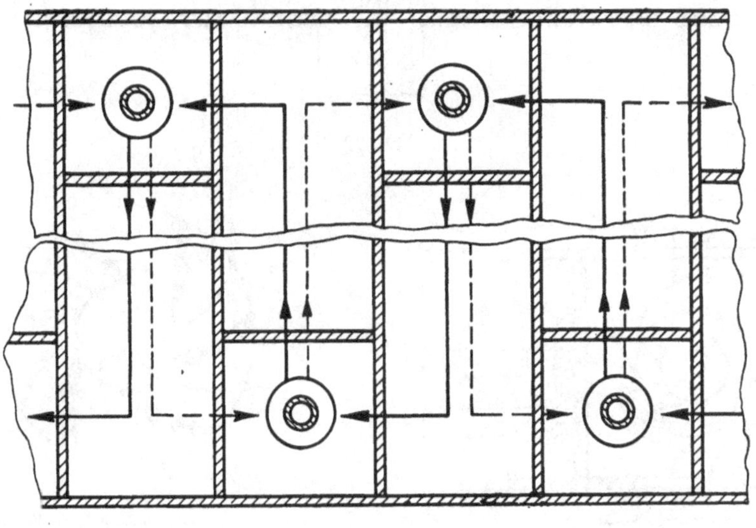

Abb. 71. Gegenstrom der Phasen in „pump-mix" Mixer-Settler.

Im *Mischraum* (Abb. 71, 72 u. 73) werden die schwere Phase der nächsten und die leichte Phase der vorgehenden Stufe angesaugt (Zentrifugalrührer, „pump-mixer") (Abb. 74) oder eingedrückt (natürliches Gefälle oder äußere Pumpen), mit Hilfe von verschiedenartigen Rührern vermischt und gelangen dann in den anschließenden, wesentlich größeren *Trennraum*, in dem sie sich sauber scheiden, ehe sie getrennt den Mischräumen der folgenden Stufen in entgegengesetzter Richtung zugeführt werden. Der Aufbau der Endstufen des Mixer-Settlers, in denen die leichten bzw. schweren Phasen austreten können, sind in Abb. 75 und 76 wiedergegeben.

Der *Durchsatz* im Mischraum wird im wesentlichen durch die zugeführte Energie, d. h. durch die Rührerzahl und das Verhältnis von Mischtank- zu Rührerdurchmesser bestimmt [O1, M32, R27, H42, K36, F21, C36, C37, C38, V4]. Das Produkt aus Geschwindigkeitskonstante für den Stoffaustausch und Phasengrenzfläche $k \cdot a_f$ fällt bei gleicher Drehzahl mit steigendem Verhältnis von Mischtank- zu Turbinendurchmesser linear ab und log $k \cdot a_f$ steigt mit dem Energieaufwand pro Durchsatz linear an [R25].

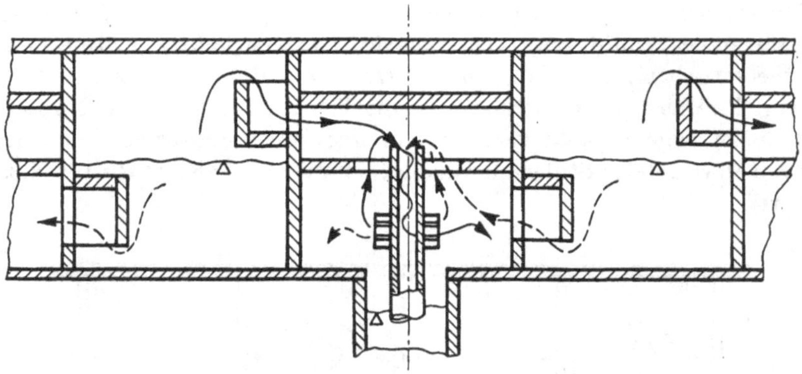

Abb. 72.

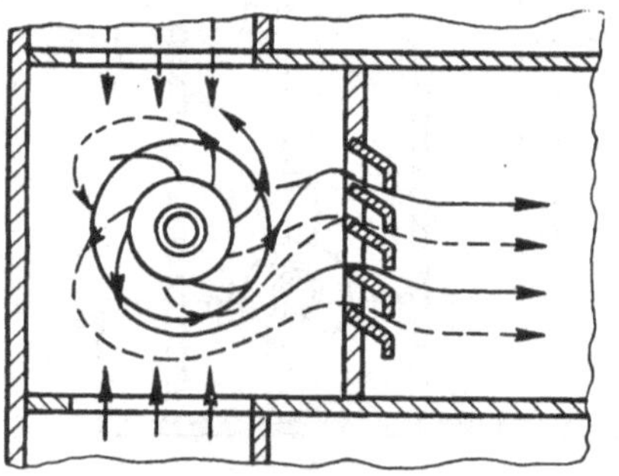

Abb. 73.

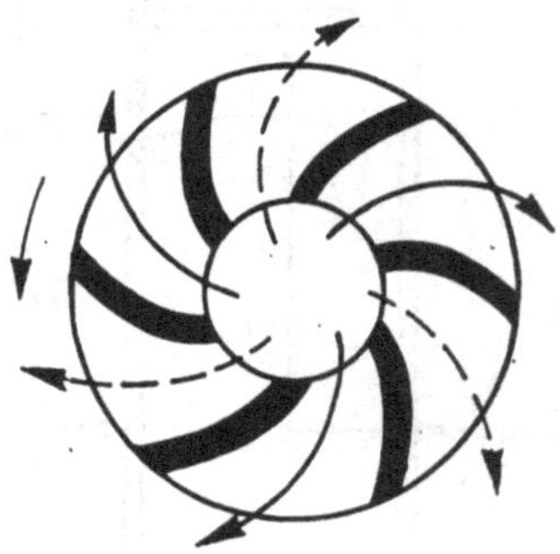

Abb. 72/73. Wirkungsweise des Impellers im „pump-mix“ Mixer-Settler.

Abb. 74. Anordnung der Schaufeln auf der hohlen Impellerwelle.

Die Stoffübergangsgeschwindigkeit bei konstanter zugeführter Energie ist demzufolge unabhängig vom Rührerdurchmesser. Diese Tatsache wird ausgenutzt, wenn Versuchsergebnisse auf größere Mischereinheiten übertragen werden [M33, F22]. Auf den maximalen Durchsatz des Trennraumes hat die zugeführte Energie keinen Einfluß.

Die *Wirksamkeit* eines bestimmten Mixer-Settlers wird bei einem bestimmten System und konstanter Temperatur fast ausschließlich von der Wirksamkeit der Durchmischung, d. h. durch die Drehzahl des Rührers und die Verweilzeit im Mischtank bestimmt (Abb. 77).

Bei angemessenem Durchsatz ergeben sich allgemein Stufenwirkungsgrade von ca. 90% der Theorie [D14]. Bei intensiver Erhöhung des Durchsatzes treten Erscheinungen auf, die die Wirksamkeit der Extraktion beeinträchtigen. Die geforderte Reinheit der ausfließenden Raffinatphase wird dann infolge unvollständiger Vermischung, Nebenstrombildung und Rückmischung nicht erreicht. *Nebenstrombildung*, Abb. 78, tritt bei ungünstiger Wehrkonstruktion auf.

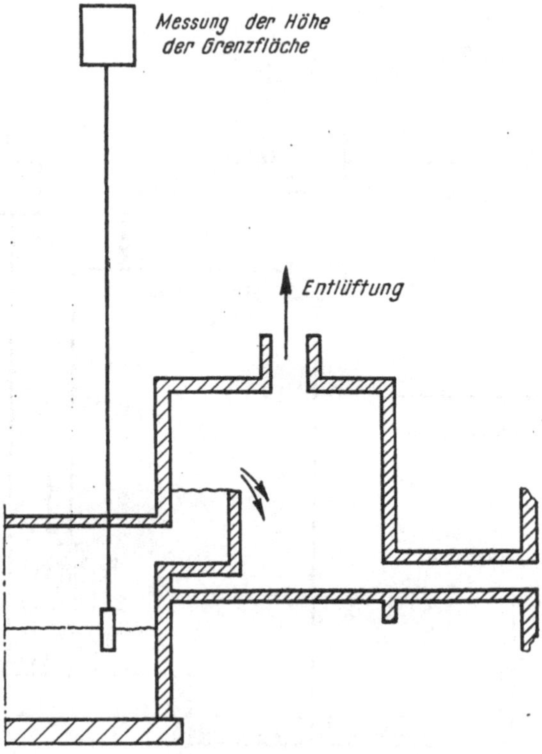

Abb. 75. Abfluß der leichten Phase aus dem Mixer-Settler.

Ein Teil der schweren Phase überspringt z. B. dabei die nächstfolgende Stufe. Daraus resultiert eine Verunreinigung der Raffinatphase, wie die Verschiebung der Betriebslinie in Abb. 79 zeigt [D14].

Bei der *Rückmischung* (Abb. 80) werden feinste Tropfen der einen Phase von der anderen Phase mitgerissen. Dadurch tritt eine scheinbare Änderung der Mengenverhältnisse der Phasen ein, so daß die Steigung der Betriebskurve (Abb. 81) eine Funktion der Mixer-Settler-Stufe wird.

Das Auftreten von Nebenströmen kann man durch Leitbleche am Abfluß der leichten Phase und die Rückmischung durch eine angemessene Absetzzeit verhindern. Je kleiner die beim Mischen erzeugten Tropfen sind und je größer die

Zahl der Tropfen ist, desto größer ist die erzeugte Grenzfläche und damit der Stoffübergang. Dem steht aber entgegen, daß die Sedimentationsgeschwindigkeit um so größer ist, je größer die Tropfen und die Differenz der spezifischen Gewichte der Flüssigkeiten sind und je kleiner die Viskosität der geschlossenen Phase ist. Der Tropfendurchmesser stabiler Emulsionen beträgt 1 bis 1,5 μ, während Tropfen von 1 mm und größerem Durchmesser sich rasch absetzen. Die abgesetzten Tropfen vereinigen sich um so schneller, je größer die Grenzflächenspannung der disper-

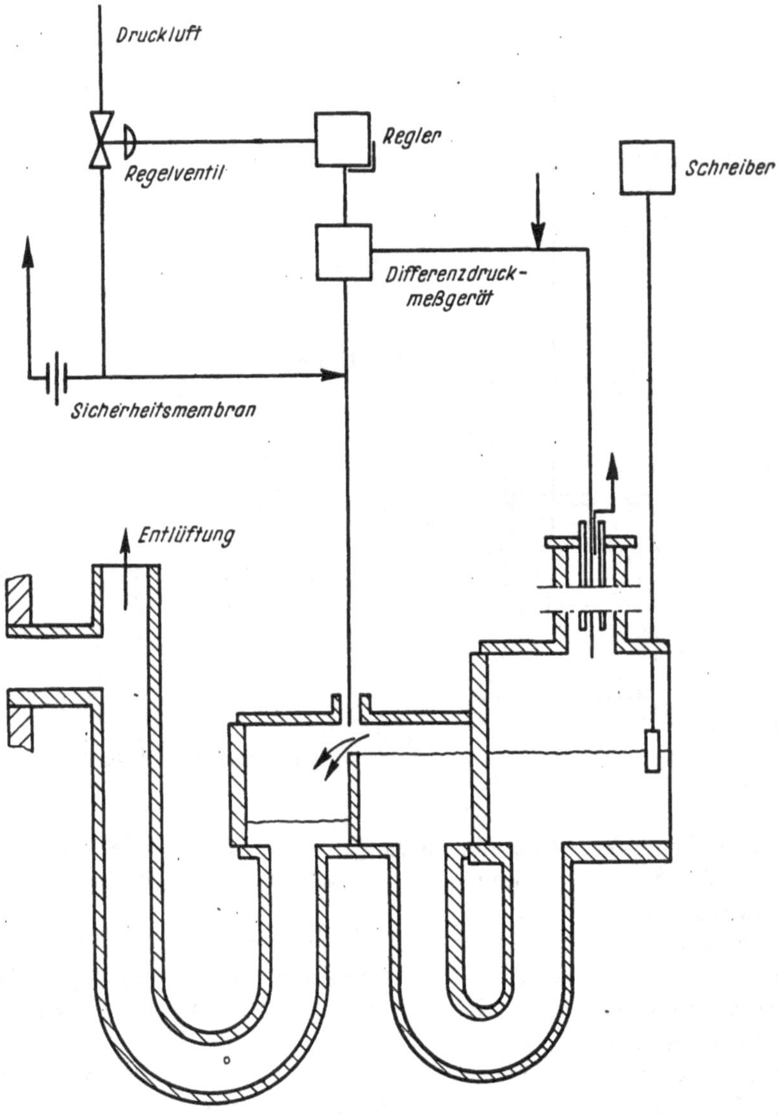

Abb. 76. Abfluß der schweren Phase aus dem Mixer-Settler.

gierten und je niedriger die Viskosität der geschlossenen Phase ist. Feste Teilchen, die sich an der Grenzfläche ansammeln, verlangsamen die Koaleszens. Deshalb muß bei allen Extraktionsapparaten die Möglichkeit vorhanden sein, in Höhe der Grenzfläche in bestimmten Abständen Flüssigkeit mit den angesammelten Verunreinigungen zu entnehmen.

Wenn sich auch sehr schnell eine scharf definierte Grenzfläche ausbildet, so bleibt doch oft in der geschlossenen Phase eine feine nebelartige Dispersion der verteilten Phase zurück. Das Ausscheiden dieses feinen Nebels („secundary break") benötigt

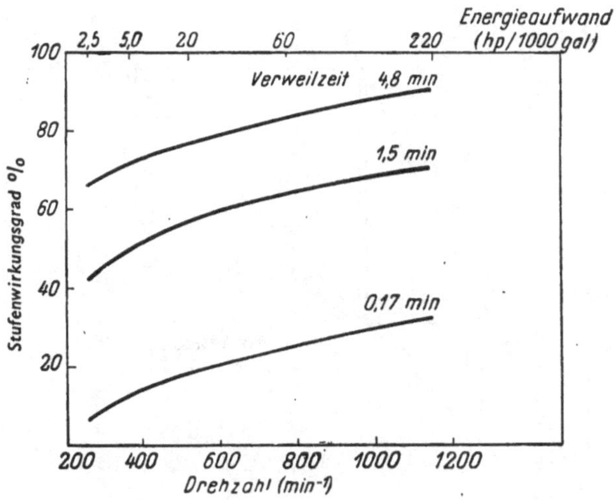

Abb. 77. Stufenwirkungsgrad in Abhängigkeit von der Rührerdrehzahl und der Verweilzeit (Mischerdurchmesser 0,15 m).

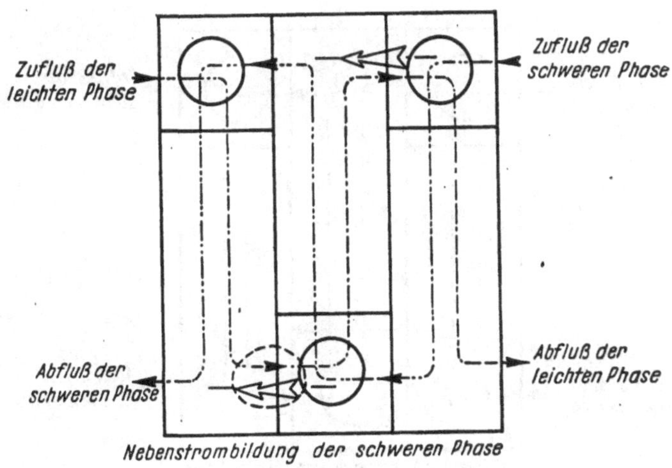

Abb. 78. Nebenstrombildung in Mixer-Settlern.

im Gegensatz zu dem der großen Tropfen („primary break“) eine sehr lange Zeit. Zur Abscheidung dieser feinen Nebel können den Mixer-Settlern ebenso wie allen anderen Extraktionsapparaten noch besondere Entmischer nachgeschaltet werden. Zur Beschleunigung der Koaleszenz bei Systemen mit kleinen Grenzflächenspannungen können Glasfasern, Stahlwolle und rauher Draht, also Stoffe, die von der dispergierten Phase gut benetzt werden, Anwendung finden [T4].
Der große Vorteil des Mixer-Settlers besteht darin, daß die Einheiten ohne Entleeren abgestellt und ohne Schwierigkeiten wieder angefahren werden können, daß

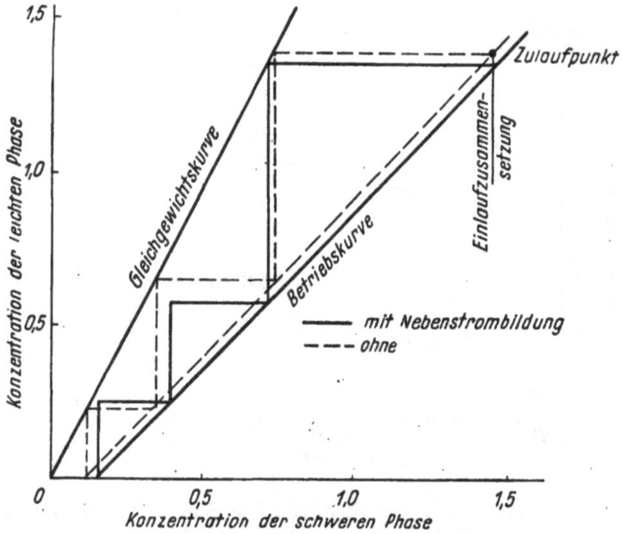

Abb. 79. Einfluß der Nebenstrombildung auf das THIELE-McCABE-Diagramm.

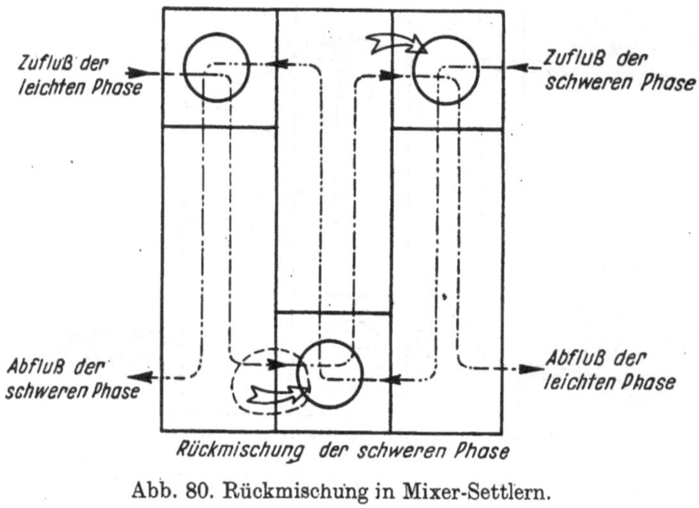

Abb. 80. Rückmischung in Mixer-Settlern.

durch die Veränderung der Drehzahl und der Fließgeschwindigkeit der Extraktor an verschiedene Extraktionssysteme anpassungsfähig ist und daß aus den Konstruktionsdaten von Mixer-Settlern mit kleinem Durchsatz W_1 einfach auf solche größeren Durchsatzes W_2 umgerechnet werden kann. Für die Höhe h und die Breite b der Trennsektion und den Rührerdurchmesser D gilt

$$h_2 \leq h_1 \sqrt[3]{\frac{W_2}{W_1}},$$

$$b_2 = b_1 \sqrt[3]{\frac{W_2}{W_1}},$$

$$D_2 = D_1 \sqrt[3]{\frac{W_2}{W_1}}.$$

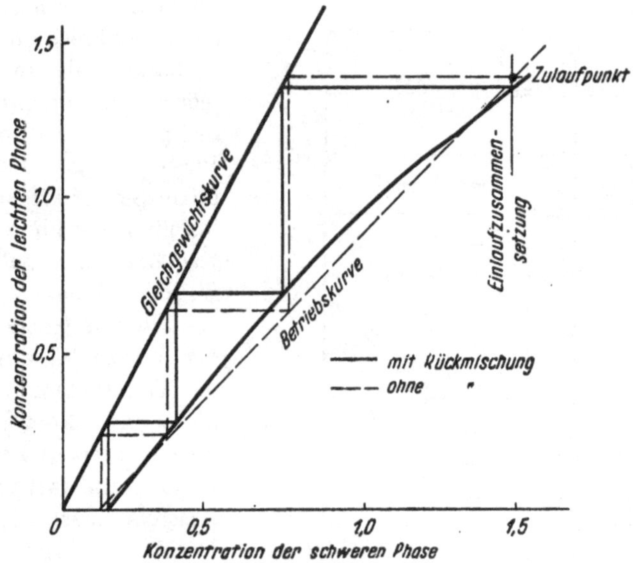

Abb. 81. Einfluß der Rückmischung auf das Thiele-McCabe-Diagramm.

Die Rührerdrehzahl muß ebenfalls unter Berücksichtigung des Arbeitsaufwandes geändert werden, wobei die Gestalt des Impellers oft, aber nicht immer von der Pilotanlage auf die Großanlage übertragen werden kann.

Die Nachteile des Mixer-Settlers bei der Bearbeitung hochaktiver Lösungen sind die große Anzahl von störungs- und korrosionsanfälligen Teilen. Um diese Nachteile zu umgehen, wurden folgende Wege untersucht:

Konstruktion eines Druckluftmischers [M36], bei dem an Stelle des Impellers ein Rohr tritt, in das unten Luft eingeblasen wird. Durch die Luft wird ein Gemisch beider Flüssigkeiten so weit gefördert, daß die notwendige statische Höhe für den

Abfluß in den Trennraum erreicht wird. Obwohl der Stufenwirkungsgrad geringer ist, erhöht sich die Sicherheit beim Verarbeiten radioaktiver Medien wesentlich. Ultraschall-Mixer-Settler [R 11] führen beim Betrieb mit 17 kHz nach 5 bis 10 sec zur Bildung einer Emulsion mit einem mittleren Tropfendurchmesser von 10 μ, so daß die Anwendungsmöglichkeit nur bei kleinen Frequenzen gegeben ist.

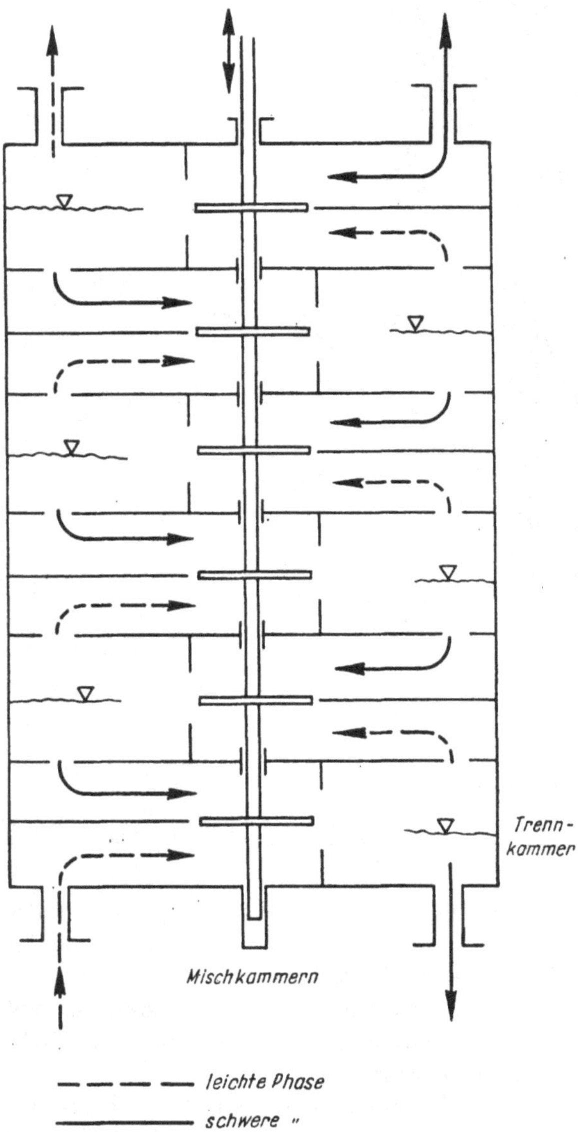

Abb. 82. Prinzip des Fenske-Extraktors.

4.25 *Weitere Extraktoren*

Jede Stufe des Fenske-*Extraktors* [F 23] besteht aus Misch- und Trennkammer (Abb. 82), die nebeneinander angeordnet sind.

Diese Kammern sind durch einen senkrechten Vibrator verbunden, der in der Mitte jeder Mischkammer eine Siebplatte zur Mischung der Phasen trägt. Bei diesem Mixer-Settler wird die Durchmischung der Phasen ähnlich wie bei einer pulsierenden Siebbodenkolonne erreicht. Die Phasen trennen sich in der horizontal anschließenden Trennkammer. Von dort fließt die schwere Phase in die darunter- und die leichte Phase in die darüberliegende Mischkammer.

Der Fenske-Extraktor bietet gegenüber der einfachen Mixer-Settler-Konstruktion die Vorteile geringerer Verweilzeit (0,5 min), kompakterer Bauweise und nur eines bewegten Schaftes.

Die große Zahl von Dichtungen zwischen den Stufen sind von Nachteil, da dort die Gefahr besteht, daß radioaktive Flüssigkeit austritt und den Raum verseucht.

Der SCHEIBEL-*Extraktor* [S 38] kann ebenfalls noch zu den Mixer-Settlern gerechnet werden (Abb. 83).
Er besteht aus einer vertikalen Kolonne mit übereinander angeordneten Misch- und Trennzonen. Im Zentrum der Kolonne befindet sich eine Welle mit einem Rührer in jeder Mischsektion. Die Trennsektionen haben eine Drahtwollpackung. Mit dem Testsystem Wasser-Essigsäure-Hexon wurde ein Stufenwirkungsgrad von 135% bei einem Durchsatz 2,34 $m^3/m^2/min$ erreicht [S 38]. Das entspricht der

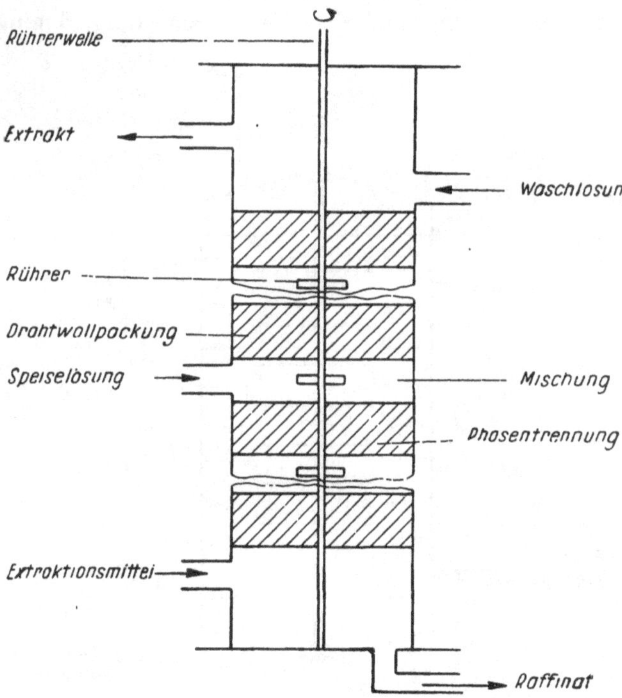

Abb. 83. Prinzip des SCHEIBEL-Extraktors.

Höhe einer theoretischen Stufe von 22,5 cm und einer Verweilzeit von 0,67 min. Ein derartig hoher Stufenwirkungsgrad ist jedoch nur für kleine Durchsätze zu erreichen.
Für größere Durchsätze hat die SCHEIBEL-Kolonne etwa den gleichen Wirkungsgrad wie der vielstufige Mixer-Settler [V 5], wobei die günstigste Drehzahl für einen bestimmten Rührertyp aus dem optimalen Energieaufwand berechnet werden kann.
Die *Vibrokolonne* [G 21] kann als Synthese von FENSKE-Extraktor und SCHEIBEL-Kolonne aufgefaßt werden. Sie gleicht im äußeren Aufbau der SCHEIBEL-Kolonne, ist jedoch anstelle der Rührer mit vibrierenden Siebplatten ausgerüstet wie der FENSKE-Extraktor. Die Vibrokolonne hat gegenüber der SCHEIBEL-Kolonne den Vorteil, daß die Überflutungsgeschwindigkeit höher liegt.

Die von REMAN [R28, O2] entwickelte und beschriebene „Rotating-disc“-Kolonne besitzt ebenfalls eine vertikale rotierende Welle, an der runde Scheiben befestigt sind (Abb. 84). In der Mitte zwischen diesen rotierenden Scheiben befinden sich an der Kolonnenwand befestigte Ringe.
Durch die Rotation der an der Welle befestigten Scheiben wird der Kolonneninhalt durchmischt. Die Tropfengröße ist abhängig von der Rotordrehzahl.
Die Höhe einer theoretischen Stufe beträgt für das Testsystem Wasser-Essigsäure-Hexon und eine Kolonne von 20 cm Durchmesser 10 cm. Das entspricht bei einem Durchsatz von 0,6 $m^3/m^2/min$ einer Verweilzeit von 0,16 min.

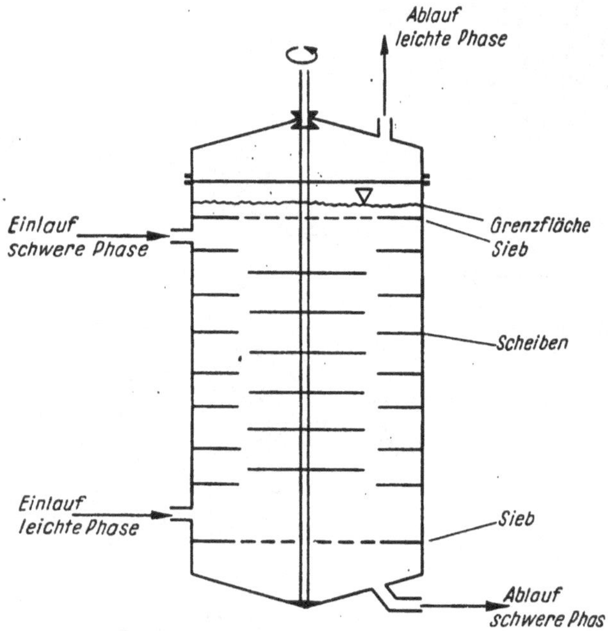

Abb. 84. Schematischer Aufbau einer „rotating-disc“-Kolonne.

Bei dem Rotating-disc-Extraktor werden Durchsatz und Wirksamkeit von der Differenz zwischen Scheiben- und Ringdurchmesser entgegengesetzt beeinflußt.
Ein kleiner Außendurchmesser der rotierenden Scheiben und ein großer Innendurchmesser der festen Ringe ergeben hohen Durchsatz bei geringer Wirksamkeit und umgekehrt.
Man kann deshalb die Kolonne für großen Durchsatz oder für hohe Wirksamkeit auslegen.
Die Kolonne mit rotierenden Einbauten ist besonders geeignet für Systeme mit höherer Zähigkeit.
Der THOMAS-*Extraktor* [T5] Abb. 85 gehört ebenfalls noch zu den Mixer-Settlern. Jede Stufe besteht aus einer Venturidüse mit einer Zyklon-Trennkammer. Die Mischung wird durch Phasenzugabe an der engsten Stelle der Düse erreicht.

Diese Konstruktion erfüllt viele Anforderungen des radiochemischen Arbeitens, da
keine bewegten Teile vorhanden sind und
die nukleare Sicherheit eher eingehalten werden kann
als bei einem mehrstufigen Mixer-Settler.

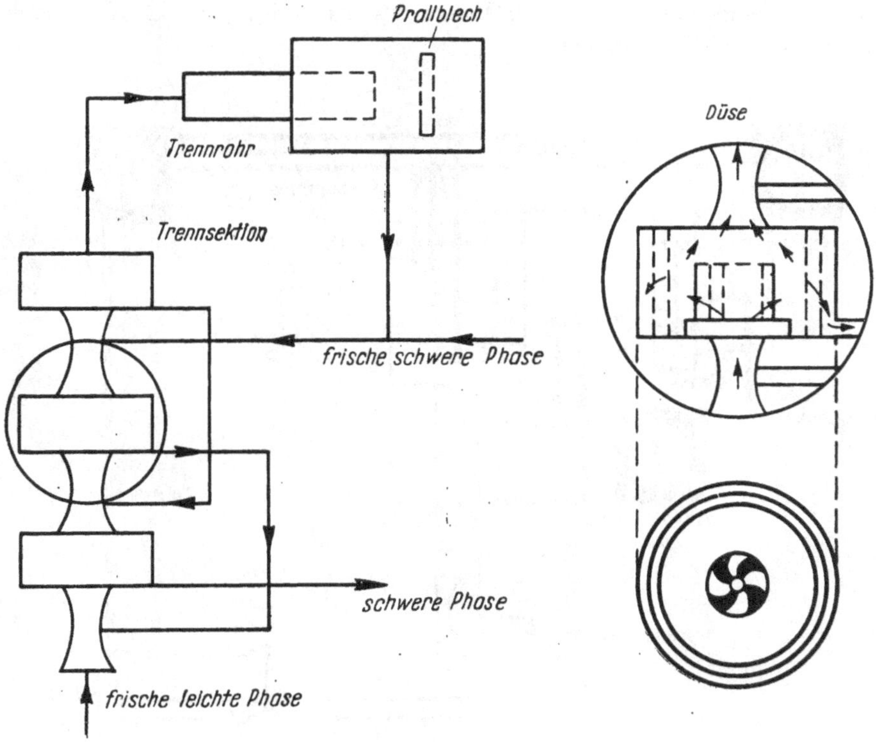

Abb. 85. Prinzip des THOMAS-Extraktors.

4.26 *Regelung von Extraktionskolonnen*

Die Anordnung der zur Inbetriebnahme und Betriebskontrolle der Kolonne notwendigen Instrumente zeigt Abb. 86. Die Menge der wäßrigen Speiselösung wird mit einem Rotameter gemessen. Mit Hilfe dieses Rotameters, an das ein Regelventil mit einem druckluftbetriebenen Stellmotor und ein Schreiber angeschlossen sind, wird die Menge auf dem vorgegebenen Wert konstant gehalten. Diese nur für die Speiselösung eingezeichnete Anordnung wird auch zur Regelung des Zulaufs von Lösungsmittel und Waschlösung angewandt. Die Menge der Raffinatlösung (wäßr. Spaltproduktlösung) wird durch ein weiteres Ventil mit Druckluftstellmotor geregelt, das die Aufgabe hat, die Grenzfläche zwischen der wäßrigen und der organischen Phase am Kolonnenkopf zu halten. Die Position der Grenzfläche wird durch Messung der Differenz des hydrostatischen Druckes zwischen zwei Festpunkten bekannter Höhe ermittelt. Der hydrostatische Druck ist in Gleichgewicht mit einem Gasdruck innerhalb jedes Tauchrohres. Die Druckdifferenz zwischen den Tauchrohren wird mit einem Anaeroid-Druckdosen-Kontrollschreiber gemessen, an dem das Regelventil zur Mengenregelung des abfließenden Raffinates angeschlossen ist. Die Menge des Extraktes, der am Kolonnenkopf abfließt, wird nicht kontrolliert.

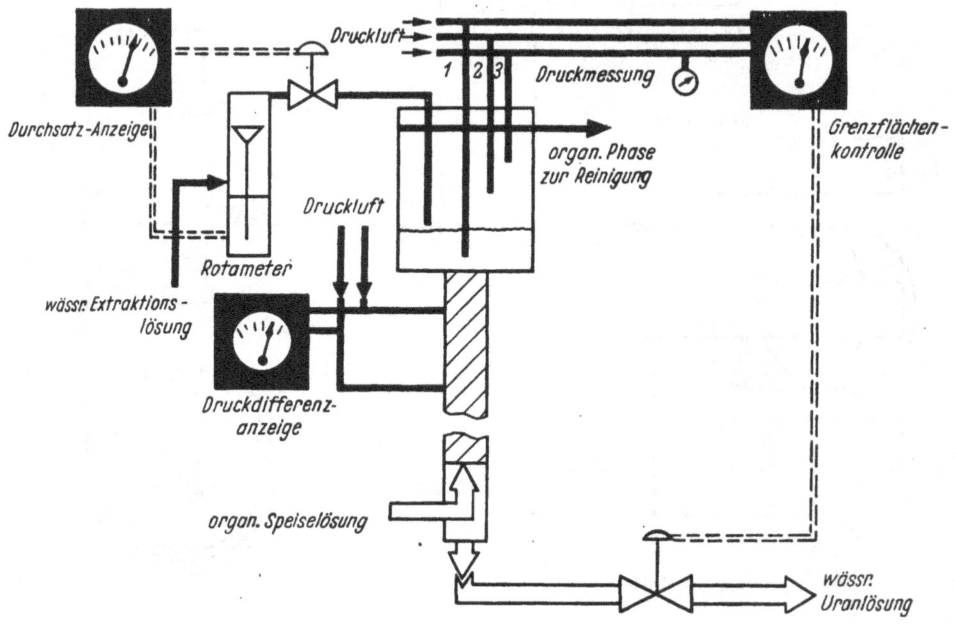

Abb. 86. Anordnung der Instrumente zur Regelung von Extraktionskolonnen.

Für die Inbetriebnahme der Kolonne sind zwei weitere Instrumente vorteilhaft: Ein statischer Druckschreiber für die hydrostatische Gesamthöhe der Kolonne, und ein Schreiber für die Druckdifferenz zwischen zwei festen Punkten innerhalb der Phasenkontaktsektion (Füllkörper-, Siebbodensektion usw.) der Kolonne. Beide Instrumente haben großen Wert auch für die Überflutungskontrolle. Außerdem kann die Wirksamkeit der Uran-Rückgewinnung aus der Druckdifferenz grob abgeschätzt werden.

Die entsprechende Anordnung der Instrumente für horizontale Mixer-Settler ist aus Abb. 75 und 76 zu ersehen. Zum Konstanthalten einer Durchflußmenge können anstelle der beschriebenen Ventile mit Stellmotor auch Stauscheiben verwendet werden [K46], jedoch ist in diesem Falle das Einfahren der Kolonne schwieriger.

4.27 *Vergleich der Extraktoren*

Die bei der Aufarbeitung von Kernbrennstoffen vorliegenden Materialien sind stark radioaktiv. Das Bedienungs- und Überwachungspersonal der Anlage muß deshalb durch einen Strahlenschutz gegen die Teile der Anlage, die aktive Materialien enthalten, geschützt sein.

Da die radioaktiven Materialien in die Korngrenzen der Metalle eindiffundieren können, ist eine Entseuchung sehr schwierig. Deshalb müssen größere Reparaturen an der Anlage vermieden werden. Auf Grund dieser spezifischen Schwierigkeiten spielen für die Auswahl des Extraktors die folgenden Forderungen eine weitaus größere Rolle als seine Kosten:

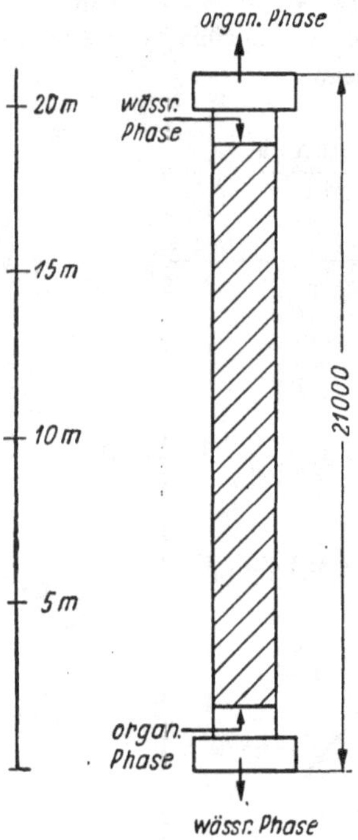

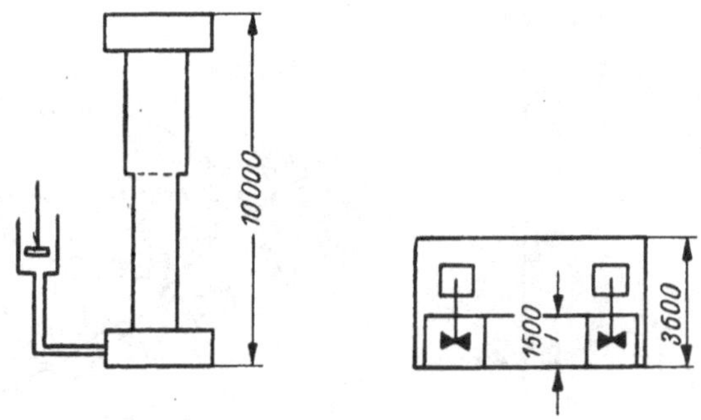

Abb. 87. Größenvergleich von Füllkörperkolonne, pulsierender Siebbodenkolonne und Mixer-Settler.

Mechanische Zuverlässigkeit, einfache Regeltechnik für Inbetriebnahme und für Dauerbetrieb sowie eine kompakte Bauweise und ein geringer Betriebsinhalt.

Während der *Betriebsinhalt* („Holdup“) bei normalen chemischen Anlagen nur eine untergeordnete Bedeutung besitzt, ist dieser bei Anlagen zur Aufbereitung von Kernbrennstoffen neben dem Gesamtdurchsatz einer der bestimmenden Faktoren für die Anlagekosten:

Je größer der Betriebsinhalt der Extraktoren ist, desto größer muß der Strahlenschutz sein: Bei Betonwänden werden oft 1,5 bis 2,5 m Wandstärke benötigt.

Der Betriebsinhalt hat auch Einfluß auf die Betriebskosten: Je größer die der Strahlung ausgesetzte Menge an Lösungsmittel ist, desto größer ist die Menge des Lösungsmittels, die sich unter dem Einfluß der Strahlung zersetzt und ständig neu zugegeben werden muß.

Abb. 87 zeigt einen typischen geometrischen Vergleich zwischen Füllkörperkolonne, pulsierender Siebbodenkolonne und Mixer-Settler. Der Vergleich ist auf den Einsatz der Extraktoren in der gleichen Anlage bezogen [R 1].
In Abb. 88 wird die pro m Kolonnenhöhe erreichte Stufenzahl in Abhängigkeit vom maximalen Durchsatz für einige der beschriebenen Kolonnen dargestellt.
An Hand dieses Diagrammes ist zu ersehen, daß den verschiedenen Extraktoren ganz bestimmte Arbeitsgebiete zuzuordnen sind. Eine Kenngröße, die sowohl Durchsatz als auch Stufenhöhe umfaßt, ist die Verweilzeit:

$$\text{Verweilzeit} = \frac{\text{Höhe einer Übergangseinheit}}{\text{Spezifischer Durchsatz}}.$$

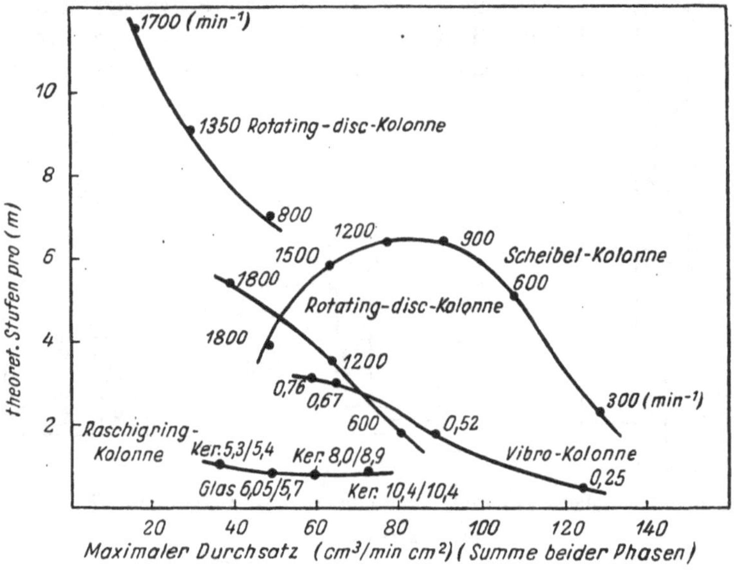

Abb. 88. Anzahl der pro m Kolonnenhöhe verwirklichbaren theoretischen Stufen in Abhängigkeit vom Durchsatz für verschiedene Kolonnentypen.

Die folgende Tabelle 59 gibt einen qualitativen Vergleich verschiedener Kolonnentypen im Hinblick auf Durchsatz pro Flächeneinheit, Höhe einer Übergangseinheit (HTU) und Verweilzeit („Hold up time") an.
Um den Vergleich zu erleichtern, wurden Daten gewählt, die auf die Extraktion von Essigsäure bezogen sind. Unabhängig von den speziellen Betriebsbedingungen können die folgenden Schlußfolgerungen gezogen werden [D 39]:
Eine pulsierende Kolonne hat einen kleineren HTU-Wert und eine kleinere Verweilzeit als eine nicht pulsierende Kolonne gleicher Abmessungen.
Der Scheibel-Extraktor besitzt im Vergleich zu den anderen aufgeführten Typen sowohl eine mittlere Verweilzeit als auch eine mittlere Stufenhöhe (einen mittleren HTU-Wert).

Tabelle 59:

Nr.	Extraktor-Typ	Extraktor-∅ oder -dimensionen	extrahierter Stoff	aus	in	Summe der Strömunggeschwindigkeit beider Phasen $ft^3/ft^2 \cdot min$	HTU	Verweilzeit min
1	Füllkörperkol. 0,5 Zoll Berl. Sättel	17/16 Zoll	Essigsäure	Toluol	Wasser	0,8	1,14 ft	1,4
2	dto., pulsierend	17/16 Zoll	Essigsäure	Toluol	Wasser	0,9	0,35 ft	0,4
3	puls. Siebboden-kolonne	1,5 Zoll Bodenabstand 1 Zoll	Essigsäure	Wasser	Hexon	0,25	0,22 ft	0,9
4	dto.	2 Zoll Bodenabstand 2 Zoll	Uranylnitrat	Wasser	TBP/Kerosen	3,0	1,3 ft	0,4
5	SCHEIBEL-Extraktor	12 Zoll	Essigsäure	Wasser	Hexon	1,1	0,74 ft	0,7
6	Extraktor mit rot. Einbauten	8 Zoll	Essigsäure	Wasser	Hexon	2,0	0,3 ft	0,16
7	Pump-Mix	5 · 3 · 11 Zoll	Essigsäure	Wasser	Hexon	115 $Zoll^3/min$	—	1,4
8	FENSKE-Extraktor	36,5 $Zoll^3$/Stufe	Pyridin	Wasser	Nonan	70 $Zoll^3/min$	0,12 ft	0,5

Der FENSKE-Extraktor hat den kleinsten HTU-Wert.
Der Extraktor mit rotierenden Einbauten hat die niedrigste Verweilzeit und einen genügend kleinen HTU-Wert.
Der Mixer-Settler besitzt eine größere Verweilzeit als die anderen Kolonnentypen mit mechanischer Phasenmischung.
Bei der Auswahl der Kolonnentype für eine Anlage zur Aufarbeitung von Kernbrennstäben ist für die nukleare Sicherheit und den notwendigen Strahlenschutz die Verweilzeit (= HTU-Wert/durchgesetzte Menge/ Flächeneinheit des Kolonnenquerschnittes und Minute) ausschlaggebend. Die günstigsten Bedingungen wären bei dem FENSKE-Extraktor umd dem Extraktor mit rotierenden Einbauten (Rotating-disc-Extraktor) gegeben.
Man kann jedoch bei der Auswahl des Extraktors nicht nur vom Betriebsinhalt und von der Bauhöhe bzw. Verweilzeit (Anlage- und Betriebskosten) ausgehen, sondern muß die durch die verwendeten Chemikalien und die Prozeßführung entstehenden Bedingungen als erstes Kriterium betrachten. So können — trotz des großen Betriebsinhaltes und der großen Bauhöhe —

Füllkörperkolonnen dann von Vorteil sein, wenn sich die Extraktionsmittel leicht mischen und einen wirksamen Stoffaustausch, d. h. hohe Wirbeldiffusionskoeffizienten und einen kleinen Grenzflächenwiderstand besitzen.
Pulsierende Kolonnen und *Extraktoren mit bewegten Einbauten* können bei weniger wirksamen Systemen und gleichbleibenden Prozeßanforderungen am günstigsten sein.

Mixer-Settler sind dann besonders geeignet, wenn von Zeit zu Zeit die Prozeßanforderungen wechseln. Zugunsten der großen Flexibilität der Mixer-Settler muß man dann das Risiko reparaturanfälliger bewegter Teile hinnehmen.

4.3 Nukleare Sicherheit

Kerntechnische Anlagen stellen den Konstrukteur vor das Problem, neben den konventionellen Sicherheitsbestimmungen zusätzlich die sehr einschneidende Bedingung der nuklearen Sicherheit zu beachten. Darunter versteht man die Einhaltung einer Anlagenbauweise, die unter keinen Umständen eine Ansammlung von Spaltmaterial in kritischer Menge zuläßt. Für Kernbrennstoffe, deren Konzentration an ^{235}U unter 5% liegt, sind solche Erwägungen nicht erforderlich.

4.31 *Neutronenbilanz von Kernspaltungsreaktionen*

Kernspaltungsreaktionen sind dadurch gekennzeichnet, daß sie mehr Neutronen produzieren, als zu ihrer Auslösung erforderlich waren. Damit wird eine Kettenreaktion ermöglicht. In Tabelle 60 wird für verschiedene Spaltreaktionen die pro eingefangenes Neutron im Mittel ausgesandte Zahl von Neutronen in Abhängigkeit von der Energie des eingefangenen Neutrons und der Art des Spaltstoffes dargestellt.

Tabelle 60:

Neutronenenergie		^{239}Pu	^{241}Pu	^{233}U	^{235}U
Schnelle Neutronen		2,6	2,6	2,4	2,3
Neutronen mittlerer Geschwindigkeit		1,7			1,6
Thermische Neutronen	20° C	2,05	2,2	2,3	2,03
	500° C	1,85	2,2	2,3	2,03

Nicht alle so erzeugten Neutronen führen zu einer weiteren Kernspaltung. Ein Teil wird eingefangen, ohne daß eine Spaltreaktion folgt (Entstehung höherer Actiniden oder Einfang in nicht spaltbarem Material), und ein anderer Teil entweicht aus dem System. Man definiert deshalb einen effektiven Neutronenvermehrungsfaktor (k_{eff}) für ein Spaltstoffsystem und berücksichtigt darin die Neutronenbilanz von einer Generation im Verhältnis zur vorhergehenden.

$$n_v = v \cdot n_s - n_e - n_w + n_r + n_b$$

$$k_{eff} = \frac{v \cdot n_s - n_e - n_w}{n_v - n_r - n_b}$$

n_v = effektive Neutronenanzahl der vorhergehenden Generation;
v = Zahl der Sekundärneutronen pro Spaltung;
n_s = Anzahl der Neutronen, die weitere Spaltreaktionen hervorrufen;
n_e = Anzahl der Neutronen, die eingefangen werden, ohne eine Spaltreaktion zu verursachen;
n_w = Anzahl der aus dem System entweichenden Neutronen;
n_r = Anzahl der in das System reflektierten Neutronen;
n_b = Anzahl der aus benachbarten Systemen einfallenden Neutronen.

Bei einem effektiven Multiplikationsfaktor von 1 wird eine konstante Spaltrate aufrechterhalten (Kernreaktor). Dagegen wird das System für $k_{eff} > 1$ überkritisch (Atombombe) und für $k_{eff} < 1$ bleibt es unterkritisch, d. h. die Spaltrate nimmt ab.
In Anlagen für die Aufarbeitung von Kernbrennstoffen sind solche Voraussetzungen zu schaffen, daß sowohl im normalen Betrieb als auch im Havariefall keine Kernbrennstoffansammlung auftreten kann, für die $k_{eff} \geqq 1$ ist.

4.32 *Neutronenmoderation*

Der Neutroneneinfangquerschnitt der spaltbaren Materialien ist für thermische Neutronen größer als für schnelle Neutronen. Die bei der Spaltung freiwerdenden

Neutronen haben die Energie schneller Neutronen (~ 2 MeV) und müssen daher bis zur kinetischen Energie thermischer Neutronen abgebremst werden, um eine größere Einfangwahrscheinlichkeit für die Spaltreaktion zu gewinnen. Nach dem Impulserhaltungssatz ist die Bremswirkung an Teilchen mit vergleichbarer Masse am besten, d. h. der wirksamste Moderator ist Wasserstoff. Die Moderatorwirkung des Wassers bewirkt, daß die kritische Masse (ausgedrückt in kg Spaltmaterial) mit steigender Verdünnung (z. B. in einer Kugelgeometrie) zunächst stark abnimmt, um dann nach Durchlaufen eines Minimums mit weiter steigender Verdünnung wieder zuzunehmen.

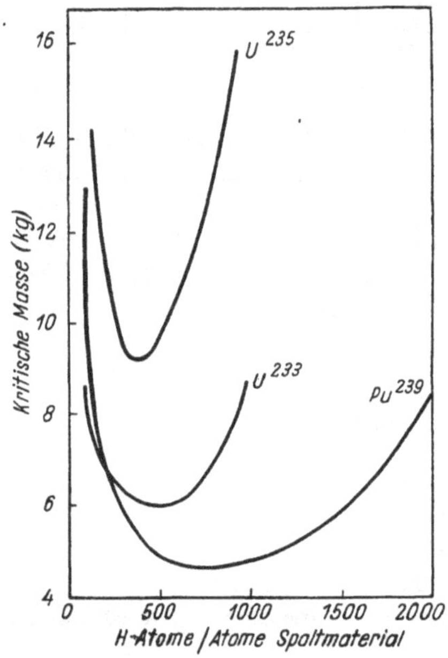

Abb. 89.

Soll in einer Aufarbeitungsanlage ein Behälter Verwendung finden, in dem größere Mengen an Spaltmaterial eingesetzt werden als dem Minimum der Kurven in Abb. 89 entspricht, so muß das Maß der Modierung mit Sicherheit kontrollierbar sein. Auch zufällige Einflüsse wie plötzliche Verdünnung, Verdampfung, Bildung eines Niederschlages müssen vollständig ausgeschlossen sein.

4.33 *Neutronenabsorption*

Ein Teil der Neutronen wird im Spaltstoffsystem absorbiert, ohne zu einer Spaltreaktion zu führen, so z. B. zum Aufbau höherer Actiniden. Auch im Moderator, im Konstruktionsmaterial und in den Spaltprodukten findet Neutronenabsorption statt, die ebenfalls von der Energie der Neutronen abhängig ist. Von Bedeutung für die Abschirmung von Behältern mit Spaltmaterial ist das große Absorptionsvermögen des Cadmiums für thermische Neutronen.

Der in Abb. 89 dargestellte Einfluß des Wassers auf die kritische Menge von Spaltstoff zeigt, daß zu Beginn der Verdünnung zunächst die Moderatorwirkung des Wassers überwiegt und dementsprechend die kritische Menge stark abnimmt. Die darauf folgende Zunahme der kritischen Menge mit weiterer Verdünnung resultiert aus der im gleichen Sinne steigenden Absorberwirkung des Wassers.

4.34 *Neutronenreflektion*

Das ein Spaltstoffsystem umgebende Material kann einen Teil der austretenden Neutronen in das System reflektieren. Das Verhältnis von aus- und eintretenden Neutronen wird als Reflektionskoeffizient („albedo") bezeichnet und dient als

Vergleichsgröße bei der Prüfung von Konstruktionsmaterialien auf ihre Reflektorwirkung. In Tabelle 61 sind die Reflektionskoeffizienten einiger Materialien angegeben.

Tabelle 61:

Reflektionsmaterial	Stärke der Platten	
	unendlich	40 cm
Wasser	0,821	0,821
schweres Wasser	0,968	0,919
Beryllium	0,889	0,881
Graphit	0,930	0,892

Ein unendlicher Wasserreflektor ist z. B. in der Lage, die kritische Masse einer U^{235} oder Pu^{239}-Kugel auf etwa die Hälfte zu reduzieren.
Umgibt man ein Spaltstoffsystem mit neutronenabsorbierenden Materialien, um die Einwirkung von Neutronen aus anderen Systemen auszuschalten, so muß dabei auch die Reflektoreinwirkung des Materials auf das abzuschirmende System berücksichtigt werden.
Man hat nicht nur die Reflektorwirkung von Kesselwänden, Kühlwasser oder Strahlenschutzbeton zu berücksichtigen, auch das plötzliche Überfluten von Dampfleitungen oder anderen Zwischenräumen mit Wasser ruft eine starke Neutronenreflektion hervor. In gleicher Weise können Menschenansammlungen in der Nähe von Behältern mit Spaltstofflösung wirken.

4.35 *Nukleare Sicherheit im Anlagenbau*

Es gibt 3 Möglichkeiten, die Bedingungen der nuklearen Sicherheit beim Bau und Betrieb von Aufarbeitungsanlagen einzuhalten; das sind Beschränkungen in der Geometrie der Anlage, dem Durchsatz oder der Konzentration. Welche Methode man im einzelnen wählt, hängt u. a. von der Größe der geplanten Anlage ab. Dabei wird im allgemeinen für jede Prozeßstufe eine gesonderte Betrachtung angestellt werden müssen, so daß innerhalb einer Anlage alle genannten 3 Beschränkungen zur Anwendung kommen werden.
Der Unterschied in der Moderator- bzw. Reflektorwirkung von Wasser und organischen Lösungsmitteln wie TBP in Kerosin ist für praktische Zwecke vernachlässigbar, wenn man auf gleiches Verhältnis von Wasserstoff- zu Uranatom bezieht, da die Abweichungen in der Größenordnung der im Betrieb möglichen Schwankungen der Uranylnitrat-, HNO_3- und TBP-Konzentrationen liegen.
Die kritischen Dimensionen werden für ein bestimmtes Spaltmaterial bei gleichem Reflektor praktisch nur durch das Verhältnis der Wasserstoff- zu den Uran- bzw. Plutoniumatomen bestimmt.

Ebenso wie der Einfluß des Lösungsmittels kann auch der Unterschied zwischen verschiedenen Verbindungen des Spaltmaterials vernachlässigt werden.
Dagegen wird in jeder Aufarbeitungsanlage mit einer Wechselwirkung zwischen mehreren Systemen spaltfähiger Materialien zu rechnen sein. Wenn auch jedes einzelne System auf nukleare Sicherheit ausgelegt ist, so kann doch die Wechselwirkung zwischen verschiedenen Neutronenquellen die kritischen Grenzen überschreiten. Sie läßt sich entweder durch entsprechenden Abstand oder durch Abschirmung mit Neutronenabsorbern herabsetzen. Im ersteren Falle hat man einen erheblichen Mehraufwand für Schutzwände und Rohrleitungen zu bringen, der gegen die Kosten von Moderator-Absorber-Abschirmungen für den zweiten Fall abzuwägen ist.
Das Moderator-Absorber-Material besteht aus Mischungen oder wechselnden Schichten von Holz und Beton und Cadmium oder Bor. Im allgemeinen werden die Kosten des letztgenannten Materials geringer sein als unökonomisch große Zwischenräume. Bei der Anwendung der kritischen Daten auf die Spaltstoffsysteme in den verschiedenen Anlageteilen muß man um einen bestimmten Sicherheitsfaktor unter den errechneten Größen bleiben. Werden die minimalen Dimensionen mit einem unendlichen Wasserreflektor den Berechnungen zugrunde gelegt, dann genügt meist der Sicherheitsfaktor zwei. In Großanlagen zwingen aber ökonomische Gründe oft zu Annahmen, die zu einer Erhöhung der kritischen Dimensionen führen. Solche Annahmen sind:

Die Wechselwirkung zwischen verschiedenen Behältersystemen ist durch Neutronenabsorber auf 0 abgesunken. Die Reflexion ist geringer als bei einem unendlichen Wasserreflektor.

In diesen Fällen muß man mit einem größeren Sicherheitsfaktor rechnen, ebenso wenn man mit einer Konzentrationsbegrenzung arbeitet, da unvorhergesehene Ereignisse eintreten können, welche die Konzentrationsbedingungen ändern. Für die konstruktive Ausführung der Anlageteile sind vom Standpunkt der nuklearen Sicherheit lange dünne Zylinder oder dünne Platten zu bevorzugen, was nur schwierig mit der Ökonomie der Anlage in Einklang zu bringen ist.
Im *Auflösebehälter* muß eine Schaumbildung vermieden werden, da sonst die dort gesammelten Festteilchen als zusätzliche Neutronenquelle auf die Lösung wirken. Aus dem gleichen Grund wird bei Filtration zwischen Nutsche und Lösung ein Neutronenabsorber gebracht. Außerdem darf der Niederschlag auf der Nutsche nie die kritische Dicke einer Platte erreichen. Besser arbeitet man deshalb mit einer *Zentrifuge*, deren Durchmesser unter der kritischen Größe eines unendlich langen Zylinders bleibt. Für die Wahl eines bestimmten *Extraktor*types ist die kritische Sicherheit ein wesentlicher Gesichtspunkt. Kolonnen, deren Durchmesser unter der kritischen Größe eines unendlich langen Zylinders bleibt, sind auf jeden Fall sicher. Darüber hinaus läßt sich z. B. bei Füllkörperkolonnen der Durchmesser erweitern, wenn man in den Füllkörpern neutronenabsorbierende Stoffe wie Borsilikatglas oder Cadmiumverbindungen verarbeitet.
Beim *Mixer-Settler* wurden Konstruktionen für nukleare Sicherheit entwickelt, die die Form einer flachen Platte mit einer Stärke unterhalb der kritischen Größe

haben. In einer derartigen Anlage kann man trotzdem bis zu 1 Tonne Uran pro Tag verarbeiten [C37, C38].

Verdampferanlagen zur Konzentrierung der gereinigten Uran- und Plutoniumlösungen bilden Hauptgefahrenquellen für die nukleare Sicherheit. Man bevorzugt hier die Volumenbeschränkung zur Einhaltung der kritischen Daten.

Rohrleitungen für Spaltstofflösungen können ihre nukleare Sicherheit dadurch erhalten, daß man sie als Bündel in Zylindern oder Platten unterbringt, deren Durchmesser unterhalb des kritischen bleibt.

Von außerordentlicher Bedeutung sind *Kontrollmöglichkeiten* innerhalb der Anlage, da auch bei nuklear sicherer Konstruktion durch Leckstellen oder Ansammlung von spaltbarem Material unvorhergesehene Bedingungen entstehen können, wie es das Beispiel des Plutoniumunfalles in den Los Alamos Laboratories vom 30. 12. 58 lehrt [A11].

Neutronenmonitoren sind aber nicht in allen Fällen zuverlässige Warneinrichtungen; sie müssen durch schnell registrierende analytische Kontrollmethoden ergänzt werden.

Tabelle 62: Literaturübersicht über nukleare Sicherheit

Autor	Lit.-Zit.	
Callihan, D.	C49 C50	Nukleare Sicherheit bei der Verarbeitung von Brennelementlösungen
Colven, T. F.	C37	Geometrisch sichere Mixer-Settler- und Sovens-Wäscher-Konstruktion
Fox, J. K.	F30	Untersuchung über wäßr. U-235-Lösungen
Ford, G. W. K., J. G. Walford	F31	Experimente über kritische Anordnungen
Hall, C. R.	H48 H49	Probleme der kritischen Vorausberechnungen und Konstruktion von Aufarbeitungsanlagen
Ketzlach, N. D.	K45	dto.
Larsson, A.	L22	dto.
McKay, H. A. C.	M43	dto.
McLendon, J. D.	M44	Kritischer Zustand der Y-12-Anlage
Nicholls, C. M.	N9 N10 N11	Zur Gefahr des kritischen Zustandes bei Aufarbeitungsanlagen
Scott, R. L.	S56	Lit. Übersicht über kritische Anordnungen (1122 Lit. Zit.)
Yarbro, O. O.	Y2	Kritische Untersuchungen zur Thorex-Pilotanlage

5 PROZESSE ZUR EXTRAKTIVEN AUFARBEITUNG VON BESTRAHLTEN KERNBRENNSTOFFEN

5.1 Übersicht

5.11 *Die Stellung der Extraktion im Kernbrennstoffzyklus*

In Abb. 90 ist ein Kernbrennstoffzyklus schematisch dargestellt. In der Praxis wird nicht immer jede der beschriebenen Stufen durchlaufen. Zum Beispiel arbeitet man im Redoxprozeß mit Säureunterschuß, so daß die Säurerückgewinnung wegfällt. Auch wird die Nutzung von Spaltprodukten nur in wenigen Fällen durchgeführt.

Die Art der Brennelemente, deren Aufbau und ihre mechanische und chemische Vorbehandlung für die Extraktion sind im Kapitel I erläutert worden. Am Schluß des Abschnittes 5.1 wird die Säurerückgewinnung und die Extraktionsmittelreinigung beschrieben, da diese Hilfsprozesse unmittelbar mit der Extraktion verbunden sind.

Der Komplex der Extraktionszyklen selbst ist das Kernstück eines Aufarbeitungsprozesses. Aus der wäßrigen, nach Auflösen der Brennelemente und der weiteren Vorbehandlung dieser Lösung erhaltenen Ausgangslösung, welche die Kernbrennstoffe (Spalt- und Brutmaterialien), Spaltprodukte, Korrosionsprodukte und eventuell noch Legierungs- und Hüllenbestandteile der Brennelemente enthält, werden im Ergebnis der Extraktionstrennung zwei oder drei, seltener vier Lösungsfraktionen erhalten. In der einen befinden sich die Spaltprodukte, Korrosionsprodukte, Legierungs- und Hüllenbestandteile. In den übrigen Fraktionen befinden sich die Kernbrennstoffe, z. B. Uran und Plutonium.

Die Zahl der Extraktionszyklen wird bestimmt durch den erforderlichen Reinigungsfaktor. Die Spalt- und Brutmaterialien sind nach drei oder vier Zyklen so weit von den Spaltprodukten befreit, daß sie ohne Strahlenschutzeinrichtungen weiterverarbeitet werden können. Wenn man weniger Zyklen anwendet, so müssen die Produkte entweder nach einem anderen Verfahren weiter gereinigt werden, oder man muß das gewonnene Spaltmaterial hinter Strahlenschutzwänden verarbeiten.

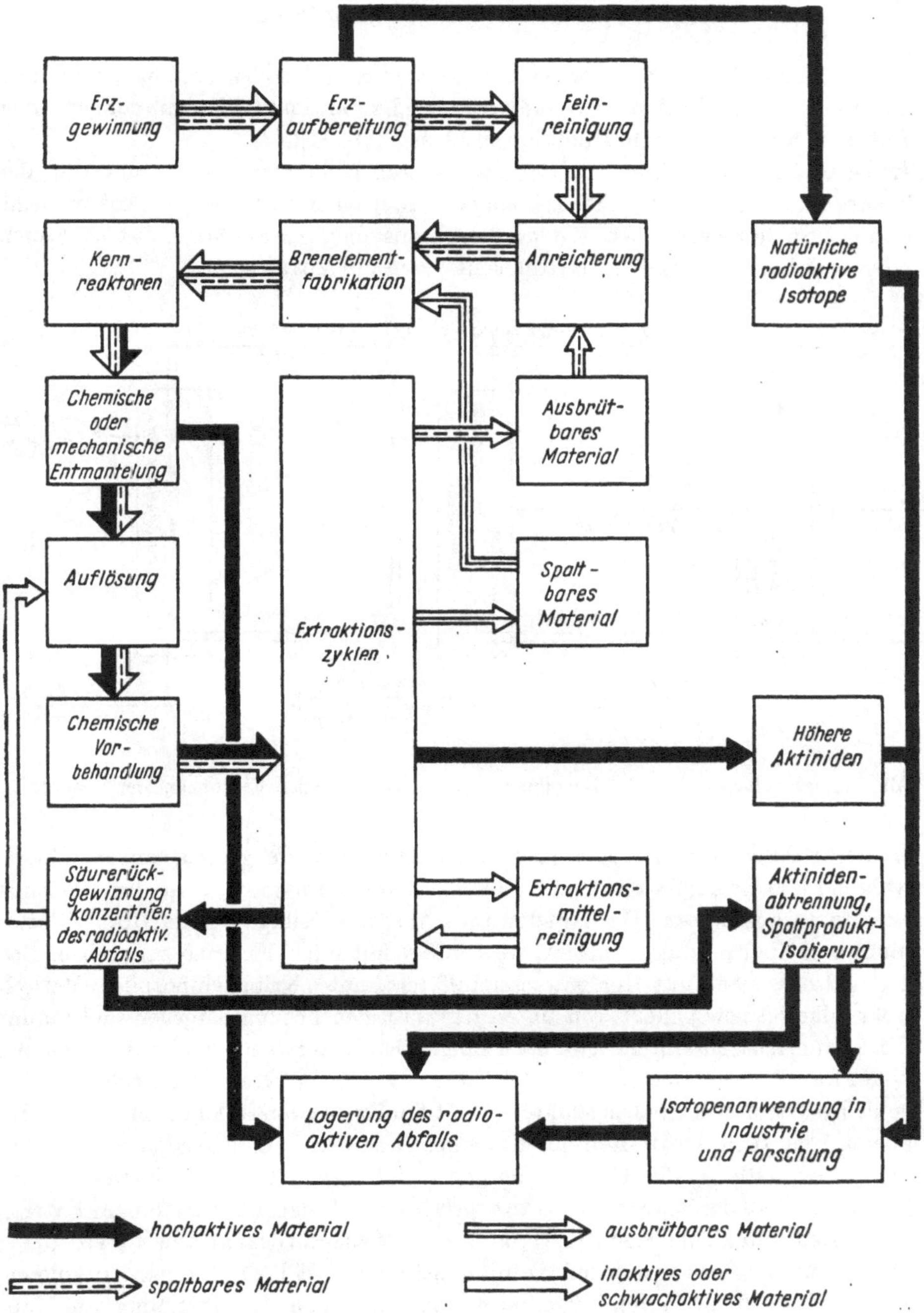

Abb. 90. Schematische Darstellung des Kernbrennstoffkreislaufs.

5.12 *Allgemeines Schema der Extraktionszyklen*

In einem Extraktionsprozeß werden bis zu vier Extraktionszyklen hintereinander angewendet. Im folgenden wird ein typischer Extraktionszyklus mit gemeinsamer Extraktion der Kernbrennstoffe beschrieben (Abb. 91).
Er besteht aus drei hintereinander geschalteten Kolonnen, der Extraktions-, der Trenn- und der Rückextraktionskolonne. Unter einer Kolonne ist nicht nur eine einzelne Säule zu verstehen. Sie kann auch aus einer Anzahl Mixer-Settler-Stufen oder zwei bis drei einzelnen Extraktionssäulen aufgebaut sein.

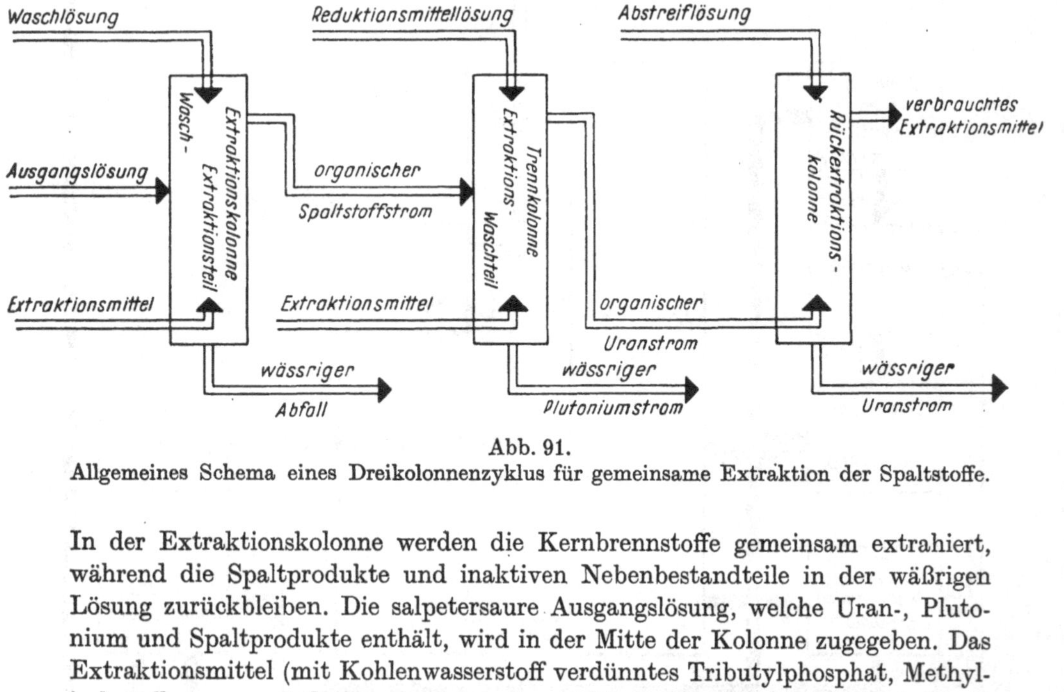

Abb. 91.
Allgemeines Schema eines Dreikolonnenzyklus für gemeinsame Extraktion der Spaltstoffe.

In der Extraktionskolonne werden die Kernbrennstoffe gemeinsam extrahiert, während die Spaltprodukte und inaktiven Nebenbestandteile in der wäßrigen Lösung zurückbleiben. Die salpetersaure Ausgangslösung, welche Uran-, Plutonium und Spaltprodukte enthält, wird in der Mitte der Kolonne zugegeben. Das Extraktionsmittel (mit Kohlenwasserstoff verdünntes Tributylphosphat, Methylisobutylketon usw.) fließt von unten der wäßrigen Lösung entgegen und nimmt die extrahierbaren Anteile mit nach oben. Den unteren Abschnitt der Kolonne nennt man Extraktionsteil, da in ihm die Extraktion der Kernbrennstoffe vor sich geht. Der Strom der Spaltprodukte verläßt die Extraktionskolonne am Boden. Im oberen Teil, dem Abstreifteil der Kolonne, fließt dem aufsteigenden organischen Strom eine wäßrige Abstreiflösung entgegen, deren Gehalt an Aussalzmittel so eingestellt ist, daß die Spalt- und Brutmaterialien nicht, dagegen aber die im Extraktionsanteil mitextrahierten Spaltprodukte weitgehend rückextrahiert werden.
Die organische Lösung mit den Kernbrennstoffen verläßt die Extraktionskolonne am Kopf und fließt in den Mittelteil der Trennkolonne. Zur Trennung von Uran und Plutonium fließt in dieser Kolonne von oben eine wäßrige Lösung dem organischen Strom entgegen, die das Aussalzmittel (Salpetersäure oder Aluminiumnitrat)

und das Reduktionsmittel (meist $Fe(SO_3NH_2)_2$) enthält. Letzteres verwandelt Pu-IV in Pu-III, das dann aus der organischen Phase in die wäßrige Lösung extrahiert wird. Die vorhandenen Aussalzmittel verhindern eine gleichzeitige Rückextraktion von Uran. Von unten fließt im Abstreifteil der Trennkolonne frisches Extraktionsmittel dem wäßrigen Pu-Strom entgegen, das die Aufgabe hat, rückextrahierte Urananteile wieder aus der wäßrigen Lösung abzustreifen. Am Boden verläßt der wäßrige Pu-Strom die Kolonne.
Der organische Lösungsmittelstrom, der die Trennkolonne am Kopf verläßt, enthält nur noch Uran. Er tritt am Boden der Rückextraktionskolonne ein. Von oben fließt die wäßrige Waschlösung, meist stark verdünnte HNO_3 entgegen und bewirkt die Rückextraktion des Urans in die wäßrige Phase. Der wäßrige Uranstrom verläßt die Rückextraktionskolonne am Boden und das verbrauchte Extraktionsmittel tritt am Kolonnenkopf aus. Es hat sich besonders bei Reinigungszyklen bewährt, die zur Abstreifung in der Extraktionskolonne verwendete Salpetersäure 1 oder 2 Stufen unter dem Zufluß des wäßrigen Abstreifstromes einzuführen, weil man damit das Verhältnis HNO_3:U in der organischen Lösung und damit auch in der die Rückextraktionskolonne verlassenden wäßrigen Lösung verringert. Damit vermindert sich die Korrosion im nachfolgenden Verdampfer und erhöht sich die Reinheit des Produktes.
Bei der Aufarbeitung von Th-Brutmaterialien kann die U–Th-Trennung nicht mit einem Reduktionsmittel vorgenommen werden. Man benutzt die geringere Extrahierbarkeit des Th-IV zur Abtrennung, indem die Aussalzstärke in der Abstreiflösung der Trennsäulen so eingestellt wird, daß U-VI in der organischen Lösung bleibt und Th-IV in die wäßrige Phase extrahiert wird. Dann tritt an Stelle des wäßrigen Pu-Stromes der wäßrige Th-Strom aus der Kolonne aus. Verzichtet man auf eine Abtrennung der Spaltstoffe, so erhält man nur einen wäßrigen Spaltstoffstrom neben dem Abfallstrom und benötigt im Zyklus nur zwei Kolonnen. Ein solcher Zweikolonnenreinigungszyklus kann dem Dreikolonnentrennzyklus entweder vorgeschaltet oder zur weiteren Reinigung der getrennten Produkte nachgeschaltet werden. Im letzten Falle wird je ein Zyklus für Uran und Plutonium oder Thorium benötigt. Im ersten Extraktionszyklus beträgt der Spaltproduktentseuchungsfaktor 10^3 und 10^4. In den weiteren Zyklen wird die Spaltproduktentseuchung geringer, da es nur noch solche Spaltprodukte abzutrennen gibt, deren Extraktionsverhalten dem der Spaltstoffe ähnlich ist.
Bei einigen Verfahren kommt auch das vom bisher beschriebenen abweichende Extraktionsschema einer getrennten Extraktion der Kernbrennstoffe zur Anwendung. In der 1. Extraktionskolonne wird nur Uran oder Plutonium extrahiert, das aus der organischen Lösung in der entsprechenden 1. Rückextraktionskolonne wieder herausgewaschen wird. Der wäßrige Abfluß der Extraktionskolonne wird der 2. Extraktionskolonne zugeführt, in der dann das andere Produkt (U, Pu, Th) extrahiert und in einer entsprechenden Rückextraktionskolonne wieder ausgewaschen wird.
Die skizzierten Fließbilder sind verallgemeinert. Verdampfer zur eventuellen Konzentrierung, Behälter zur Lagerung der Lösung oder Gefäße in denen chemische

Reaktionen durchgeführt, bzw. die Lösungen eingestellt werden, sind nicht eingezeichnet.
Die Abfälle und die verbrauchten Extraktionsmittel aus mehreren Zyklen können in den entsprechenden Bearbeitungsanlagen meist gemeinsam behandelt werden.

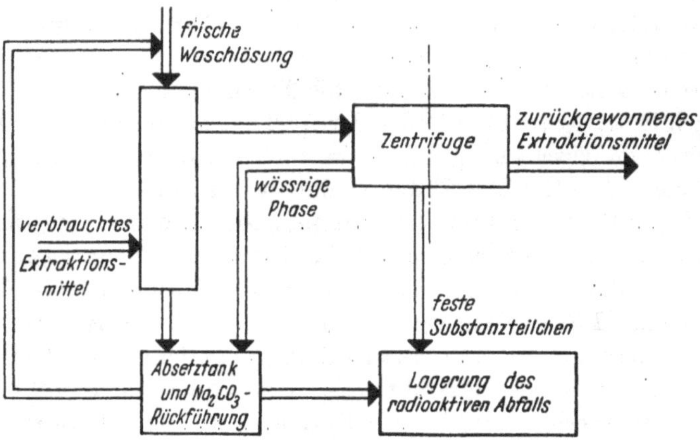

Abb. 92. Extraktionsmittelreinigung.

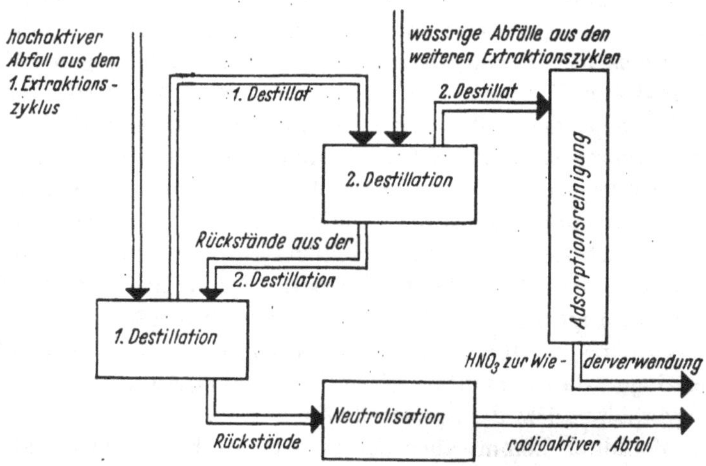

Abb. 93. Salpetersäurerückgewinnung.

An dieser Stelle seien nur noch die Säurerückgewinnung und die Extraktionsmittelreinigung kurz beschrieben, da diese Hilfsprozesse unmittelbar mit der Extraktion verbunden sind.
Die Extraktionsmittelreinigung macht sich erforderlich, da die Zersetzungsprodukte im allgemeinen einen höheren Verteilungskoeffizienten für Spaltprodukte haben als die reinen Extraktionsmittel und somit zu einer Verschlechterung der

Entseuchung führen. Die Radiolyse- und Hydrolyseprodukte lassen sich durch eine oxydationsmittelhaltige alkalische wäßrige Lösung aus der organischen Phase in einer Waschkolonne entfernen (Abb. 92). Durch Zentrifugieren werden noch die restlichen Anteile an wäßriger Phase und festen Teilchen abgetrennt. Die Verluste an Extraktionsmittel müssen vor der Wiederverwendung im Kreislauf ausgeglichen werden.

Die Säurerückgewinnung (Destillation) kann nur dort angewendet werden, wo HNO_3 oder HCl als Aussalzmittel wirken. Das Destillat aus den hochaktiven Abfallösungen wird gemeinsam mit den weniger aktiven Abfällen ein weiters Mal rektifiziert und vor der Wiederverwendung einer Absorptionsreinigung unterworfen (Abb. 93).

Die Güte eines Extraktionsverfahren wird nach der Ausbeute an U und Pu bzw. Th sowie dem Entseuchungsfaktor beurteilt.

Der Entseuchungsfaktor (EF_{SP}) für Spaltprodukte läßt sich durch die Gleichung:

$$EF_{SP} = \frac{1}{VK_e} \cdot \frac{V_e + V_s}{V_a} \cdot \frac{\left(\frac{V_e}{V_a \cdot VK_a}\right)^{n+1} - 1}{\frac{V_e}{V_a \cdot VK_a} - 1}$$

darstellen.

Dabei sind (VK_e) und (VK_a) die Extraktions- und Abstreifverteilungskoeffizienten, (V_e), (V_s) und (V_a) die Volumenfließverhältnisse für Extraktionsmittel, Speiselösung und Abstreifer und (n) ist die Zahl der Abstreiferstufen.

5.13 *Auswahl der Extraktionsmittel und Extraktionsprozesse*

Bei der Auswahl der Extraktionsmittel müssen eine Reihe von Faktoren berücksichtigt werden, die hier noch einmal aufgezählt werden sollen ohne im einzelnen erläutert zu werden.

Die folgenden Gesichtspunkte sind für die Auswahl von Bedeutung:

Selektivität in bezug auf die zu trennenden Produkte;
Rückextrahierbarkeit der Produkte;
Kapazität des Extraktionsmittels;
Gegenseitige Nichtmischbarkeit der beiden Phasen;
Beständigkeit gegenüber Strahlung und chemischen Einwirkungen;
Unterschied im spezifischen Gewicht der beiden Phasen;
Viskosität;
Grenzflächenspannung;
Giftigkeit;
Flammpunkt;
Rückgewinnbarkeit;
Preis.

Die Punkte 1—3 beeinflussen vor allem die Trennleistung, während 6—8 für die Auslegung der Extraktionsapparate, 10 für die Schutzmaßnahmen und 11 und 12 für die Ökonomie des Prozesses von Bedeutung sind.

Während die Toxizität der Chemikalien dieselbe Rolle spielt wie in der übrigen chemischen Industrie, ist erhöhte Vorsicht in bezug auf Feuergefährlichkeit geboten. Bei leicht entzündlichen Extraktionsmitteln müssen die Anlagen mit Inertgas geflutet werden. Das MIBK ist in dieser Hinsicht am gefährlichsten.

Die bisher zur Extraktion bestrahlter Kernbrennstoffe in der Literatur beschriebenen Extraktionsverfahren sind in der folgenden Tabelle 63 zusammengestellt.

Für die Entwicklung und Auswahl von Aufarbeitungsprozessen sind hauptsächlich drei Gesichtspunkte maßgebend:

1. Das hohe Strahlungsniveau erfordert eine Prozeßführung, die sich unter Fernbedienung leicht und sicher durchführen läßt.
2. Alle Apparaturen müssen ein weitgehend geschlossenes System bilden, um die radioaktiven Verseuchungen in Grenzen zu halten.
3. Es darf auch im Havariefall nicht die Möglichkeit bestehen, daß innerhalb einer bestimmten Volumeneinheit die kritische Masse überschritten wird.

Es ist wichtig, solche Verfahren und Anlagen auszuwählen, in denen die Trägheit großvolumiger Prozesse in bezug auf Änderung der Prozeßbedienungen vermieden oder auf ein Minimum herabgedrückt wird, da bei industriellen radiochemischen Prozessen weniger Möglichkeiten bestehen, Prozeßschwierigkeiten durch eine besondere Konstruktion oder Bearbeitungstechnik zu überwinden, als das bei konventionellen chemischen Prozessen der Fall ist.

Die Tabelle 64 erlaubt einige wirtschaftliche Vergleiche [R1] der Hexonprozesse mit den entsprechenden TBP-Prozessen. Wegen der Verwendung von $Al(NO_3)_3$ als Aussalzmittel beim Hexonprozeß ist das relative Abfallvolumen hoch im Vergleich zu den TBP-Prozessen, in denen HNO_3 als Aussalzmittel verwendet wird, welches zur Wiederverwendung rückgewonnen werden kann. Beim Redox-Prozeß kann die Wiederverwendung von Abfallwaschwasser als Waschlösung für die erste Extraktionssäule eine Verminderung des relativen Abfallvolumens von 25 auf 8 mit sich bringen. Ebenso ändert sich dann der relative Chemikalienverbrauch von 4 auf 2. In der letzten Spalte wird ein künstliches Maß für die Durchsatzmöglichkeit gegeben. Daraus ist ersichtlich, daß Hexon den 1,5—2fachen Betrag an gelösten Stoff aufnehmen kann im Vergleich zum TBP (pro Volumeneinheit). Deshalb kann man bei Hexon für den gleichen Durchsatz wesentlich kleinere Anlagen und Einrichtungen verwenden, was die Anlagekosten stark verringert. In der Praxis müssen diese Gesichtspunkte alle gegeneinander abgewogen werden.

Tabelle 63: Extraktionsprozesse zur Kernbrennstoffaufarbeitung

Prozeß	Extraktionsmittel	Aussalzmittel	Trennreagenz	Trennung von	Brennstäbe	Literatur über die Prozeßbeschreibung und über Anlagen
Redox-	MIBK	$Al(NO_3)_3$	$Fe(SO_3NH_2)_2$	U, Pu, SP	Al-Hülle Natururan	L1, L9, C8, Hanford (USA) O3
Butex-	DBC	HNO_3	$Fe(SO_3NH_2)_2$	U, Pu, SP	Al-Hülle Natururan	Windscale H1
Hexon-25-	MIBK	$Al(NO_3)_3$	—	U, SP	U–Al-Leg. anger. Uran	C8
Hexon-23-	MIBK	$Al(NO_3)_3$	veränderliche Aussalzstärke	U, SP, Th	Th, Al	C8
Purex-	TBP 20—40 in KW	HNO_3	$Fe(SO_3NH_2)_2$	U, Pu, SP	Natururan schwach angereichert	C8, I2, Oake Ridge (USA) B34 Fount. aux Roses (Fr.) R11 Dounrey (Grbr.) B25 Los Alamos (USA) A11 Marcoule (Fr.) C45 Hanford (USA) O3 Kjeller (Norw.) B41 Savannah River (USA) C37
Halex-	$TBP\text{-}CCl_4$	HNO_3	$Fe(SO_3NH_2)_2$	U, Pu, SP	—	R1
TBP-25-	TBP 5—10% in KW	HNO_3 + $Al(NO_3)_3$	—	U, SP	U–Al-Leg. angereichert	C8, Dounrey (Grbr.) B25 Idaho (USA) R24 Oak Ridge (USA) F10
Interim -23-TBP	1,5% TBP in KW	HNO_3 + $Al(NO_3)_3$	—	U, Th, SP	Th, Al-Hülle	C8
TBP-23-	20% TBP	HNO_3	—	U, Th, SP	—	R1

Tabelle 63 (Fortsetzung)

Prozeß	Extraktionsmittel	Aussalzmittel	Trennreagenz	Trennung von	Brennstäbe	Literatur über die Prozeßbeschreibung und über Anlagen
Thorex-	42,5% TBP in KW	HNO_3 + $Al(NO_3)_3$	veränderliche Aussalzstärke	U, Th, SP	Th, Al-Hülle	C8, Oake Ridge (USA) B33, B34
TBP-Phosphorsäure	10% TBP	$Mg(NO_3)_2$	H_3PO_4	U, Pu, SP	U–Mo-Leg. angereichert	S1 (SU)
Neptex	6% TBP in KW	$Al(NO_3)_3$	$Fe(SO_3NH_2)_2$ veränderliche Aussalzstärke	U, Pu, Np, SP	versch. Np-haltige Prod.	Oake Ridge ORNL F20, L10, B4
Americiumextr.	100% TBP	HNO_3	—	Am, S. E., SP	SP-Gemisch aus aufgearbeiteten Brennstäben	Oake Ridge ORNL L10, B34
Pu-Produkt-Rückfluß	30% TBP in CCl_4	HNO_3	—	U, SP	Pu-Lösungen	Hanford I1, I7
Tert. Aminprozeß	TOA o. TLA	HNO_3	$Fe(SO_3NH_2)_2$	U, Pu, SP	—	S12, W1
Pu-Reinig. d. Aminextr.	HNO_3	35% sec. Amin	—	Pu, SP	Pu aus Rückst. u. Brennelem.	W6
TiOA-Extr.	TiOA in Xylol	HCl	$Fe(SO_3NH_2)_2$	Pu, U, SP o. U, Th, SP	—	M18
Chelatprozeß	0,25 m TTA in MIBK	$Al(NO_3)_3$	getrennte Extr. von U und Pu	U, Pu, Sp	—	C8

Tabelle 64: Wirtschaftliche Vergleiche

Prozeß	relatives Vol. des heißen Abfalls	relativer Chemikalien-verbrauch	relative Aufnahme von gel. Stoff
A. Extraktion des U und Pu aus natürlichem oder leicht angereichertem Uran			
Redox	8–25	2–4	1,5–2
Purex oder Halex	1	1	1
B. Extraktion des angereicherten Urans			
Hexon 25	2–2,5	2–4	7,5–10
TBP 25	1	1	1
C. Extraktion von ^{233}U aus Thorium			
Hexon 23	8–25	2–4	1–1,5
TBP 23	1	1	1

5.14 *Verbesserungen am Extraktionszyklus*

Verbesserungen am bisher erläuterten allgemeinen Fließbild wurden von COOPER und WALLING [C2] zusammengestellt.

5.141 Die Kreislaufführung wäßriger Abfälle

Bei der Aufarbeitung von Uran reduziert die Wiederbenutzung der Abfälle den Chemikalienverbrauch, die Größe und Anzahl der Abfallaufbewahrungseinrichtungen und damit auch die Kosten [F7, J2]. Nach dem von COOPER und WALLING [C2] beschriebenen Fließbild durchläuft der wäßrige Abfall im Kreislauf eine Dreizyklen-Solventextraktionsanlage. Frisches Aussalzmittel wird nur den letzten U- und Pu-Zyklen zugeführt. Die Abwässer der letzten U- und Pu-Zyklen werden vereinigt, eingedampft und als Abstreifer im zweiten Zyklus benutzt. Der Abfall des zweiten Zyklus wird entsprechend in den Abstreifer des ersten Zyklus verwandelt. Die Mengen an Aussalzmittel und an Abfallkapazität, die für diesen Dreizyklenprozeß erforderlich sind, entsprechen dem Bedarf eines Prozesses von einem Zyklus. Weiter besitzen solche Prozesse den wichtigen Vorteil, daß eine im gewissen Maße unvollständige U- und Pu-Extraktion für den 2. und 3. Zyklus gestattet werden kann, da das restliche U und Pu im 1. Zyklus extrahiert wird. Allerdings muß im 1. Zyklus für eine möglichst hohe U- und Pu-Ausbeute gesorgt

werden. Es können dann niedrigere Aussalzkonzentrationen (HNO_3) in den letzten Zyklen verwendet werden. Das führt zu einer höheren Entseuchung von Zr und Nb. Bei anderen Prozessen, die keinen Abwasserrücklauf verwenden, würde der U- und Pu-Verlust dabei zu groß werden. Auch ist ein höherer Gehalt an Pu im letzten U-Zyklus zulässig.
Im 2-Zyklenprozeß wird unter Einsatz des Abwasserrücklaufs HNO_3 eingespart. Die Kosten eines 2-Zyklen-Purex-Prozesses werden viel niedriger als die eines herkömmlichen. Dabei betragen die Einsparungen an Material ca. 30%, an Kapitalinvestition für die Abfallbeseitigung ca. 200% und an Uran- und Plutoniumverlusten ca. 100—200%. Im Vergleich zum Dreizyklenpurexprozeß [I2] werden 2 Extraktionskolonnen und 1 Konzentrator eingespart.

5.142 Verbesserung der Entseuchung bei erhöhter Temperatur

Von Karraker [K10] werden die Ergebnisse ausgedehnter Untersuchungen über den Temperatureinfluß auf die Entseuchung in den Savannah River Laboratorien zusammengefaßt. Sie zeigen ebenso wie die Studien in Hanford die Nützlichkeit der Extraktion bei erhöhter Temperatur.
Die wirksamste Verbesserung im Vergleich zu einem konventionellen Purexprozeß erhält man mit einer zusätzlichen Abstreifung des organischen U- und Pu-Extrakts bei 70°C in der Extraktionskolonne und der Erhöhung der Temperatur der Trennkolonne auf 70°C. Die Einfügung der zusätzlichen Einheit für 70°C erhöht die Gammaspaltproduktentseuchung um den Faktor 370 gegenüber der Wirkung einer 30°C-Extraktionskolonne allein. Die Gammaentseuchung steigt um den Faktor 7 bei Erhöhung der Temperatur der gesamten Extraktionskolonne von 30° auf 70°C.
Die Operation der Trennkolonne bei 70°C verbessert auch die SP-Entseuchung des Urans, indem mehr als 90% der Spaltprodukte in die wäßrige Pu-haltige Phase gehen. Die bessere Trennung des Urans von den SP geht zu Lasten der SP-Aktivität im Pu-Produkt der Trennkolonne. Das ist nach Meinung von Cooper und Walling [C2] vorzuziehen, weil es für die Endreinigung des Pu wirksame Anionenaustauschmethoden gibt. Allerdings führt der Betrieb der Extraktionskolonne bei 70°C ohne Veränderung der ursprünglichen Säulengröße zu einer Senkung der Zr–Nb-Entseuchung um den Faktor 8. Obgleich die Ru-Entseuchung um den Faktor 14 steigt, überwiegt der erstgenannte Effekt und führt zu einem Absinken des EF um den Faktor 3,5.
Im TBP-25-Prozeß [K10] führt die Erhöhung der Prozeßtemperatur von 30° auf 70°C zu einer Verbesserung der Entseuchung um den Faktor 50 im ersten und 2 bis 4 im zweiten Zyklus. Der Gesamtentseuchungsfaktor EF_{γ} beträgt $4 \cdot 10^8$.
Wenn man bei höheren Temperaturen extrahiert, muß auf die Auswahl des Verdünners größeres Augenmerk gerichtet werden. Die gewöhnlichen Kerosine sind durch HNO_3 bei diesen Temperaturen schon angreifbar und bilden Oxydations-

produkte, welche die Extraktion von SP begünstigen. Hoch gereinigte Paraffine wie n-Dodekan sind auch bei 70° C stabil genug.
Ferrosulfamat läßt sich bei 70°C als Reduktionsmittel gut verwenden. Da jedoch die Hydrolysegeschwindigkeit der Sulfaminsäure ansteigt, muß die Verweilzeit der wäßrigen Phase in der Trennkolonne klein gehalten werden.

5.143 Rückflußsolventextraktionszyklen zur Pu-Endreinigung und Konzentrierung

Das Pu-Produkt aus den meisten Solventextraktionsanlagen liegt als verdünnte Pu-Lösung in verdünnter HNO_3 vor. Das Volumen wird im allgemeinen durch Eindampfen reduziert, wobei keine weitere Entseuchung von SP, dafür aber eine Vergrößerung der Menge an Verunreinigungen durch Korrosion eintritt. Daher wurde ein Solventextraktionsverfahren zur Konzentrierung und gleichzeitigen Entseuchung von Pu entwickelt, das in Abb. 94 dargestellt ist. Ein solcher Zyklus kann mit TBP–HNO_3 (Purexprozeß) oder mit MIBK–$Al(NO_3)_3$ (Redoxprozeß) arbeiten. Letzterer kann auch einem einfachen Trennzyklus angeschlossen werden. Er erhöht dann den Entseuchungsfaktor für die Gammaaktivität um 10^4.
Es muß dabei besonders beachtet werden, daß keine Pu-Verluste durch wäßrige Abfälle entstehen und die Anordnung nicht kritisch wird.
Aus Literaturangaben kann man entnehmen, daß zur Pu-Feinreinigung im großen Maße Ionenaustauschverfahren herangezogen werden. Zur weiteren Konzentrierung und Entseuchung des Urans wurden in erster Linie Fälloperationen [H16, S13] herangezogen. Auch beim Verglühen des Uranylnitrats zum UO_3 wird noch eine Ru-Entseuchung erreicht. Zur Verringerung des Pu-Gehaltes im Uran ist vorgeschlagen worden, in den Solventstrom Lagertanks einzubauen [H16], damit sich nach der Gleichung

$$Pu(DBP)_4 + 2UO_2(NO_3)_2(TBP)_2 \rightleftharpoons Pu(NO_3)_4(TBP)_2 + 2UO_2(DBP)_2 + 2TBP$$

das nicht in die wäßrige Phase extrahierbare $Pu(DBP)_4$ in das abstreifbare $Pu(NO_3)_4(TBP)_2$ verwandeln kann.

5.144 Hilfsprozesse zur Spaltproduktentfernung

Die Spaltprodukte Zr, Ru, Nb und in einigen Fällen auch Ce werden bei der Extraktion mit relativ geringer Wirksamkeit entfernt. Es sind deshalb eine Reihe Vorschläge gemacht worden, diese Spaltprodukte durch zusätzliche Verfahren abzutrennen, entweder aus der nach dem Auflösen erhaltenen Lösung oder aus der Lösung der Endprodukte bzw. durch Zugabe spezieller Reagenzien bei der Extraktion. Die Vorteile einer besonderen Spaltproduktentfernung aus der *Ausgangslösung* bestehen darin, daß in einer Arbeitsstufe gegenüber zwei Operationen bei

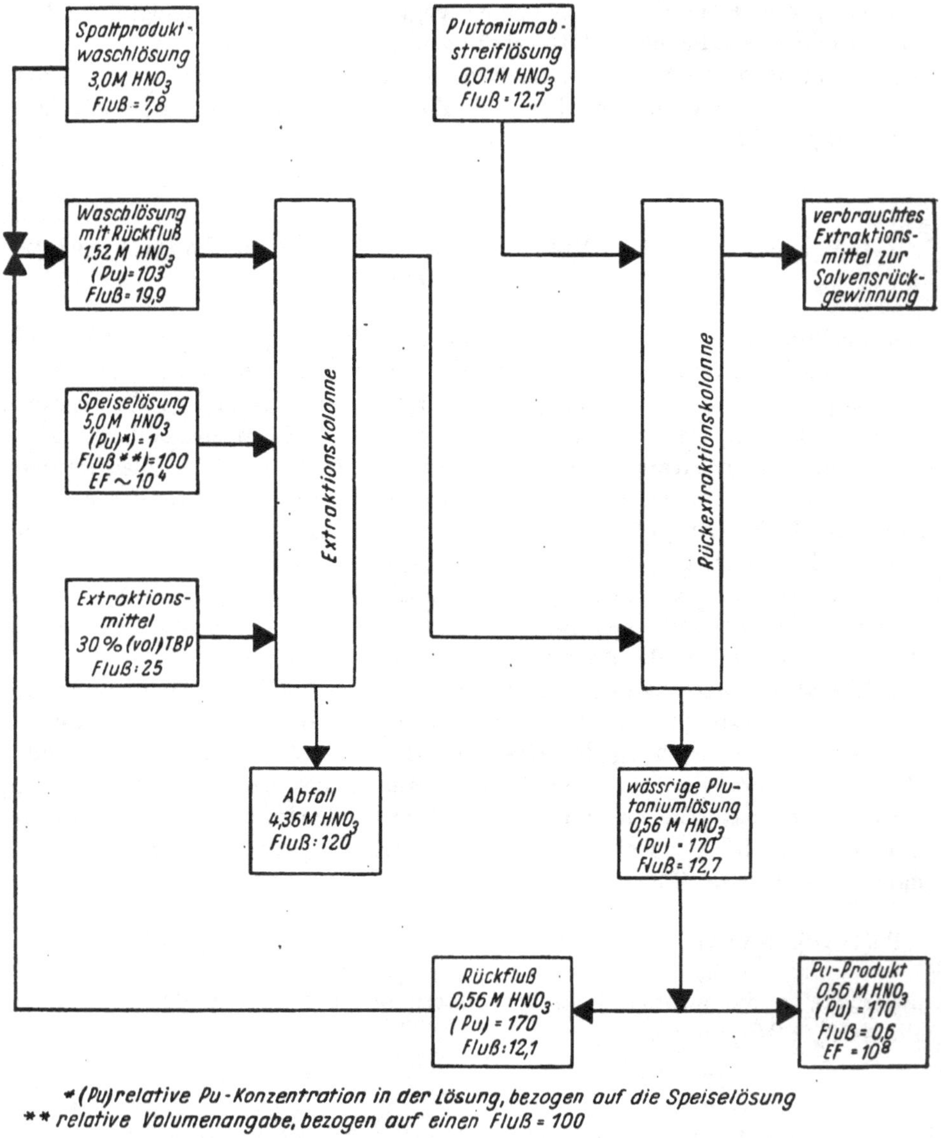

Abb. 94. Beispiel für einen Rückflußzyklus zur entseuchenden Konzentrierung von Plutonium.

der Entfernung aus den beiden Spaltstofflösungen gearbeitet werden kann. Auch läßt sich die SP-Entfernung mit der erforderlichen Klärstufe (Abtrennung ungelöster Partikel nach der Auflösung) kombinieren. Einen Nachteil bildet die Notwendigkeit, bei höheren Aktivitäten zu arbeiten. Es ist darüber hinaus vielfach versucht worden, durch Zusatz von Trägern, Reduktionsmitteln oder Komplexbildnern zur Speiselösung oder durch Behandlung der Lösung vor der Extraktion mit diesen Reagenzien eine bessere SP-Entseuchung zu erreichen. Das Kochen der Speiselösung mit Nitrit [I 2] oder Sulfit [B 31] führt unter Umständen zu einer besonderen Ru-Entseuchung. Der Zusatz geringer Mengen Th zur Ausgangslösung [B 25] ermöglicht eine bessere S. E.-Entseuchung, da das Th die Extraktion von S. E. erschwert. Dagegen hatte die Zugabe von Trägern oder Komplexbildnern bisher keinen Erfolg [B 25].

Entfernung von Spaltprodukten aus den Ausgangslösungen

Obgleich Zr und Nb nur in je einer Oxydationsstufe existieren, bereiten ihr hydrolytisches Verhalten, die Tendenz zur Radiokolloidbildung, ihre komplizierten Komplexbildungsgleichgewichte und deren langsame Einstellung im Prozeß Schwierigkeiten bei der Extraktion. Ru bildet verschiedene Komplexformen und Oxydationsstufen, was sein Verhalten besonders in radiochemischen Konzentrationen schwer voraussagen läßt. Die Reduktion zum Dioxyd kann zu Radiokolloiden führen, die sich ebenso wie die von Zr und Nb verhalten.

Ruthenium läßt sich aus saurer Lösung mit ozonhaltiger Luft als RuO_4 austreiben. Der Anteil der Rutheniumentfernung steigt mit der Temperatur der Lösung, Ozonkonzentration, Fließgeschwindigkeit und Ozondispersion in der Lösung. 1—2 Gewichtsprozente Ozon in der Luft liefern die günstigsten Bedingungen für die Ru-Entfernung. Da zuerst verschiedene andere Elemente oder Verunreinigungen oxydiert werden, tritt eine Induktionsperiode auf, bevor die Ru-Entfernung einsetzt. Diese Zeit kann durch Zugabe von MnO_4^- verkürzt werden. Das Gas wird durch Natronlauge geleitet, wo RuO_4 dann in Na_2RuO_4 verwandelt wird. Die Oxydation mit Permanganat (0,03—0,08 m, Siedehitze) hat gegenüber der mit Ozon verschiedene Vorteile: Sie ist billiger, die Induktionsperiode ist kürzer und das gebildete Mangandioxyd kann Radiokolloide mitreißen (Zr und Nb).

Der Nachteil der Permanganatoxydation ohne Ozon besteht in der Möglichkeit, daß sich das Tetroxyd in der Gasphase und im Inneren des Auflösekessels zum Dioxyd reduzieren kann und an den Gefäßwänden niederschlägt.

90—99% des Zr und Nb werden gemeinsam mit wechselnden Mengen anderer Spaltprodukte aus der heißen (100°C) Lösung durch Mangandioxyd bei einer Anfangskonzentration von 0,07 m MnO_4^- entfernt. Die physikalischen Eigenschaften des aus dem Permanganat entstandenen Mangandioxyds hängen stark von den Fällungsbedingungen ab. Bei einem Säuregehalt bis 0,1 m HNO_3 erhält man eine unhandliche Paste. Bei höheren Säurekonzentrationen ist die Eigenschaft des Dioxyds besser, aber die Rutheniumverdampfung schlechter. Zwischen 0,4 und —0,2 m HNO_3 (Säureunterschuß s. S. 27) kann der Einfluß der Säure auf die Zr-Nb-Reinigung vernachlässigt werden [H 2, F 19].

Bei längerem Stehen des Dioxyds in Abwesenheit von Permanganat in der Hitze werden Anteile des Zr und Ru desorbiert. Das desorbierte Ru ist aber im Solvens unlöslich und wird durch MIBK nicht extrahiert.

Mit anderen Adsorbentien, z. B. Filtertonen und Diatomeenerden lassen sich ebenfalls Zr und Nb entfernen. Man hat aber nicht wie bei Permanganat den Vorteil gleichzeitiger Ru-Entseuchung und Löslichkeit des Adsorbens in Säuren.

Entfernung von Spaltprodukten aus Endproduktlösungen

Beim Durchgang der Uranproduktlösung des TBP-Prozesses durch ein Silikagelbett werden annähernd zwei Drittel der noch vorhandenen Zr-Nb-Gammaaktivität an dem fein verteilten Material adsorbiert. Von Bruce [B 3] wird dieser Prozeß ausführlich beschrieben und die Abhängigkeit der Entseuchung von den einzelnen Variablen dargestellt.

Von Miles und Martin [M 11] werden für die Ru-Entfernung aus dem Uranstrom verschiedene Varianten der Sulfidmitfällung, die Kupfermitfällung und die Anwendung der Antimonsulfidkolonne beschrieben. Am besten bewährt sich die Behandlung mit H_2S in einer Graphitkolonne, deren ingenieurtechnischen Probleme allerdings noch große Schwierigkeiten bereiten.

5.15 *Verfahren zur Gewinnung von Neptunium aus bestrahltem Natururan*

Aus wenig ausgebrannten, schwach angereichertem natürlichen Uran entsteht das für wissenschaftliche Untersuchungen wichtige ^{237}Np nach der Reaktion:

$$^{238}U\ (n, 2n)\ ^{237}U \xrightarrow{(\beta\ 6{,}75\,d)} {}^{237}Np$$

Erst bei einem Ausbrand von mehr als 1400 MWd/t entsteht ein Teil des ^{237}Np nach einem zweiten Weg:

$$^{235}U\ (n, \gamma)\ ^{236}U\ (n, \gamma)\ ^{237}U \xrightarrow{(\beta\ 6{,}75\,d)} {}^{237}Np$$

Da merkliche Mengen Np in bestrahltem Natururan anwesend sind, versucht man im Purexprozeß neben U und Pu noch Np zu gewinnen [C 2]. Das Extraktionsverhalten des ^{237}Np studierten Siddal (Savannah River Lab.), Sheppard und Keder (Hanford Lab.) und Lewis, Flanary und Goode (ORNL).

Die Extraktion der drei Oxydationsstufen nimmt ab in der Reihenfolge Np-VI, Np-IV und Np-V, wobei Np-V in Nitrat-TBP-Systemen bereits merklich extrahierbar ist. Die VK_{Np} für den 4- und 6wertigen Zustand steigen mit wachsender Nitratkonzentration in der wäßrigen Phase und fallender U-Konzentration in der organischen Phase. Bei 70%iger Uransättigung der organischen Phase (30% TBP) mit 1,5 bis 0,2 m HNO_3 in der wäßrigen Phase liegt der VK zwischen 0,1 und 0,2 für Np-IV und zwischen 1 und 2 für Np-VI.

Die Mitextraktion als Np-VI bietet die beste Möglichkeit der Abtrennung von Np mit dem Pu- und U-Strom. Sie kann durch Zugabe von Oxydationsmitteln wie Bromat oder Nitrit zum Abstreifer in der Extraktionskolonne des Purexprozesses bewirkt werden.

Reduktionsmittel wie Fe-II reduzieren das Np-VI zum Np-IV, das mäßig extrahierbar ist. Bei hoher Nitrat-Konzentration in der wäßrigen Phase und einer niedrigeren Fließgeschwindigkeit der wäßrigen im Vergleich zur organischen Phase in der Trennkolonne geht das Np in den organischen Uranstrom und umgekehrt. Dieses ermöglicht die Abtrennung des Np (FLANARY F 20]. Man verfährt dabei zweckmäßigerweise so, daß man das Np den ersten Zyklus gemeinsam mit U durchlaufen läßt und im folgenden Uranreinigungszyklus in einer Trennkolonne abtrennt [LEWIS L 10].

5.2 Beschreibung einzelner Prozesse

5.21 *Redoxprozeß*

Der Redoxprozeß wurde zur Gewinnung und Reinigung von Uran und Plutonium aus bestrahltem natürlichen Uran entwickelt. Hexon (MIBK) wird zur Extraktion verwendet, Aluminiumnitrat als Aussalzmittel und $Fe(SO_3NH_2)_2$ bzw. $Na_2Cr_2O_7$ zur Reduktion bzw. Oxydation des Plutoniums.

Die Extraktion wird in einem Dreikolonnenzyklus und in je einem oder zwei Zweikolonnenzyklen für die Pu- und U-Reinigung ausgeführt. Die Lösung wird der ersten Extraktionskolonne in der Mitte zugeführt. Sie ist mit $Al(NO_3)_3$ auf eine hohe Aussalzstärke gebracht worden. Das Plutonium liegt mit $Na_2Cr_2O_7$ oxydiert, im sechswertigen Zustand vor. Uran und Plutonium werden in Hexon extrahiert und mit $Al(NO_3)_3$-Lösung im Abstreiferteil gewaschen. Zur Pu-Abtrennung verwendet man eine $Fe(SO_3NH_2)_2$ und $Al(NO_3)_3$ enthaltende Lösung. In der Rückextraktionskolonne wird mit sehr verdünnter HNO_3 das Uran in die wäßrige Phase abgeschieden.

Vor der Weiterverarbeitung im 2. Zyklus wird die Uranlösung bis auf 2m $UO_2(NO_3)_2$ eingedampft und die Pu-Lösung mit $Na_2Cr_2O_7$ oxydiert.

5.22 *Hexon-25-Prozeß*

Dieser Prozeß wird zur Aufarbeitung von angereichertem Uran aus Materialuntersuchungs- oder Schwimmbadreaktoren benutzt. Da bei dem Betrieb der Reaktoren nur wenig Pu erzeugt wird, verzichtet man auf eine Pu-Gewinnung und benötigt nur Zweikolonnenzyklen. Das Pu verbleibt im wäßrigen Abfallstrom. Aluminiumnitrat wirkt als Aussalzmittel [C 8].

5.23 *Hexon-23-Prozeß*

Dieser Prozeß dient der Gewinnung von U-233 aus bestrahltem Thoriummetall. Das Material muß längere Zeit nach der Bestrahlung gelagert werden, damit keine

Abtrennung von Pa-233 mehr nötig ist. Die wäßrigen Rückstände enthalten Th, S. P. und evtl. Pu. Da das Thorium dabei nicht zurückgewonnen wird, benötigt man nur Reinigungszyklen und keine Trennzyklen. Der Prozeß entspricht in dieser Hinsicht dem Hexon-25-Prozeß. Als Aussalzmittel wird Aluminiumnitrat mit Säureunterschuß verwendet [C 8].

5.24 *Butex-Prozeß*

Die chemischen Anlagen in Windscale (Großbritannien) arbeiten bestrahlte Brennelemente mit natürlichem oder schwach angereichertem Uran auf. Als Extraktionsmittel wird Dibutylcarbitol (DBC), als Aussalzmittel in der Extraktionskolonne HNO_3 und in der Trennkolonne sowie in den Kolonnen des zweiten Kreislaufs HNO_3 und NH_4NO_3 verwendet. Das erschöpfte Uran geht in Form von Uranylnitratlösung in das Werk für die Refabrikation von Brennelementen (Springfield-Works) zurück. Howells [H 1] gibt folgende Prozeßbedingungen an: Die Ausgangslösung für die Extraktionskolonne ist 3,2 m an HNO_3 und enthält 300 g U/l. Als Extraktionsmittel wird am Boden der Extraktionskolonne DBC (1,5 m HNO_3) zugegeben. Die an der Spitze der Extraktionskolonne ablaufende organische Lösung enthält 85 g U/l, und ist salpetersauer. Sie wird vor der Zugabe zur Trennkolonne mit wäßrigem NH_3 neutralisiert und mit $Fe(SO_3NH_2)_2$ reduziert. In der Mitte der Trennkolonne fließen dann gleichzeitig eine organische und eine wäßrige Lösung zu. Der weitere Verlauf der Extraktion für Uran entspricht dem Redoxprozeß. Das Pu-Produkt des 1. Kreislaufs wird vor der Zugabe zur Extraktionskolonne des 2. Kreislaufs angesäuert, mit Bichromat oxydiert und mit Ammoniumnitrat versetzt. In der Rückextraktionskolonne des 2. Kreislaufes wird mit Hydrazinnitrat und $NaNO_3$ in salpetersaurer Lösung reduziert. Als Extraktionsmittel im zweiten Zyklus dient 20% TBP in Kerosin.

5.25 *Purex-Prozeß*

Im Purex-Prozeß wird mit TBP in Kohlenwasserstoffen extrahiert und HNO_3 als Aussalz- und Abstreifmittel eingesetzt. Die Vorteile gegenüber dem Redoxprozeß sind:

Das TBP-KW-System hat einen geringeren Dampfdruck und höheren Entzündungspunkt als Hexon.
HNO_3 kann zurückgewonnen werden.
Durch Eindampfen kann das Abfallvolumen verringert werden.

Als erstes Beispiel eines Purex-Prozesses soll eine Variante beschrieben werden, bei der in schwachsaurem Milieu gearbeitet wird. Man beginnt mit einem Reinigungszyklus, bei dem die Bedingungen so gewählt sind, daß U und Pu in der Extraktionskolonne quantitativ in die organische Phase gehen. Die Hauptmenge der

aktiven und inaktiven Verunreinigungen (99% der S. P.) verläßt in diesem Zyklus die Extraktionskolonne am Boden.
Die wäßrige Lösung, die U und Pu enthält, wird ebenso wie die Produktlösung der folgenden Zyklen mit Wasserdampf behandelt, um gelöste oder mitgerissene Anteile der organischen Phase zu vertreiben, und anschließend konzentriert. Die Ausbeute dieses Zyklus beträgt 99,9% bei einem Reinigungsfaktor von $EF_{SP} = 10^3$ bis 10^4.
Im Trennzyklus (2. Zyklus) verläuft die Extraktion wie in dem im Abschnitt 5.12 angegebenen Schema, wobei $Fe(SO_3NH_2)_2$ als Reduktionsmittel verwendet wird. Man erzielt eine Plutoniumausbeute von 99,9%. Die U- und Pu-Lösungen werden den Reinigungszyklen zugeführt.
In der Extraktionskolonne des Plutoniumfeinreinigungszyklus wird Plutonium von Spalt- und Korrosionsprodukten (vorwiegend Zr, Nb und Fe) befreit. Die verdünnte Pu-Lösung oxydiert man mit $NaNO_2$ und stellt mit HNO_3 auf die gewünschte Aussalzstärke ein, wobei zur Kompensierung der Sulfatkomplexbildung die Aussalzstärke erhöht ist. Der organische Lösungsmittelstrom verläßt die Extraktionskolonne und wird mit verdünnter Salpetersäure in der Rückextraktionskolonne vom Plutonium getrennt.
Zur Aufarbeitung von bestrahlten, leicht angereicherten Brennstoffen aus Kraftwerksreaktoren können gering abgewandelte Purex-Prozesse angewendet werden. Flanary und Mitarbeiter [C2] in ORNL zeigten, daß Lösungen, die bis 215 g/l U und bis 50 g/l Komponenten von rostfreiem Stahl enthalten, durch TBP-Extraktion aufgearbeitet werden können. Die meisten Zr-haltigen Brennelemente mit leicht angereichertem Uran, enthalten das spaltbare Material als in Salpetersäure lösliches Uranmetall oder Urandioxyd, das mit Zr oder Zr-Legierungen umhüllt ist. Nach einem Entmantelungsverfahren, wie dem in den Hanford-Laboratorien entwickelten Zirflexprozeß kann man das spaltbare Material in HNO_3 auflösen und durch konventionelle Redox- oder Purex-Prozesse aufarbeiten.
Leicht angereicherte mit 10% oder weniger Zr legierte Brennstoffe werden in einem HF-HNO_3-Gemisch aufgelöst und nach Zugabe von $Al(NO_3)_3$ im Purex-Prozeß aufgearbeitet. Das Auflösen von U-Zr-Legierungen bei niedrigen, für den Redox-Prozeß geeigneten Aziditäten erfordert eine längere Auflösungszeit.

5.26 *TBP-25-Prozeß*

Der dem Hexon-25-Prozeß ähnliche TBP-25-Prozeß (ca. 5% TBP in KW und $Al(NO_3)_3$ als Aussalzmittel) stellt eine Modifikation des Purex-Prozesses dar und ist für U-Al-Legierungen mit hochangereichertem Uran (90% ^{235}U) geeignet. Da auf eine Pu-Gewinnung hier verzichtet wird, benötigte man nur Zweikolonnenzyklen. Ein Zusatz von Reduktionsmittel zum Abstreifer der Extraktionskolonne bewirkt, daß das Pu mit in den wäßrigen Abfall geht [Stevenson S 16]. Die Konzentration der Verdünnungs- oder Legierungsbestandteile sind im allgemeinen größer als die des Urans, außer bei den Kernen der Experimentalbrutreaktoren, die reines hochangereichertes Uran enthalten. In der Idaho Chemical Processing Plant wird der TBP-25-Prozeß ebenso wie der Hexon-25-Prozeß angewendet. Daneben kommen auch Verfahren in Frage, wo ein TBP- und anschließend zwei Hexon-Zyklen angewendet werden.

In der gleichen Anlage wurde ein Prozeß entwickelt, bei dem U-Zr-Legierungen (bis 2% Zr) in HF gelöst werden. Al-Nitrat wird zugegeben, um überschüssiges Fluorid zu binden und $Cr_2O_7^{--}$ um Uran U(VI) zu oxydieren.

Es wird ein Extraktionszyklus mit 10% TBP und zwei Hexonzyklen angewendet. Die Uranausbeute beträgt 99,5% bei einem EFγ von 10^6 [R 12, R 24]. Brennelemente, die rostfreien Stahl enthalten, werden in 4—6 m H_2SO_4 und anschließend in HNO_3 gelöst. Aus diesen sulfathaltigen Lösungen kann das Uran mit TBP nach Zusatz von Al-Nitrat und Salpetersäure extrahiert werden.

Das von FLANARY und GOODE [F 10] in ORNL entwickelte Fließschema ist zur Aufarbeitung der Brennelemente von Armee-Leistungsreaktoren gedacht, die aus 10 Gew.% UO_2, dispergiert in und umhüllt von rostfreiem Stahl, bestehen.

Bei der Aufarbeitung von Brennstoffen, die mit Mo legiert sind, kann Mo durch Zugabe von äquimolaren Mengen EDTA in Lösung gehalten werden. Aus diesen wird Uran nach dem TBP-25-Prozeß extrahiert [C 2].

Die Anlage der UKAEA in DOUNREY [B 25] zur Aufarbeitung von Brennstoffen der MTR-Brennelemente (80 Gew.% Al und mit 93%ig angereichertem Uran) beschreibt BUCK [B 25]. Die zur Extraktion kommende Brennstofflösung hat als Aussalzmittel 2,5 m Al-Nitrat bei einem Säureunterschuß von —1,2 m. Als Extraktionsmittel wird 5%iges TBP benutzt. Die chemische Anlage zur Bearbeitung von Brennelementen aus schnellen Reaktoren wird ebenfalls von BUCK beschrieben [B 25]. Zur Verarbeitung einer Uran-Chromlegierung (Atomverhältnis 1:2) mit 40%ig angereichertem ^{235}U extrahiert man mit 20%igem TBP.

5.27 *Neptexprozeß*

Der dem TBP-25-Prozeß ähnliche Neptexprozeß dient zur Gewinnung von ^{237}Np aus angereichertem Uran [F 20]. Im ersten Zyklus wird Np in vierwertiger Form quantitativ mit dem Uran extrahiert und rückextrahiert. Im zweiten Zyklus wird eine Trennkolonne eingeschoben, in der das Np aus der organsichen Phase in die wäßrige Phase gewaschen wird. Die extraktive Abtrennung des Np aus Fluorierungsasche in einem einzigen Dreikolonnenzyklus mit 15%igem TBP beschreibt FLANARY [F 29]. Die Gewinnung von ^{237}Np aus Prozeßrückständen ist ebenfalls möglich.

5.28 *Americiumextraktionsprozesse*

Zur Gewinnung von Americium kann man die Abfall-Lösungen der Plutonium-Metallurgie benutzen. Pu wird in einem herkömmlichen Extraktionszyklus mit 30%igem TBP extrahiert, wobei das Am in der wäßrigen Lösung verbleibt. Nach

Neutralisation mit NH_3 wird Am mit 100%igem TBP extrahiert, mit 0,09 m HNO_3 abgestreift und in einem Kationenaustauscherzyklus gereinigt [C 2].
Der TBP-Prozeß zur Am-Gewinnung aus der Spaltprodukt-Fraktion der Seltenen Erden verwendet 100%iges TBP als Extraktionsmittel in Zweikolonnenzyklen [C 10]. Im ersten Zyklus werden aus neutraler 1,5 m Al-Nitrat-haltiger Lösung die SE, Am und Pu extrahiert; die Rückextraktion der SE und des Am erfolgt mit 6 m HNO_3. Im zweiten Zyklus extrahiert man Am aus 17 m HNO_3 und streift es mit 6 m HNO_3 aus der organischen Phase wieder ab.

5.29 *Extraktionsverfahren zur Behandlung der bestrahlten Kernbrennstoffe des ersten Atomkraftwerkes der UdSSR*

Die Brennelemente des ersten Atomkraftwerkes der Sowjetunion bestehen aus einer Legierung, die Uran (5% ^{235}U-Anreicherung) und 9 Gew.% Molybdän enthält. Die Legierung ist in Magnesium (88 Gew.% U-Mo-Legierung und 12 Gew.% Mg) eingebettet. Als Hüllenmaterial findet rostfreier Stahl Verwendung [S 1]. Nach dem Zerschneiden der Brennelemente in kleinere Stücke werden die U-Mo-Legierung und das Mg mit Salpetersäure aus den Brennstabstücken herausgelöst. Die Auflösung der U-Mo-Legierung in HNO_3 führt zur Bildung von unlöslichen, Mo enthaltenden Niederschlägen. Um stabile Lösungen von U, Mo und Mg in HNO_3 zu erhalten, werden Fe(III)-Nitrat (6 g/l) oder Phosphorsäure (20—40 g/l) zugegeben, die beide mit Mo in HNO_3 lösliche Komplexe bilden. Die Lösung enthält schließlich 5 m HNO_3, 70—120 g/l U und die entsprechenden Mengen an Pu, Mo, Mg und Spaltprodukten.
Die U und Pu enthaltenden Nitratlösungen, die durch Zugabe von Fe(III)-Nitrat stabilisiert wurden, können mit TBP nach bekannten Verfahren extrahiert werden.

Tabelle 65: Pu(IV)-Verteilungskoeffizienten bei der Extraktion durch 20%iges TBP aus 40 g H_3PO_4/l enthaltenden Nitratlösungen

Aussalzmittel	VK_{Pu}
kein Aussalzmittel	0,3
1 m Mg-Nitrat	0,8
1,5 m Mg-Nitrat	1,2
0,66 m Al-Nitrat	1,0
1 m Al-Nitrat	2,2
0,66 m Fe(III)-Nitrat	4,9
1 m Fe(III)-Nitrat	10,0

Die geringen Mengen Fe(III)-Nitrat beeinflussen in 5 m HNO_3 die Extraktion von U, Pu und den SP praktisch nicht. Mo wird durch eine 20 Vol.%ige Lösung von TBP in Kerosin nur in geringem Maße extrahiert (0,02 g/l). In der ersten Extraktionsstufe ist das Verhältnis der Ausgangsvolumina von organischer zu wäßriger Lösung wegen des geringeren U-Gehalts in der ursprünglichen Lösung klein.
Aus den mit Phosphorsäure stabilisierten Lösungen wird durch 20%iges TBP zunächst nur U extrahiert, da H_3PO_4 selektiv die Pu-Extraktion verringert. In Lösungen mit 40 g H_3PO_4/l wird VK_U um den Faktor 1,5, VK_{Pu} und VK_{SP} jedoch um mehr als eine Größenordnung erniedrigt.

Die Hauptaktivität in der organischen Phase bei der Extraktion mit TBP ohne Phosphorsäurezusatz liefert das Zr. Bei Anwendung von Phosphorsäure stammt die Hauptaktivität vom Ce. Die nach der Extraktion des Urans erhaltene wäßrige Lösung wird einer wiederholten Extraktion mit 20%igem TBP in Gegenwart von Fe(III)-Nitrat unterworfen, um Pu und zurückbleibendes U zu extrahieren. Das Volumenverhältnis der Phasen beträgt 1. Die Wirkung verschiedener Aussalzmittel ist aus der Tabelle 65 zu ersehen.

Die Zugabe von Aussalzmitteln erhöht das Volumen des radioaktiven flüssigen Abfalls nicht. Wenn die Auflösung der Brennelemente ohne Phosphorsäurezugabe ausgeführt wird, erhält man eine Abfallösung, deren Volumen beim Eindampfen bis zu Niederschlagsbildung nicht weiter verringert werden kann als solche Abfalllösungen, die Phosphorsäure und Aussalzmittel enthalten.

Nach Abkühlungszeiten von 6 Monaten bis zu 2 Jahren werden im 1. Extraktionszyklus 99% des Urans zurückgewonnen. Die Entseuchungsfaktoren betragen: $EF_\beta = 1000$ und $EF_\gamma = 5000$. Man erhält weiterhin eine 98%ige Pu-Abtrennung und für Pu $EF_\beta = 300$ und $EF_\gamma = 50$. Die nach der ersten Extraktionsstufe erhaltenen Produkte werden in weiteren Kreisläufen gereinigt.

5.210 *Interim-23-Prozeß*

Dieser Prozeß dient der Gewinnung von ^{233}U aus bestrahltem Thorium, wobei auf eine Thorium-Rückgewinnung verzichtet wird. Er ist dem Hexon-23-Prozeß ähnlich und besteht aus 2 Zweikolonnenzyklen mit TBP als Extraktionsmittel. Nach der Rückextraktion im 2. Zyklus läuft die Uranlösung durch eine Silicagel-Kolonne zur Entfernung von Spaltprodukten, weiterhin durch eine Harzkolonne zur Beseitigung ionischer Verunreinigungen (Korrosionsprodukte und Th) und zuletzt durch eine größere Harzkolonne zur Absorption des ^{233}U. Dieses wird schließlich mit Acetat eluiert, als Peroxyd gefällt und wieder in HNO_3 gelöst [C8].

5.211 *Thorex-Prozeß*

Der Thorex-Prozeß wurde zur Abtrennung und Entseuchung von Th, ^{233}U und ^{233}Pa aus bestrahltem Th entwickelt. TBP wird als Extraktionsmittel, HNO_3/HF zur Auflösung und Al-Nitrat oder HNO_3 als Aussalzmittel benutzt.

In der Extraktionskolonne extrahiert man Th und U mit TBP, Pa und die meisten Spaltprodukte bleiben in der wäßrigen Lösung. PO_4^{---} und Fe^{++} wurden vorher zugesetzt, um die Extraktion von Pa und sauerstoffhaltigen Chromverbindungen zu verringern. Aus dem eingedampften wäßrigen Abfallstrom der Extraktionskolonne kann noch Pa gewonnen werden. Der ^{232}Th, ^{234}Th und ^{233}U enthaltende organische Strom geht in die Trennkolonne. Th wird mit HNO_3 in die wäßrige Lösung abgestreift, aus der wiederum mit TBP-Lösung das mitabgestreifte U in die organische Phase gebracht wird. Der wäßrige Abstreifer besteht aus einer Salpetersäurelösung, die etwas unterhalb des Kolonnenkopfes zugegeben wird, und dem Wasserstrom, der an der Spitze der Kolonne einfließt. Letzterer bewirkt zwar einen ^{233}U-Rückfluß, gestattet aber in der folgenden Kolonne eine bessere U-Rückextraktion mit stark verdünnter HNO_3. Über Silicagel- und Ionenaustauschersäulen wird das U nochmals gereinigt [G 8].

In der Thorex-Versuchsanlage des ORNL [B 31, B 34] wird entweder ^{233}U aus Brennelementen mit geringem Ausbrand (1500 gU/t) und längerer Abklingzeit (ca. 200 Tage) nach dem eben beschriebenen Verfahren gewonnen oder aus kurz gekühlten Brennelementen mit höherem Ausbrand (4000 gU/t) zuerst das Th und das U abgetrennt und später noch isotopenreines ^{233}U aus dem Pa des Abfalls isoliert.

5.212 *Aminextraktionsprozesse*

Die Anwendung der Amine für die Abtrennung von Uran und Plutonium sind erst seit kurzer Zeit bekannt. Es ist daher verständlich, daß noch keine Angaben über technische Prozesse veröffentlicht worden sind. Die günstigen Extraktionseigenschaften der Amine (gute Trennwirkung, große chemische und Strahlungsresistenz) lassen allerdings eine verbreitete Anwendung in der Kernbrennstoffaufarbeitung erwarten.

In HANFORD ist ein Verfahren im Labormaßstab entwickelt und erprobt worden, bei dem Pu aus *salpetersauren* Lösungen von bestrahltem Uran mit Trilaurylamin extrahiert wird. Die Rückextraktion erfolgt mit Fe^{++}-Sulfaminat als Reduktionsmittel. Extraktionsverlauf und Zusammensetzungen der Lösungen sind in der Tab. 66 zusammengestellt:

Tabelle 66: Pu-Extraktion mit Amin aus salpetersaurer Lösung von bestrahltem Uran

I. Ausgangslösung	4 m HNO_3, 0,95 m U, 0,03 m $NaNO_2$, $4 \cdot 10^{-4}$ m Pu, Spaltprodukte (SP)
II. Extraktant (1 Extraktionsstufe)	0,15 m Lösung von Trilaurylamin in Amsco (mit 2 Vol. % n-Octanol)
III. SP-Absteifer (2 Extr.-stufen)	4 m HNO_3
IV. Pu-Abstreifer (1 Extr.-stufe)	1 m Sulfaminsäure, 0,05 m Fe^{++}-Sulfaminat
V. Volumenflußraten	I:II:III:IV = 1:3:3:3

Die günstigen Entseuchungsfaktoren für Spaltprodukte (Ce: $2 \cdot 10^7$, Ru: $3 \cdot 10^5$, Zr/Nb: $2 \cdot 10^4$) machen nur einen Reinigungszyklus zu ihrer Abtrennung notwendig [W 1].

Für den Prozeß zur Trennung *salzsaurer* Lösungen von bestrahltem Uran bzw. Thorium wurde Tri-n-octylamin erprobt: Aus 5 m HCl werden nur Pu-VI und U-VI extrahiert und mit 0,1 m HCl aus der organischen Phase rückextrahiert. Im

Falle der Abtrennung des Pu ist es daher notwendig, $Cr_2O_7^{--}$ als Oxydationsmittel der Ausgangslösung zuzusetzen [M 18].
Zur diskontinuierlichen Aufarbeitung von Pu aus pyrometallurgischen und anderen Rückständen wurde der folgende Prozeß im 300 g-Maßstab entwickelt: Nach Stabilisierung mit NO_2^- wird das Pu-IV (60 g/l) aus 8 m HNO_3 mit einer 35%igen Lösung eines sekundären Amins in Kohlenwasserstoffen in 6 Einzelstufen extrahiert und in 3 solchen Stufen durch 0,1 m H_2NOH rückextrahiert. — Die erzielten Reinigungsfaktoren für Pu von Seltenen Erden, Ru, Zr liegen wesentlich höher als bei der Anwendung von TBP. Für Pu-ärmere Lösungen sind die VK_{Pu} und seine Entseuchungsfaktoren von den Spaltprodukten wesentlich günstiger als in Pu-reichen Lösungen [W 6].

5.213 *Chelatprozeß*

Es ist möglich, Pu, U und Spaltprodukte durch Chelatbildung mit Thenoyl-2-trifluoraceton zu trennen. In diesem Prozeß wird das Pu zusammen mit dem Zr mit *TTA in Benzol* vom U und den Spaltprodukten in der 1. Extraktionskolonne abgetrennt und in deren oberen Teil von mitgerissenen Spaltprodukten befreit. Das Pu wird aus dem Solvens mit verdünnter Salpetersäure in Gegenwart von Fe^{++} als Reduktionsmittel als Pu^{3+} selektiv in der Pu-Rückextraktionskolonne in die wäßrige Phase überführt. Nachdem das Zirkon mit einem Gemisch von Salpeter- und Oxalsäure in einer dritten Kolonne entfernt wurde, kann das Solvens dem Extraktionszyklus wieder zugeführt werden. Das Uran wird aus dem Uranspaltproduktgemisch mit *TTA in Hexon* in der vierten Kolonne extrahiert, in deren Oberteil Uranylnitratlösung von den Spaltprodukten abgestreift und dann in der letzten Kolonne mit Salpetersäure rückextrahiert wird. Es ist ein Vorteil des Prozesses, daß nur ein Kreislauf für die Uran- und die Plutonium-Entseuchung nötig ist und daß der radioaktive Abfall nur Salpeter- und Oxalsäure enthält und damit die Abfallaufarbeitung vereinfacht. Die schwerwiegenden Nachteile sind aber, daß die Chelatbildung sehr langsam erfolgt und der teure Komplexbildner gegen Strahlung und chemische Einwirkungen nicht sehr stabil ist.

5.3 Extraktionsprozesse zur Gewinnung von Uran und anderer seltener Metalle aus Erzlaugen

5.31 *Allgemeines*

Solventextraktionsverfahren werden zur Gewinnung seltener Materialien aus Erzen, und bei der Reinigung der Elemente eingesetzt.
Zur Feinreinigung von Uran, Thorium und Zirkon findet weitgehend die TBP-Extraktion in einfachen Zweikolonnenzyklen (s. allg. Schema der Extraktionszyklen) Anwendung. Der Unterschied besteht lediglich darin, daß die Verunreini-

gungen inaktiv oder schwach radioaktiv sind, während sie bei der Reinigung des aus bestrahlten Kernbrennstoffen isolierten Urans immer noch stark aktiv sind. Einige Prozesse zur *Gewinnung* von Uran aus Erzlaugen sollen in diesem Abschnitt eingehender beschrieben werden, da Extraktionsmittel zur Anwendung kommen, deren Ionenaustauschcharakter für den Chemiker von besonderem Interesse ist. In der folgenden Tabelle 67 sind einige zur Extraktion von Uran aus Erzlaugen verwendete Extraktionsmittel zusammengestellt.

Tabelle 67: Beispiele für Extraktionsmittel zur Urangewinnung aus Erzlaugen

Extraktionsmittel	Prozeß	Literatur
Diäthyläther		C8
Dioctylpyrophosphorsäure (OPPA)-KW		C8
Di(-2-alkylhexyl)phosphorsäure (D2EHPA)-KW	Dapex	B2
Monododecylphosphorsäure (DDPA)-KW		B2
Tri-n-octylamin (TnOA)-KW u. a. Amine	Amex	B2

Die ersten Studien über phosphororganische Verbindungen als Prozeßextraktionsmittel wurden durch die Dow Chemical Company in Pittsburgh unternommen. Sie führten zu einem Prozeß zur Gewinnung von Uran aus technischen Phosphorsäuren unter Verwendung des durch Reaktion von Phosphorpentoxyd mit langkettigen Alkoholen erhältlichen Gemisches als Extraktionsmittel [Long u. a. L 6]. Nach diesem Verfahren arbeiten jetzt große Anlagen [Greek u. a. G 9]. In ORNL wurde größere Aufmerksamkeit der Anwendung von Dialkylphosphorsäure, besonders der D2EHPA gewidmet, was schließlich zur Entwicklung des Dapex-Prozesses führte [Brown u. a. B 2].

5.32 *Dapexprozeß*

Da im Gegensatz zu den Aminen die Extraktion von sauren Phosphorsäureestern nicht von der Bildung eines geeigneten Anions abhängt, sind die Dialkylphosphorsäuren wirksame Extraktionsmittel aus verdünnten sauren Nitrat-, Chlorid-, oder Sulfatlösungen. Zur Urangewinnung wird die Ausgangslösung elektrolytisch (ca. 300 mV) reduziert und in 3–6 Gegenstromstufen wird mit 0,1 m D2EHPA Uran extrahiert. Die Uranbeladung beträgt gewöhnlich 4,5–7 g U_3O_8/l. Mit konzentrierten Säuren kann Uran aus dem Solvens in 2 bis 3 Stufen abgestreift werden. Bei Verwendung einer flüchtigen Säure (z. B. HCl) kann das Abstreifmittel durch Destillation zurückgewonnen werden. Die meisten Abstreifmethoden verwenden Natrium- oder Ammoniumcarbonatlösungen in 10–20%igem Überschuß, wobei das Uran in die wäßrige Phase als löslicher Tricarbonatokomplex (Uranbeladung 50–65 g U_3O_8/l) überführt und die Dialkylphosphorsäure in ihr Natrium- oder Ammoniumsalz umgewandelt wird. Die Salze sind, obwohl in Wasser löslich, unlöslich in der salzhaltigen Abstreiferlösung. Die Alkalisalze, die zur Bildung

einer 3. Phase neigen, können durch Zusatz von Alkoholen oder neutrale Organophosphorverbindungen in Lösung gehalten werden. Der zur Vermeidung der Bildung einer 3. Phase erforderliche Zusatz ist von der Temperatur und der Dialkylphosphorsäurekonzentration abhängig.
Alkohole verursachen dabei eine Erniedrigung der Uranextraktion, neutrale Organophosphorverbindungen, z. B. das am meisten angewandte TBP, eine synergistische Erhöhung.
Aus Sulfatlösung unmerklich extrahiert werden Ca, Mg, Zn, Cr(III), Fe(III), Cu, Ni, Mn(II), geringe Extraktion zeigen V(IV), Mo(VI), S. E., stärkere Extraktion zeigen Fe(III), Ti, Th und andere 4-wertige Elemente. Die Uranselektivität ist etwas schlechter als bei den Aminen.
Bei den Dialkylphosphorsäuren tritt ein Auslaugeverlust ein, der um so größer ist, je geringer ihr Molekulargewicht ist. Die Phasentrennung und der Uranübergang ist sowohl bei der Extraktion als auch beim Abstreifen schnell und vollständig. Der Prozeß arbeitet seit 1956 in zwei Fabriken, und ist in insgesamt 4 Anlagen installiert, von denen zwei eine Vanadiumgewinnung einschließen.

5.33 *Monoalkylphosphorsäureprozeß*

Der Prozeß zur Behandlung schwefelsaurer Erzlaugen durch Extraktion mit Monododecylphosphorsäure wurde von der Dow Chemical Company entwickelt [Grinstead, G 10]. Als Extraktionsmittel wird Mono-2,6,8,-Trimethyl-4-nonylphosphorsäure in 0,1 m Lösungen verwendet [B 5]. Die Extraktion wird in 4—5 Gegenstromstufen vorgenommen. Die Uranbeladung beträgt gewöhnlich 7—8 g U_3O_8/l. Uran wird mit 10 m HCl und die Verunreinigungen mit verdünnter Flußsäure abgestreift.

5.34 *Amex-Prozeß*

Der Amex-Prozeß zur Urangewinnung aus Lösungen von mit H_2SO_4 aufgeschlossenen Erzen ist im Oak Ridge National Laboratory entwickelt und in einer Zahl von Laboratorien und Versuchsanlagen erprobt worden [B2, P4, G7, B21, P5]:
Die klaren Sulfatlösungen werden mit 0,1 m Lösungen von Amin in Kerosin (mit langkettigen Alkoholen) extrahiert und die Volumenflußraten so eingestellt, daß eine Beladung von 4—5,5 g U_3O_8/l (90% des maximalen Wertes) erreicht wird [C11]. Aus dem Solvens wird in den Rückextraktionskolonnen das Uran nach einer der auf S. 69 beschriebenen Möglichkeiten (0,75 m Na_2CO_3; 1 m NaCl + 0,05 m H_2SO_4; 0,9 m NH_4NO_3 + 0,1 m HNO_3; MgO-Schlamm 20 g/l) in bekannten technischen Apparaturen rückextrahiert (1—4 Stufen). Das Solvens geht dann entweder in der Salzform oder als freie Base in den Kreislauf zurück.
Die Solvensregenerierung kann man bei Chloridabstreifung teilweise umgehen. Wenn Molybdän in der Ausgangslösung enthalten ist, ist die Regenerierung unbedingt nötig, weil Uran selektiv durch die Chloride und Molybdän durch die Base abgestreift werden kann. Dabei wird vermieden, daß Lösungsmittel verlorengeht

und gleichzeitig kann Molybdän gewonnen werden. Allerdings muß man bei der Auswahl des anzuwendenden Amins sehr vorsichtig sein, weil viele Amine die Tendenz haben, als Polymolybdate auszufallen [C10, B15, B20].
Der Gehalt an Verunreinigungen des so gewonnenen Urans ist kleiner als 1%; er kann durch Abstreifen der beladenen organischen Phase noch weiter vermindert werden.
Die bisher bekannten technischen Aufarbeitungsanlagen, die nach dem Amex-Verfahren arbeiten, sind in der Tabelle 68 zusammengefaßt:

Tabelle 68: Urangewinnungsanlagen nach dem Amex-Verfahren

Betrieb	t Erz/Tag	Verteiler/Abstreifer
Eldorado Mining and Refining Ltd. (Port Radium)	300	Mixer-Settler Na_2CO_3
Texas Zinc Company (Mexican Hat, Utah)	750	Pobdelniak Zentrifug.-Kontaktor NH_4NO_3
Kermac mill (Ambrosia Lake, New Mexico)	3300	Mixer-Settler NaCl
Lakeview Mining Company mill (Lakeview, Oregon)	200	Mixer-Settler NaCl

Die Aminextraktion kann man, wie auf S. 82 angedeutet wurde, auch zur *Trennung von Thorium-Uran* und für die getrennte Aufarbeitung von diesen beiden Elementen anwenden [C10]. Hier nutzt man die verschiedenen Extraktionswirkung der Aminklassen für diese beiden Elemente aus. Zunächst wird das Uran mit tertiärem oder verzweigtem sekundären Amin extrahiert und anschließend Thorium mit einem primären oder unverzweigten sekundären Amin abgetrennt. Für die Uranextraktion ist Tri-n-octylamin und für die des Thoriums das Di-(tridecyl-)amin als vorteilhaft gefunden worden. Ein solcher Zweizyklenprozeß ist im Department of Mines and Technical Surveys in Ottawa [S14] für schwefelsaure Lösungen (1 g U und 0,2 g Th/l) entwickelt worden.
Die andere mögliche Variante, das Thorium zuerst zu extrahieren, ist nur in vorläufigen Untersuchungen bearbeitet worden; sie erlaubt aber die Trennung Thorium-Uran-Seltene Erden aus schwefelsauren Aufschlüssen von Monazithsand [C12, B17]. Die Trenneffekte und die Reinheit der Produkte sind wesentlich höher als bei den Fällungsmethoden.
Der Amex-Prozeß ist in einer Laboranlage auch für die *Vanadingewinnung* ausgearbeitet worden [B24]: Da nur Vanadin-V, und das nur bei relativ hohen pH-Werten extrahiert wird, muß der Extraktion noch eine Oxydation mit $NaClO_3$ und eine pH-Einstellung mit NH_3 auf 1,8—2 vorgeschaltet werden. Dabei muß ein längeres Stehen nach der Einstellung des pH-Wertes vermieden werden, weil sonst Niederschläge auftreten, die Emulsionsbildung verursachen. Die Rückextraktion des Vanadin aus der organischen Phase erfolgt mit Na_2CO_3- oder NH_4OH-Lösungen.

6 ÖKONOMISCHE BETRACHTUNGEN ZUR AUFARBEITUNG VON KERNBRENNSTOFFEN

Als einer der Gründe für das zögernde Herangehen der Industrie an den Bau von Aufarbeitungsanlagen für Kernkraftwerke wird in Kanada die Frage angesehen, ob eine Solventextraktionsanlage durch Neuentwicklung ökonomischer Hochtemperaturprozesse bereits veraltet sein kann, bevor sich die Kapitalinvestitionen amortisiert haben [H 51]. Daneben ist natürlich die Unklarheit über Art und Menge der in den nächsten zehn bis fünfzehn Jahren anfallenden ausgebrannten Kernbrennstoffe die Hauptursache für das fehlende Interesse am Bau größerer Rückgewinnungsanlagen für friedliche Zwecke.

Wenn auch vielfach Hochtemperaturprozesse als mögliche Trennprozesse der Zukunft bezeichnet werden, so darf doch nicht übersehen werden, daß die damit erzielten niedrigen Reinigungsfaktoren dazu zwingen, die Refabrikation der Brennelemente aus Strahlenschutzgründen unter Fernbedienung vorzunehmen. Das ist nur bei einfachen Arten von Brennelementen möglich, ohne undiskutable Kosten zu verursachen.

Für Solventextraktionsprozesse mit hochaktiven Substanzen liegt außerdem eine große technologische Erfahrung vor, die auf anderen Gebieten noch fehlt.

Die angeführten Argumente sprechen dafür, daß auch in Zukunft den Solventextraktionsprozessen im Rahmen der Aufarbeitung bestrahlter Kernbrennstoffe ein fester Platz einzuräumen ist.

Im folgenden soll auf einige wirtschaftliche Gesichtspunkte bei der Kernbrennstoffrückgewinnung durch Solventextraktion eingegangen werden.

Es ist nicht möglich, allgemeingültige ökonomische Betrachtungen zur Kernenergiegewinnung anzustellen, schon allein deshalb, weil jede wirtschaftliche Überlegung nur für das betreffende Land in einer bestimmten Situation ihre Gültigkeit haben kann.

In Großbritannien war man stark an einer Deckung des Energiebedarfs durch Kernkraftanlagen interessiert, da bereits im Jahre 1958 Brennstoffe mit einem jährlichen Nettowert von über 250 Millionen Pfund eingeführt werden mußten, um den Gesamtbedarf von 45 Millionen Tonnen Kohle oder gleichwertiger Brennstoffe zu decken. Auf Grund der in England vorhandenen Lage wurden Berechnungen über die Tendenz des Kohle- und des Kernenergiestrompreises angestellt, die Sir Christopher Hinton in einem Vortrag 1957 darlegte.

Er führte aus, daß die Abschätzungen für 1970, 1980 und 1990 nicht als exakte Berechnungen betrachtet werden dürfen, sondern lediglich einen sorgfältigen Versuch darstellen, die Entwicklungslinie zu erfassen.

In der Abb. 95 wird den steigenden Stromkosten aus konventionellen Anlagen der sinkende Strompreis aus Kernkraftwerken gegenübergestellt. Obwohl im Bau von Kohlekraftwerken sehr große Fortschritte erzielt wurden, die eine Senkung des Kohlebedarfs pro kWh von ca. 2,25 kg im Jahre 1908 auf ca. 0,5 kg im Jahre 1953 mit sich brachten, werden die erreichten Einsparungen allmählich durch die steigenden Kohlepreise überholt, so daß man ab 1960 mit einer steigenden Tendenz des Kohlestrompreises rechnet. Das trifft selbstverständlich nur für Länder zu, die über keine ausreichenden fossilen Brennstoffquellen verfügen. Die Anlagekosten für Kernkraftwerke sind zur Zeit noch sehr hoch, und deshalb beträgt der Anteil der Kapitalkosten an den Stromkosten aus Kernkraftwerken 65—70%

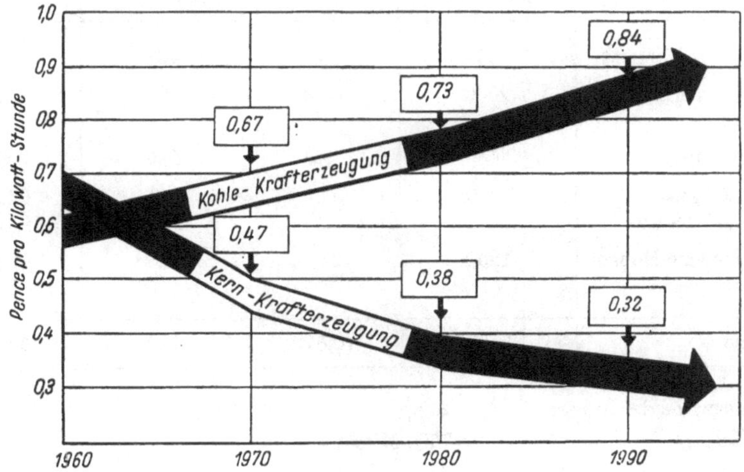

Abb. 95. Tendenz des Kohle- und Kernenergiestrompreises für England.

gegenüber 20—25% aus Kohlekraftwerken. Man rechnet aber damit, daß Verbesserungen und Veränderungen im Reaktorbau und im Brennstoffzyklus in steigendem Maße zu ökonomischeren Anlagen führen werden, so daß ab 1965 die Stromkosten aus herkömmlichen Kraftwerken und Kernenergieanlagen sich in England angleichen und ab 1970 der aus Kernkraftwerken gelieferte Strom möglicherweise sogar der billigere sein wird.

Eine Gruppe amerikanischer Autoren hat sich speziell mit dem Kostenanteil beschäftigt, der auf den Kernbrennstoffzyklus entfällt [A12]. Sie legten ihren Berechnungen einen hypothetischen Leistungsreaktor zugrunde. Er soll vom Druckwasser-Typ sein und bei 500 MW thermischer Leistung arbeiten. Der Reaktorkern ist zu Beginn mit 25000 kg 3% angereichertem UO_2 geladen, welches in Hüllen aus rostfreiem Stahl angeordnet ist. Es wird angenommen, daß nach Umwandlung von 220 kg U^{235} des Reaktorkernes aufgearbeitet werden muß, d. h. nach Abreicherung auf 2%. Es wird mit einer 80%igen Anlageausnutzung gerechnet. Für jeden Teil des Brennelementzyklus wird eine obere und untere Kostenangabe gemacht unter der Voraussetzung, daß die Anlage 1962 in Betrieb geht. Dabei sind keine technischen Verbesserungen einkalkuliert, die erst in Zukunft zu erwarten sind.

Tabelle 69: Brennelementkosten eines hypothetischen Druckwasserreaktors

	Obere Grenze		Untere Grenze	
	Gesamtkosten pro Reaktorkern $ 10^3	Wärmekosten ¢/10^6 kcal	Gesamtkosten pro Reaktorkern $ 10^3	Wärmekosten ¢/10^6 kcal
1. Spaltbares Material	2550	4,18	967	1,59
2. Brennelementherstellung	2000	3,28	300	0,50
3. Aufarbeitung	460	0,76	285	0,48
4. Versand ausgebrannter Stäbe	220	0,35	160	0,25
5. Verschiedene Nebenprozesse	1250	2,04	408	0,68
Summe	6480	10,61	2120	3,50

6. Wirkungsgrad der Anlage 25%
7. Ausbrand 7500 Mwd/t

In den Preiskalkulationen für den Kernbrennstoff sind die unsichersten Faktoren der Rückkaufpreis und die Verarbeitungskosten für das Plutonium.

Die unter 3. genannten Aufarbeitungskosten sind unter Zugrundelegung einer „Mehrzweckanlage“ errechnet worden, wie sie von der AEC im März 1957 propagiert worden war. Die Anlage läuft mit einem Purex-System bei einem täglichen Durchsatz von 1 Tonne natürlichem oder leicht angereichertem Uran. Das Auflöseverfahren geschieht nach dem Darexprozeß. Es wird eine Investsumme von ca. 28000000 $ angenommen und mit jährlichen Betriebskosten von ca. 5300000 $ gerechnet. Die Kosten würden sinken, wenn man eine größere Anlage mit einem höheren Tagesdurchsatz baut.

Die eigentlichen Aufarbeitungskosten betragen nach Tabelle 69 nur 7,1% der gesamten Brennstoffkosten. Den Hauptanteil nehmen die Kosten für das spaltbare Material, die Brennelementherstellungskosten und die Kosten verschiedener Nebenprozesse ein. Zu letzterem gehören u. a. die Umwandlung des von den Trennanlagen gelieferten UF_6 zum UO_2, die Rückverwandlung des aufgearbeiteten Uranylnitrats zu UF_6, welches erneut in die Trennanlage geschickt wird, und die Reduktion des Plutoniums zum Metall.

Wenn man die in Tabelle 69 angegebene Kostensumme in 1/1000 Dollar (mills) pro Kilowattstunde umrechnet, so erhält man für die obere Grenze 2,0 mills/kWh. Mit steigender Ausbrandrate sinken die Kosten pro kWh (Tabelle. 70).

Tabelle 70: Kernbrennstoffkostenanteil als Funktion des Ausbrandes

Ausbrand-höhe (Mwd/t)	Obere Grenze (mills/kWh)	Untere Grenze (mills/kWh)
5000	7,9	2,6
7500	6,2	2,0
10000	5,2	1,8
15000	4,3	1,5
20000	3,8	1,3
25000	3,5	1,2

Die Schwankungsbreite zwischen oberer und unterer Grenze der Preisberechnungen in Tabelle 70 erstreckt sich über einen Faktor von 3. In den USA liegt der durchschnittliche Brennstoffkostenanteil in Kohlekraftwerken bei 2,7 mills/kWh. Der Durchschnittswert aus oberer und unterer Grenze in Tabelle 70 würde erst bei einem Ausbrand von 15000 Mwd/t mit dem Kohlekostenanteil am Strompreis vergleichbar werden.

In Kanada hat man sich sehr eingehend mit wirtschaftlichen Prognosen über Strompreise aus Kernkraftwerken beschäftigt und dabei besonders die Ökonomie der Aufarbeitung bestrahlter Kernbrennstoffe untersucht. Von der Atomenergiebehörde des Landes wurde eine Gruppe von Chemikern und Ingenieuren beauftragt, vergleichende Studien über einen einmaligen Durchsatz von Brennstoff in Reaktoren im Vergleich zur mehrmaligen Wiederverwendung des rückgewonnenen Brennstoffs auszuführen [R 30].

Sie legen den gegenwärtigen Stand der Aufarbeitungskosten zugrunde und rechnen mit einem Uranpreis von 18 $/lb. Uran. Es wird ein Ausbrand von 4000 Mwd/t angenommen. Unter Einbeziehung der Metallherstellung und Brennelementfabrikation entsteht ein Kostenaufwand von 12 $/lb. Uran für einen einmaligen Durchsatz im Reaktor ohne nachfolgende Aufarbeitung. Der Brennstoffkostenanteil am Strompreis beträgt nach dieser kanadischen Berechnung 2,5 mills/kWh. Dagegen sinkt dieser Anteil auf 1,7 mills/kWh, wenn man eine Aufarbeitung unter den folgenden Bedingungen anschließt.

Das Uran wird dreimal zurückgewonnen, ehe es zum Abfall kommt, so daß insgesamt vier Bestrahlungen mit je 4000 Mwd/t durchgeführt werden können. Das nach der ersten Bestrahlung erzeugte und wiedereingesetzte Plutonium wird also noch zweimal zurückgewonnen, ehe es zum Abfall kommt. In den drei Bestrahlungen wird je ein annähernder Pu-Ausbrand von 50% und ein Gesamtausbrand des Urans von 3% erzielt. Als eine weitere Bedingung für einen Brennstoffkostenanteil von 1,7 mills/kWh wird angenommen, daß insgesamt 1000000 kW elektrische

Energie bei einem Wirkungsgrad von 25% erzeugt werden. Das soll von zehn 400 MW-Leistungsreaktoren realisiert werden, die je 100000 kW elektrische Energie liefern und ihre Brennstoffe in eine Aufarbeitungs- und Brennelementherstellungsanlage abführen, die Bearbeitungskapazitäten von ca. 545 kg (1200 lbs) Uran und 4 kg Plutonium pro Tag besitzen.

Falls man das den obigen Berechnungen zugrunde liegende Zirkalloy-Hüllenmaterial durch Aluminium ersetzen kann, das bis 325° C in Wasser korrosionsbeständig ist, reduzieren sich die Kosten bei Nichtrückgewinnung des Brennstoffes von 2,5 mills/kWh auf 2,2 mills/kWh und mit anschließender Aufarbeitung von 1,7 mills/kWh auf 1,2 mills/kWh.

Tabelle 71: Kosten der Uranrückgewinnung (ohne Abfallbeseitigung)

a) Metallisches Uran			
Prozeß:	Durchsatz in lb/Tag 300 (Kosten in $/lb Uran)	700	1400
1. Lagerung	0,98	0,70	0,53
2. Entfernung des Hüllenmaterials und Auflösen	1,87	1,28	0,99
3. TBP-Extraktion, Denitrieren zu UO_3	4,89	2,65	1,90
4. Reduzieren zu UO_2	0,91	0,45	0,38
5. Metallherstellung	2,45	1,50	1,38
6. Anfertigung der Brennelemente	**11,25**	**8,70**	**7,47**
7. Gesamtkosten	**22,35**	**15,28**	**12,65**
b) Uranoxyd			
1. Lagerung	0,98	0,70	0,53
2. Entfernung des Hüllenmaterials und Auflösen	1,87	1,28	0,99
3. TBP-Extraktion, Denitrieren zu UO_3	4,89	2,65	1,90
4. Reduzieren zu UO_2	0,91	0,45	0,38
5. Brennelementfabrikation	**11,37**	**8,41**	**7,15**
6. Gesamtkosten	**20,02**	**13,49**	**10,95**

Wie sehr die Rentabilität der Kernbrennstoffaufarbeitung von der Größe der Anlage abhängig ist, zeigen ebenfalls kanadische Untersuchungen [R30], (Tab. 71, Abb. 96 und 97).

Die Kosten für die Abfallbeseitigung sind außerordentlich von den Prozeßbedingungen und der Beseitigungsart abhängig. Sie betragen 15 bis 60% der Rückgewinnungskosten.

Während in den kanadischen Untersuchungen die unterste Rentabilitätsgrenze für Aufarbeitungsanlagen mit 0,55 t pro Tag angegeben wird, sehen amerikanische Autoren [L24] die Rentabilität für die Verhältnisse des Landes erst gewahrt, wenn der Aufarbeitungskostenanteil 8 $/kg U oder 0,4 mills/kWh nicht übersteigt. Nach ihren Berechnungen wäre das erst bei einer Anlage für 4 t pro Tag gewährleistet.

Von McKinney wurden Annahmen über das Anwachsen der täglich aufzuarbeitenden Kernbrennstoffe in den USA für die Zeit von 1960 bis 1980 gemacht (ohne militärischen Bedarf) (Abb. 98).

In der folgenden Abb. 99 wird die angenommene Beziehung zwischen der Kapazität der Aufarbeitungsanlage und den erforderlichen Kapitalinvestitionen dargestellt, und zwar für chemische Anlagen, die in der Lage sind, verschiedenartige

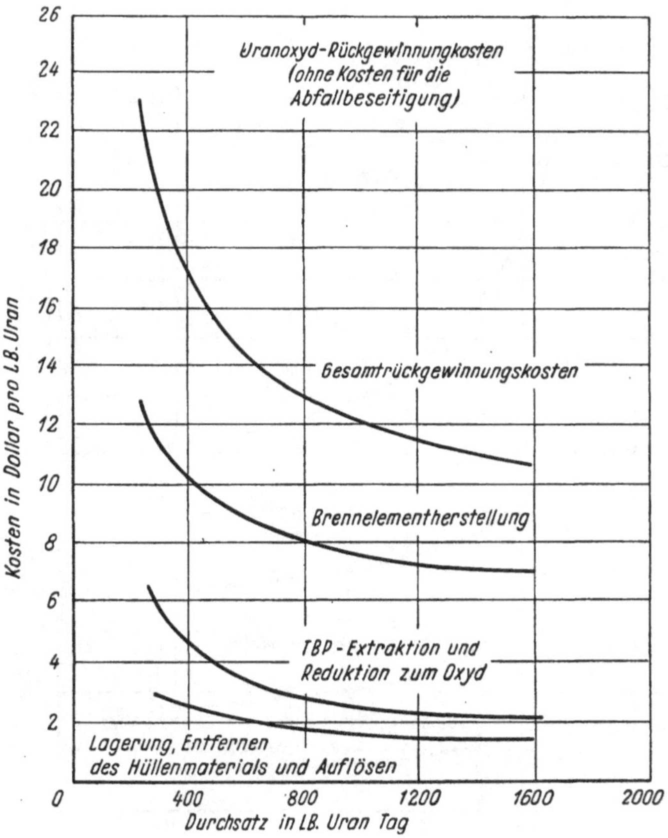

Abb. 96. Uranoxydrückgewinnungskosten.

Brennelemente für Leistungsreaktoren aufzuarbeiten. Den Annahmen liegen Studienentwürfe zugrunde und weniger direkte Erfahrungen, deshalb können sie nicht als exakte Berechnungen betrachtet werden

Daraus ist ersichtlich daß man in den USA für 1962, 1965, 1970 mit je $ 20, $ 40, $ 80 Millionen Kapitalinvestitionen für Aufarbeitungsanlagen rechnet.

Abb. 100 zeigt das Absinken des Anteils der Aufarbeitungskosten am Strompreis mit steigender Anlagekapazität. Im Jahre 1965 würde genügend Brennstoff anfallen, um eine 100%ige Auslastung einer Vier-Tagestonnen-Anlage zu gewährleisten Für den Bau betont Bruce [B55] die Notwendigkeit einer zentralen Anlage in den USA.

Darüber hinaus gibt es Überlegungen von Lewis [L25] für die Lage in Kanada, die die Notwendigkeit einer Aufarbeitung bestrahlter Kernbrennstoffe für die nächste Zeit überhaupt in Frage stellen. Er geht davon aus, das Kanada reiche Uranvorkommen hat und beim Betrieb von Leistungsreaktoren mit Natururan auf die Rückgewinnung des Plutoniums zunächst nicht angewiesen ist.

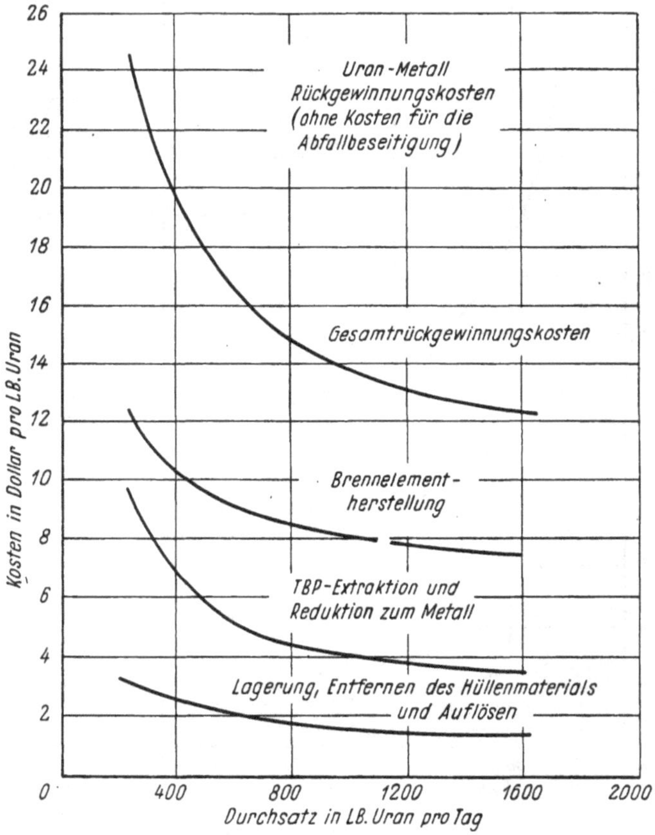

Abb. 97. Uranmetallrückgewinnungskosten.

Nach dem gegenwärtigen Stand der Entwicklung ist nicht zu erwarten, daß eine wesentliche Verminderung der Aufarbeitungskosten durch Veränderungen in der Chemie der Solventextraktionsprozesse eintritt. Man wird Prozeßmodifikationen einführen, wenn neue Legierungsbestandteile im Brennstoff zu berücksichtigen sind oder andere Chemikalien beim Auflöseprozeß verwendet werden mußten, im übrigen sind aber für die weitaus meisten Trennprobleme bereits grundlegende Varianten erarbeitet worden. Grundsätzliche Schwierigkeiten gibt es noch zu

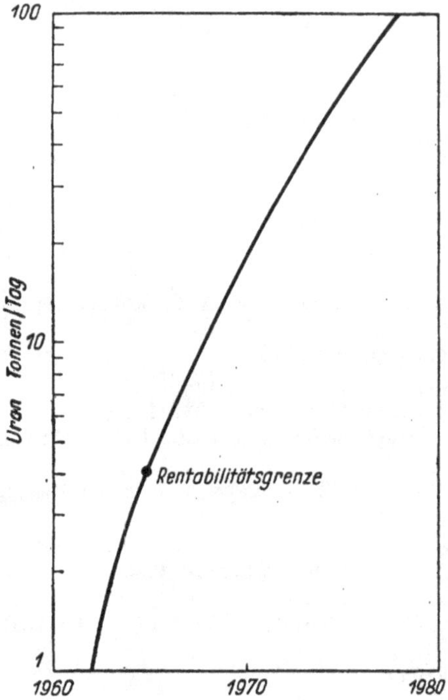

Abb. 98. Tagesanfall an bestrahlten Kernbrennstoffen (USA).

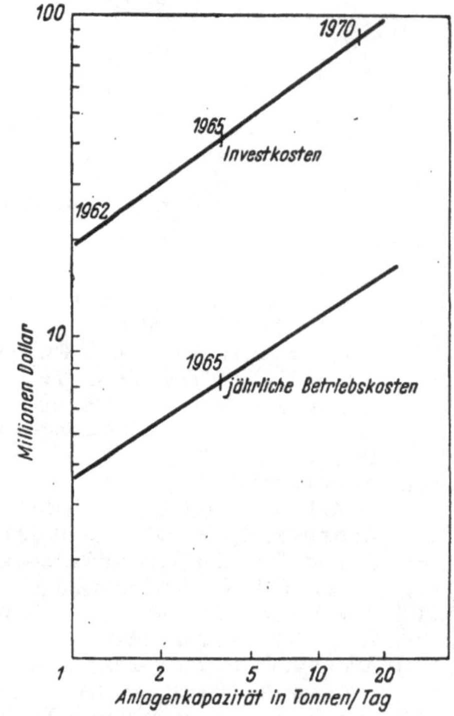

Abb. 99. Veränderung der Aufarbeitungskosten mit der Anlagekapazität.

überwinden, wenn man zur Solventextraktion kürzer bestrahlter Kernbrennstoffe übergeht. Dann sind auch eine Reihe kurzlebiger Spaltprodukte wie J^{131} zu berücksichtigen, deren Extraktionsverhalten oder Reaktion mit dem organischen Lösungsmittel neue Probleme aufwirft. Auch die Strahlungsbeständigkeit der Extraktionsmittel fällt dann stärker ins Gewicht, so daß besonders die Amine wegen ihrer Strahlungsresistenz Beachtung verdienen.

Die ökonomisch wichtigsten Verbesserungen im Solvensextraktionsprozeß werden von seiten der Prozeßtechnologie zu erwarten sein.

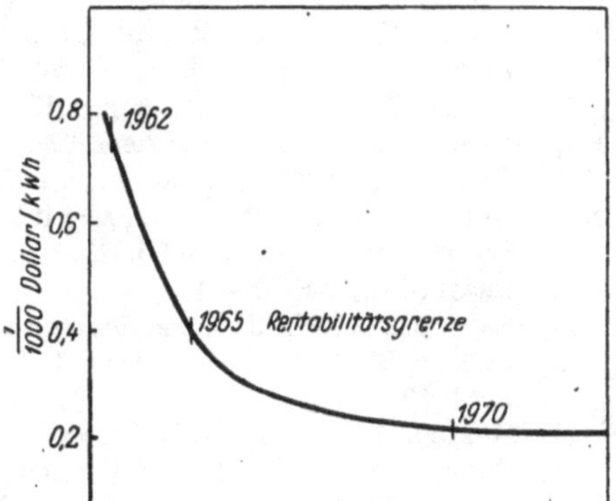

Abb. 100.
Anteil der Aufarbeitungskosten am Strompreis in Abhängigkeit von der Kapazität.

LITERATURVERZEICHNIS

[A1] Alcock, K., S. S. Grinley, T. V. Healy, I. Kennedy u. H. A. C. McKay: Trans. Faraday Soc. **52**, 39 (1956).

[A2] Allen, K. A.: J. phys. Chem. **60**, 239 (1956); **60**, 943 (1956).

[A3] Allen, K. A.: J. phys. Chem. (im Druck).

[A4] Anderson, J. S. u. J. M. McConell: J. inorg. nuclear Chem. **1**, 331 (1959).

[A5] Andjelkovic, M. u. D. Rajkovic: Proc. Second Confer. on Peaceful Uses of Atomic Energy **28**, 210 (1958).

[A6] Armstrong, D. E., L. B. Asprey, J. S. Coleman, T. K. Keenan, L. E. La Mar, u. R. A. Penneman: **LA — 1975** (1956).

[A7] Anderson, E. L.: Nucleonics **10**, 72 (1957).

[A8] Alders, L.: „Liquid-liquid-Extraction", Elsevier Publ. Co London 1955.

[A9] Alter, H. W., J. W. Codding, u. H. S. Jennings: Analytic. Chem. **26**, 1357 (1957).

[A10] Ahrland, S.: Acta chem. scand. **3**, 374, 783, 1067 (1949); **5**, 199, 1151, 1271 (1951); **7**, 485 (1953); **8**, 344 (1954).

[A11] Anonym: Chem. Process Engng. **40**, 279 (1959).

[A12] Anonym: Nucleonics, Jan. 1958, Vol. 16, No. 1, 50—53.

[A13] Alcock, K., F. C. Bedford, H. W. Hardwick, u. H. A. C. McKay: J. inorg. nuclear Chem. **4**, 100 (1957).

[B1] Blake, C. A. jr., C. F. Baes jr., K. B. Brown, C. F. Coleman u. J. C. White: Proc. Second Confer. on Peaceful Uses of Atomic Energy **28**/289 (1958).

[B2] Brown, K. B., C. F. Coleman, D. J. Crouse, C. A. Blake u. A. D. Ryon: Proc. Second Confer. on Peaceful Uses of Atomic Energy **3**, 472 (1958).

[B3] Bruce, F. R.: Symp. Reproc. Irr. Fuels (Brüssel) **1**, 277 (1957).

[B4] Bock, R. u. E. Bock: Z. anorg. allg. Chem. **127**, 358 (1927).

[B5] Blake, C. A. jr., C. F. Baes jr. u. K. B. Brown: Ind. Engng. Chem. **50**, 1763 (1958).

[B6] Baes, C. F. jr.: J. phys. Chem. **62**/129 (1958).

[B7] Buchmann, J. D.: J. inorg. nuclear Chem. **7**, 140 (1958).

[B8] Beer, M.: Dissertation (Leipzig) 1959.

[B9] Bouissiers, G.: C. R. hebd. Séances Acad. Sci. 244/208 (1957).

[B10] Broido, A.: **AECD — 2616** (1947).

[B11] Baynall, K. W.: J. chem. Soc. (London) **1957**.

[B12] Brown, K. B., C. F. Coleman, D. J. Crouse, J. O. Denis u. J. G. Moore: **AECD — 4142** (1954).

[B13] Burger, L. L. u. E. D. McClanhan: Ind. Engng. Chem. **50**, 153 (1958).

[B14] Baes, C. F. jr.: **ORNL — 1930** (1955).

[B15] Brown, K. B., C. F. Coleman, D. J. Crouse u. A. D. Ryon: **ORNL — 2269** (1957).

[B16] Brown, P. G. M., J. M. Fletcher, C. J. Hardy, J. Kennedy, D. Scargill, A. G. Wain u. I. L. Woodhead: Proc. Second Confer. on Peaceful Uses of Atomiv Energy **17**, 118 (1958).

[B17] Brown, K. B., C. F. Coleman, D. J. Crouse u. A. D. Ryon: **ORNL — 2306** (1957).

[B18] Brown, K. B., C. F. Coleman, D. J. Crouse u. A. D. Ryon: **ORNL — 2346** (1957).

[B19] Brown, K. B., C. F. Coleman, D. J. Crouse u. A. D. Ryon: **ORNL — 2388** (1957).

[B20] Brown, K. B., C. F. Coleman, D. J. Crouse u. A. D. Ryon: **ORNL — 2466** (1958).
[B21] Bellingham, A. u. R. Simard: Radioactivity Div. Rep. **SR 454**, 56 (1956).
[B22] Beverly, R. G., D. O. Skiles u. R. L. Shimmin: **WIN** — 72.
[B23] Bruce, F. R., Symp. Reproc. Irr. Fuels (Brüssel) **1**, 180 (1957).
[B24] Brown, K. B., C. F. Coleman, D. J. Crouse u. A. D. Ryon: **ORNL — 2443** (1958).
[B25] Buck, C., G. R. Howells, T. A. Parry, B. F. Warner u. J. A. Williams: **17**, 25 (1958).
[B26] Babko, A.: Журнал Общей Хим. **18**, 1615 (1948).
[B27] Bernström, R. u. J. Rydberg: Acta chem. scand. **11**, 1173 (1957).
[B28] Best, G. F., H. A. C. McKay u. P. K. Woodgate: J. inorg. nuclear Chem. **4**, 315 (1957).
[B29] Brunstad, A.: Ind. Engng. Chem. **51**, 38 (1959).
[B30] Brite, D. W.: **HW — 30643**.
[B31] Bruce, F. R.: „Process Chemistry" Pergamon Press 1958, Band **1**, 130.
[B32] Bouissiers, G. u. M. Haissinsky: J. chem. Soc. **1949**, 256.
[B33] Burger, L. L.: „Process Chemistry", Pergamon Press 1958, Band **2**, 307.
[B34] Bruce, F. R., E. M. Shank, R. E. Brooksbank, J. R. Parrot u. G. S. Sadowski: Proc. Second Confer. on Peaceful Uses of Atomic Energy **17**, 49 (1958).
[B35] Branica, M. u. E. Bona: Proc. Second Confer. on Peaceful Uses of Atomic Energy **17**, 172 (1958)
[B36] Blanko, R. E.: „Process Chemistry", Pergamon Press 1958, Band **2**, 223.
[B37] Bruce, F. R.: „Process Chemistry", Pergamon Press 1958, Band **1**, 387.
[B38] Bouissiers, G.: Mémoires présentés a la Soc. chim. S. 188 (1958),
[B39] Benedict, M. u. T. H. Pigford: „Nuclear Chemical Engineering", McGraw-Hill Book Company. Inc., 1958.
[B40] Burus, W. A., C. Groot u. C. M. Slansky: **HW — 14728** (1949).
[B41] Barendregt, T. J. u. L. K. Lund: Proc. Second Confer. on Peaceful Uses of Atomic Energy **17**, 107 (1958).
[B42] Belaga, M. W. u. J. E. Bigelow: S. M. thesis in chem. Engng; Massachusetts Inst. of Technology, 1952.
[B43] Belaga, M. W. u. J. E. Bigelow: USAEC Declass Doc. **KT — 133** (1952).
[B44] von Berg, R. L. u. H. F. Weigant: Chem. Engng. **59**, 189 (1952).
[B45] Brown, P. G. M., J. M. Fletcher, C. J. Hardy, J. Kennedy, D. Scargill, A. G. Wain u. J. L. Woodhead: Proc. Second Confer. on Peaceful Uses of Atomic Energy **17**, 118 (1958).
[B46] Blake, C. A.: **AECD — 3280** (1951).
[B47] Bruce, F. R.: U. N. Int. Conf. on Peaceful Uses of Atomic Energy P 719 (1955).
[B48] Brown, P. G. M., J. M. Fletcher u. A. G. Wain: (im Druck).
[B49] Blumenthal, W. B.: „The Chemical Behavior of Zirconium". D. V. Nostrand Co., Inc., New Yersey 1958.
[B50] Bock, R. u. E. Bock: Z. anorg. allg. Chem. **263**, 146 (1950).
[B51] Beer, M.: (unveröffentlicht).
[B52] Beyer, H. G. u. R. B. Edwards: US AEC-Rep. **ISC 555** (1954).
[B53] Blanco, R. E.: Symp. Reproc. Irr. Fuels (Brüssel) **1**, 22 (1954).
[B54] Baldwin, W. H., C. E. Higgins, B. A. Soldano: J. phys. Chem. **63** (1959) 118.
[B55] Bruce, F. R.: Chem. Engng. 64 (7) 202.

(C1) Coleman, C. F., K. B. Brown, J. G. Moore u. K. A. Allen: Proc. Second U. N. Intern. Confer. on Peaceful Uses of Atomic Energy **28** (1958) 278.
[C2] Cooper, V. R. u. M. T. Walling jr.: Proc. Second U. N. Intern. Confer. on Peaceful Uses of Atomic Energy **17**, 291 (1958).
[C3] Cepelak, I., I. Maly u. V. Machacek: Collect. czechoslov. chem. Commun. **23**, 1509 (1958).
[C4] Codding, I. W., W. O. Haas, jr. u. F. K. Heumann: Ind. Engng. Chem. **50**, 145 (1958).
[C5] Cunningham, J. G. u. G. L. Miles: J. inorg. nuclear Chem. **3**, 54 (1956).

[C6] Cool, R. C.: Chemist-Analyst **48**, 8.
[C7] Culler, F. L.: Chem. Engng. Progr., **51**, 450 (1955).
[C8] Culler, F. L.: U. N. Intern. Conf. on Peaceful Uses of Atomic Energy **P 822** (1955).
[C9] Cole, F. K. u. L. H. Brown: Ind. Engng. Chem. **51**, 58 (1959).
[C10] Crouse, D. J., K. B. Brown, W. D. Arnold, J. G. Moore u. R. S. Lowrie: **ORNL — 2099** (1956).
[C11] Crouse, D. J. u. K. B. Brown: **ORNL — 1959** (1955).
[C12] Crouse, D. J. u. J. O. Denis: **ORNL — 1859** (1955).
[C13] Carswell, D. J. u. J. J. Lawrance: J. inorg. nuclear Chem. **11**, 69 (1959).
[C14] Cox, R. P., H. C. Peterson u. G. H. Beyer: Ind. Engng. Chem. **50**, 141 (1958).
[C15] Cepelak, J., I. Maly u. V. Machacek: Collect. czechoslov. chem. Commun. **23**, 1509 (1958).
[C16] Chesne, A. u. P. Regnaut: U. N. Intern. Conf. on Peaceful Uses of Atomic Energy **P 350** (1955).
[C17] Connick, R. E. u. W. H. McVey: J. Amer. chem. Soc. **71**, 3182 (1949).
[C18] Connic, R. E.: „The Actinide Elements", National Nucl. Energy Series Div. IV 14 A (1954).
[C19] Carleson, G.: Proc. Second Confer. on Peaceful Uses of Atomic Energy **17**, **111** (1958).
[C20] Carleson, G.: Svensk kem. Tidskr. **70**, 55 (1958).
[C21] Connick, R. E.: J. Amer. chem. Soc. **71**, 1528 (1949).
[C22] Connick, R. E.: s. C18, S. 221.
[C23] Connick, R. E.: s. C18, Kapitel 8.
[C24] Cohen, D. u. J. C. Hindman: J. Amer. chem. Soc. **74**, 4682 (1952].
[C25] Cohen, D. u. J. C. Hindman: J. Amer. chem. Soc. **74**, 4679 (1952).
[C26] Cohen, D., J. C. Sullinan u. J. C. Hindman: J. Amer. chem. Soc. **77**, 4946 (1955).
[C27] Cunninghame, B. B. u. J. C. Hindman: s. C18, Kapitel 12.
[C28] Connick, R. E. u. W. M. McVey: J. Amer. chem. Soc. **71**, 1534 (1949).
[C29] Cathers, G. I.: „Process Chemistry", Pergamon Press 1958, Band **1**, 68.
[C30] Cohen, D., J. C. Sullivan u. J. C. Hindman: J. Amer. chem. Soc. **76**, 352 (1954).
[C31] Culler, F. L.: „Process Chemistry", Pergamon Press 1958, Band **1**, 172.
[C32] Carswell, D. J. u. J. M. Fletcher: „Process Chemistry", Pergamon Press 1958, Band **2**, 80.
[C33] Carleson, G.: Proc. Second Confer. on Peaceful Uses of Atomic Energy **17**, **111** (1958).
[C34] Connick, R. E. u. E. A. Reas: **AECD — 2491** (1949).
[C35] Calvin, M. u. E. A. Martell: „Chemistry of Metal Chelate Compounds", Prentice-Hall Inc., New York 1956.
[C36] Coplan, B. V., J. K. Davidson u. E. L. Zebrowski: Chem. Engng. Progr. **50**, 403 (1954).
[C37] Colven, T. J.: Proc. Second Confer. on Peaceful Uses of Atomic Energy **17**, 555 (1958).
[C38] Colven, T. J., **DP 239** (1957).
[C39] Cholette, A. u. L. Clouter: Can. J. Chem. Engng. **37**, 105 (1959).
[C40] Cooper, V. R. u. C. Groot: **HW–20–305** (1950).
[C41] Cohen, R. M. u. G. H. Beyer: Chem. Engng. Progr. **49**, 279 (1953).
[C42] Chantry, W. A., R. L. von Berg u. H. F. Wiegandt: Ind. Engng. Chem. **47**, 1153 (1955).
[C43] McClaine, L. A., E. P. Bullwinkel u. J. C. Huggins: U. N. Intern. Conf. on Peaceful. Uses of Atomic Energy P 525 (1955).
[C44] Clegg, J. W. u. D. D. Folley: „Uranium Ore Processing", Addison-Wesley Publ. Co. inc. (1958).
[C45] Curillon, C.: Proc. Second Confer. on Peaceful Uses of Atomic Energy.
[C46] Colburn, A. P.: Trans. Am. Inst. chem. Engr. **35**, 211 (1939).
[C47] Crawford, J. W. u. C. R. Wilke: Chem. Engng. Progr. **47**. 423 (1951).

[C48] Crico, A.: Genie chim. **73**, 57 (1955).
[C49] Callihan, D.: Nucleonics **14**, 39 (1956).
[C50] Callihan, D., W. J. Ozeroff, H. C. Paxton u. C. C. Schuske: CA. 2063 (1956, USA).
[C51] Culler, F. L. u. R. E. Blanco: Proc. Second Confer. on Peaseful Uses of Atomic Energy **17**, 259 (1958).

[D1] Dyrssen, D.: Svensk kem. Tidskr. **68**, 212 (1956).
[D2] Day, R. A. u. R. W. Stoughton: J. Amer. chem. Soc. **72**, 5662 (1950).
[D3] Dyrssen, D.: Acta chem. scand. **9**, 1567 (1955).
[D4] McDowell, W. J. u. C. F. Baes jr.: J. physic. Chem. **62**, 777.
[D5] Danon, J.: J. Amer. chem. Soc. **78**, 5953 (1956).
[D6] Dag, R. A., R. N. Winlite u. F. D. Hamilton: J. Amer. chem. **77**, 3180 (1955).
[D7] Diamond, R. M.: J. physic. Chem. **63**, 659 (1959).
[D8] Dykstra, D., B. H. Thompson u. R. J. Clouse: Ind. Engng. Chem. **50**, 161 (1958).
[D9] Dyrssen, D.: Recueil Trav. chim. Pays-Bas **75**, 753 (1956).
[D10] Dyrssen, D.: Acta chem. scand. **11**, 1771 (1957).
[D11] Dunn, W. E.: **CF-58-7-129.**
[D12] Day, R. A. jr. u. R. M. Powers: J. Amer. chem. Soc. **76**, 3895 (1954).
[D13] Diamond, R. M.: J. physic. Chem. **61**, 75 (1957).
[D14] Davidson, J. K., A. C. Schafer u. W. O. Haas: Symp. Reproc. Irr. Fuels (Brüssel) **1**, 73 (1957).
[D15] Dunstan: „Science of Petroleum", Band 3, New York 1938.
[D16] Durandet, J., D. Defives u. B. Choffe: Proc. Second Confer. on Peaceful Uses of Atomic Energy **17**, 180 (1958).
[D17] Davidson, J. K.: „The Theory of the Pump-mixe Mixer-Settler", Chem. Eng. Lab. Rep. No. 5 **KAPL — 130** (1949).
[D18] Damiani, L. u. V. Fattore: Energia nucleare **6**, 793 (1959).

[E1] Ellenburg, J. Y., G. W. Leddicotte u. F. L. Moore: Analytic. Chem. **26**, 1045 (1954).
[E2] Elson, R. E.: „The Actinide Elements", National Nucl. Series Div. IV 14A (1954), 103.
[E3] Elson, R. E., G. W. Mason, D. F. Peppard, P. A. Sellers u. M. H. Studier: J. Amer. chem. Soc. **73**, 4974 (1951).
[E4] Elson, R. E., P. A. Sellers, J. F. Sech, G. W. Mason, E. A. Janda, J. C. Sullivan, J. R. Huizenga u. M. H. Studier: **ANL — 4411** (1950).
[E5] Ellison, G. Y.: **ORNL — 912** (1951).

[F1] Fletcher, I. M.: U. N. Intern. Conf. on Peaceful Uses of Atomic Energy P 413 (1955).
[F2] Fry, A. J., J. E. Barney u. R. W. Stoughton: **AECD — 2429** (1958).
[F3] Furman, G. W Mason u. Pekola: Analytic. Chem. **21**, 1325 (1949).
[F4] Fomin, W. W. u. E. P. Maierova: Журнал неорг. Химий **1**, 1703 (1956).
[F5] Fletcher, I. M., I. L. Jenkins, F. M. Lever, F. S. Martin, A. P. Powell u. R. Todd: J. inorg. nuclear Chem. **1**, 378 (1955).
[F6] Fletcher, I. M. u. F. S. Martin: U. N. Intern. Conf. on Peaceful Uses of Atomic Energy **P 437** (1955).
[F7] Flanary, I. R.: U. N. Intern. Conf. on Peaceful Uses of Atomic Energy **P 539** (1955).
[F8] Feder, H. M.: **MON T — 408.**
[F9] Feldmann, I. u. I. R. Havill: J. Amer. chem. Soc. **76**, 2114 (1954).
[F10] Flanary, I. R. u. I. H. Goode: Ind. Engng. Chem. **51**, 23 (1959).
[F11] Flanary, I. R. u. I. H. Goode: **ORNL — 2615.**
[F12] Ferraro, J. R., L. I. Kakin u. G. Gibson: J. inorg. nuclear Chem. **2**, 118 (1956).

[F13] Ferraro, J. R., L. I. Kakin u. G. Gibson: J. Amer. chem. **76**, 909 (1954).
[F14] Foley, D. D. u. R. B. Filbert jr.: Ind. Engng. Chem. **50**, 144 (1958).
[F15] Ferraro, I. R.: J. inorg. nuclear Chem. **10**, 319 (1959).
[F16] Flanary, I. R. u. I. H. Joode: Ind. Engng. Chem. **51**, 55 (1959).
[F17] Fletcher, I. M.: „Process Chemistry", Pergamon Press 1958, Band 1, 106.
[F18] Fried, S. u. J. C. Hindman: J. Amer. Chem. soc. **76**, 4863 (1954).
[F19] Feber, R. C.: S. F17, Band 2, 247.
[F20] Flanary, I. R. u. G. W. Parker: s. F17, Band 2, 501.
[F21] Flick, J., J. Rea u. T. Vermeulen: **UCRL — 2545** (1954).
[F22] Flynn, A. W. u. R. E. Treybal: Am. Inst. Chem. Engrs J. **1**, 324 (1955).
[F23] Fenske, M. R. u. R. B. Long: Chem. Engng. Progr. **51**, 194 (1955).
[F24] Feick, G. u. M. H. Anderson: Ind. Engng. Chem. **44**, 404 (1952).
[F25] Faucherre, J.: C. R. hebd. Sénces Acad. Sci. **227**, 1367 (1948).
[F26] Feder, H. M., L. E. Ross u. R. C. Vogel: **ANL — 4868** (1952).
[F27] Furman, N. H., R. J. Mudy u. G. H. Morrison: **AECD — 2938** (1950).
[F28] Fletcher, I. M.: Proc. Second Confer. on Peaceful Uses of Atomic Energy **17**, 214 (1958).
[F29] Flanary, J. R.: Proc. Confer. on Peaceful Uses of Atomic Energy **9**, 453 (1956).
[F30] Fox, J. K., L. W. Gilley u. D. Callihan: **ORNL — 2367** (1958).
[F31] Ford, G. W. K. u. J. G. Walford: Proc. Second Confer. on Peaceful Uses of Atomic Energy **17**, 545 (1958).

[G1] Glueckauf, E., H. A. C. McKay u. A. R. Mathieson: Trans. Faraday Soc. **47**, 437 (1951).
[G2] Gardner, A. W., H. A. C. McKay u. D. T. Warren: Trans. Faraday Soc. **48**, 997 (1952).
[G3] Gardner, A. W. u. H. A. C. McKay: Trans. Faraday Soc. **48**, 1099 (1952).
[G4] Goble, A., J. G. Golden u. A. G. Maddock: Canad. J. Chem. **34**, 284 (1956).
[G5] Guter, G. A. u. A. G. Maddock: J. Amer. chem. Soc. **78**, 5166 (1956).
[G6] Girard, A. u. E. Fourneau: Bull. Soc. chim. France, Mém. **37** (4), 1669 (1925).
[G7] Grimes, H. G.: Petroleum Engineers Meeting, Reprint No. 5820 A17 (1958).
[G8] Gresky, A. T.: U. N. Intern. Conf. on Peaceful Uses of Atomic Energy P 540 (1955).
[G9] Greek, B. F., O. W. Allen u. D. E. Tynan: Ind. Engng. Chem. **49**, 628 (1957).
[G10] Grinstead, R. R., K. G. Shaw u. R. S. Long: First U. N. Intern. Conf. on Peaceful Uses of Atomic Energy P 523 (1955).
[G11] Götte, H.: Z. Naturforsch. **1**, 377 (1946).
[G12] Goldon, P. D.: **AECL — 348** (1955).
[G13] Golden, J. u. A. G. Maddock: J. inorg. nuclear Chem. **2**, 46 (1956).
[G14] Gmelin: Gmelins Handbuch der anorganischen Chemie, Band Uran (Verlag Chemie (1936).
[G15] Goble, A. G., I. A. Golden, G. Maddock u. D. J. Toms: „Process Chemistry", Pergamon Press 1958, Band **2**, 94.
[G16] Googin, I. M.: s. G15, Band 2, 194.
[G17] Gmelin: Gmelins Handbuch der anorganischen Chemie, Band Thorium (Verlag Chemie 1936).
[G18] Gross, P. M.: Chem. Reviews **13**, 91 (1933).
[G19] Goldschmidt: Proc. Confer. on Peaceful Uses of Atomic Energy **9**, 492 (1956).
[G20] Garner, Ellis u. Hill: Am. Inst. Chem. Engrs. J. **1**, 185 (1955).
[G21] Guyer, A.: Helv. chim. Acta **38**, 955 (1955).
[G22] Guyer, A., A. Guyer jr. u. K. Meuki: Helv. chim. Acta **38**, 790 (1955).
[G23] Griffitz, W. L., G. R. Jasny u. H. T. Tupper: **AECD — 3440** (1952).
[G24] Garner, F. H. u. A. H. P. Skelland: Trans. Instn. chem. Engr. **29**, 315 (1951).
[G25] Garner, F. H.: DECHEMA-Monograph. **29**, 291 (1957).

[G26] GARNER, F. H. u. A. H. P. SKELLAND: Ind. Engng. Chem. **47**, 1255 (1954).
[G27] GEIER, R. G.: Proc. Second Intern. Confer. on Peaceful Uses of Atomic Energy **17**, 192 (1958).
[G28] GEIER, R. G.: U. N. Intern. Confer. on Peaceful Uses of Atomic Energy P 312 (1955).
[G29] GEIER, R. G.: Symp. Reproc. Irr. Fuels (Brüssel) 1957, TID 7554, Band 1, 107.
[G30] GRIFFITH, W. L., G. R. JASNEY u. H. T. TUPPER: SM-thesis, Massachusetts Inst. of Technology, 1952.
[G31] GOLDENBERGER, W. M. u. R. F. BENENTATI: Ind. Engng. Chem. **51**, 641 (1959).
[G32] GERLIT, I. B.: Proc. First Intern. Confer. on Peaceful Uses of Atomic Energy **7**, 145 (1956).
[G33] GIER, T. E. u. J. O. HOUGEN: Ind. Engng. Chem. **45**, 1362 (1953).
[G34] GAYLER, R. u. H. R. C. PRATT: Trans. Instn. chem. Engr. **29**, 126 (1951).
[G35] GAYLER, R., N. W. ROBERTS u. H. R. C. PRATT: Trans. Instn. chem. Engrs. **31**, 57 (1953).
[G36] GAYLER, R. u. H. R. C. PRATT: Trans. Instn. chem. Engr. **31**, 78 (1953).
[G37] GAYLER, R. u. H. R. C. PRATT: Trans. Instn. chem. Engr. **35**, 267 (1957).
[G38] GRIFFITH, W. L., G. R. JASNY u. H. T. TUPPER: US AEC-Rep. **KT 114** (1952).

[H1] HOWELLS, G. R., T. G. HUGHES, D. R. MACKEY u. K. SADDINGTON: Proc. Second. Intern. Confer. on Peaceful Uses of Atomic Energy **17**, 3 (1958).
[H2] HARMON, M. K.: Symp. Reproc. Irr. Fuels (Brüssel) 1957, Band **1**, 262.
[H3] HILDEBRAND, J.: „Löslichkeit von Nichtelektrolyten" New York 1936.
[H4] HECKER, E. „Verteilungsverfahren im Laboratorium" Verlag Chemie Weinheim 1955.
[H5] HEALY, T. V. u. H. A. C. MCKAY: Trans Faraday Soc. **52**, 633 (1956).
[H6] HEALY, T. V. u. I. KENNEDY: J. inorg. nuclear Chem. **10**, 128 (1959).
[H7] HEALY, T. V., I. KENNEDY u. G. M. WAIND: J. inorg. nuclear Chem. **10**, 137 (1959).
[H8] HORTON, A. C.: Analytic. Chem. **30**, 1779 (1958).
[H9] HUFFMAN, E. M., G. M. IDDINGS, R. N. OSBORNE u. G. V. SHALLIMOV: J. Amer. chem. Soc. **77**, 881 (1955).
[H10] HYDE, E. K.: U. N. Intern. Confer. on Peaceful Uses of Atomic Energy P 728 (1955).
[H11] HAGEMANN, F.: J. Amer. chem. Soc. **72**, 768 (1950).
[H12] HORTON, W.: Analytic. Chem. **30**, 1779 (1958).
[H13] HAEFFNER, E., G. NILSON u. A. HULTGREN: U. N. Intern. Confer. on Peaceful Uses of Atomic Energy **P 785** (1955).
[H14] HALL, K. L. u. D. H. TEMPLETON: **UCRL — 957** (1950).
[H15] HIETANNEN, S.: Acta chem. scand. **8**, 1629 (1954).
[H16] HIGGINS, I. R.: Proc. Second Intern. Confer. on Peaceful Uses of Atomic Energy.
[H17] HORTO, W. S.: J. Amer. chem. Soc. **78**, 897 (1956).
[H18] HESFORD, E., H. A. C. MCKAY u. D. SCARGILL: J. inorg. nuclear Chem. **4**, 321 (1957).
[H19] HYDE, E. K. u. J. TOLMACH: **ANL — 4019**.
[H20] HÖK, B. u. B. BERNSTRÖM: Acta chem. scand. **10**, 174 (1956).
[H21] HART, R. G.: **CDRC — 630, AECL — 429.**
[H22] HEALY, T. V. u. H. A. C. MCKAY: Recueil Trav. chim. Pays-Bas **75**, 740 (1956).
[H23] HIGGINS, C. E. u. W. H. BALDWIN: **ORNL — 1339**.
[H24] HINDMAN, J. C.: „The Actinide Elements", National Nuclear Energy Ser. Div. IV 14 A (1950).
[H25] HINDMAN, J. C., D. COHEN u. J. C. SULLIVAN: Proc. First Intern. Conf. on Peaceful Uses of Atomic Energy **7**, 345 (1956).
[H26] HINDMAN. J. C., J. C. SULLIVAN u. D. COHEN: J. Amer. chem. Soc. **76**, 3278 (1954).
[H27] HINDMAN, J. C., L. B. MAGNUSON u. T. J. LA CHAPPELE: J. Amer. chem. Soc. **71**, 687 (1949).
[H28] HARDY, C. J. u. D. SCARGILL: J. inorg. nuclear Chem. **10**, 323 (1959).
[H 29] HINDMAN, J. C.: s. H 24, Kapitel 9.

[H 30] HINDMAN, J. C.: „The Transuranium Elements", National Nuclear Energy Ser. Div. 14 B (S. 388).
[H 31] HAMMOND, R. P.: „Process Chemistry", Pergamon Press 1958, Band 1, 59.
[H 32] HUIZENGA, J. R. u. L. B. MAGNUSON: J. Amer. chem. Soc. **73**, 3202 (1951).
[H 33] HYDE, E. K.: s. H 24, S. 542 (1957).
[H 34] HAISSINSKY, M. u. G. BOUSSIERES: C. R. hebed. Séances Acad. Sci. **226**, 573 (1948).
[H 35] HART, R. G. u. G. O. MORRIS, s. H 31, Band **2**, 544.
[H 36] HALL, G. R. u. P. D. HERNUMAN: J. chem. Soc. (London) **1954**, 2214
[H 37] HIGGINS, G. H. u. W. W. T. CRANE: Proc. Second Intern. Confer. on Peaceful Uses of Atomic Energy **17**, 245 (1958].
[H 38] HOEKSTRA, H. R. u. I. I. KATZ: s. H. 30, 130.
[H 39] HEALY, T. V., P. E. CARTER u. P. E. BROWN: s. H 31, Band 1, 363.
[H 40] HOWE, P.: Progress in Nuclear Energy, Ser 5, Metallurgy and Fuels I, 481.
[H 41] HIGGINS, C. E., W. H. BALDWIN u. B. A. SOLDANO: J. physic. Chem. **63**, **113** (1959).
[H 42] HIXSON, A. W. u. M. I. SMITH: Ind. Engng. Chem. **41**, 973 (1949).
[H 43] HOLMES, J. M. u. A. C. SCHAFE: Chem. Engng. Progr. **52**, 201 (1956).
[H 44] HARDY: MS-thesis, Princetown University.
[H 45] HALPERN, B. C. J.: Canad. J. Chem. **31**, 705 (1953).
[H 46] HOU, H. L. u. N. W. FRANCKE: Chem Engng. Progr. **45**, 65 (1949).
[H 47] HOFFING, E. H. u. F. J. LOCKHART: Chem. Engng. Progr. **50**, **94** (1954).
[H 48] HALL, G. R.: Nuclear Power **4**, 97 (1959).
[H 49] HALL, G. R.: Nuclear Power **5**, 118 (1960).
[H 50] HOWE, I. P.: Proc. Second Intern. Confer. on Peaceful Uses of Atomic Energy.
[H 51] HATFIELD, G. W.: **AECL** No. **259**.

[I 1] IRISH, E. R.: Symp. Reproc. Irr. Fuels 1957 (Brüssel) Band **1**, 69.
[I 2] IRISH, E. R. u. W. H. REAS: s. I 1, S. 83.
[I 3] IRVING, H. u. D. N. EDDINGTON: J. inorg. nuclear. Chem. **10**, 206 (1959).
[I 4] IRVING, H. u. F. I. C. ROSOTTI: J. chem. Soc. (London) **1956**, **2475**.
[I 5] IRVING, H.: Quart. Reviews 5, 200 (1951).
[I 6] IMRE, L.: Z. anorg. allg. Chem. **166**, 1 (1927).

[J 1] JUDSON, B. F.: Symp. Reproc. Irr, Fuels (Brüssel) 1957, Band **1**, 296.
[J 2] JONES, G., J. B. POOLE, J. C. TOMKINSON u. R. J. P. WILLIAMS: J. chem. Soc. (London) **1958**, 2001.
[J 3] JENKINS, I. L. u. A. G. WAIN: J. inorg. nuclear Chem. **3**, 28 (1956).
[J 4] JENKINS, I. L. u. H. A. C. MCKAY: Trans. Faraday Soc. **50**, 107 (1954).
[J 5] JEZOWSKA-TRZEBIATOWSKA, B., A. BARTEKI, M. CHMIELOWSKI, H. PRZYWARSKA, T. MIWULSKI, K. BUKIETYNSKA u. K. KAKOLOWICZ: Proc. Second Intern. Confer. on Peaceful Uses of Atomic Energy **28**, 253 (1958).
[J 6] JONES, L. M. u. PENNEMAN: J. chem. Physics **21**, 542 (1953).
[J 7] JUDSON, B. F.: Process Chemistry, Pergamon Press 1958, Band **2**, 302.
[J 8] JOHNSON u. BLISS: Trans. Am. Inst. Chem. Engrs. **42**, 331 (1949).
[J 9] JU CHIN CHU: Ind. Engng. Chem. **42**, 1157 (1950).
[J 10] JAGUES, G. L., J. E. COTTER u. TH. VERMEULEN **UCRL** — 8658 (1959).
[J 11] JANTZEN, E. u. G. KLIPPEL: Chemie-Ing.-Techn. **30**, 121 (1958).
[J 12] JEALOUS, A. u. C. JOHNSON: Ind. Engng. Chem. **47**, 1159 (1955).
[J 13] JEALOUS, A. u. E. LIEBERMANN: Chem. Engng. Progr. **52**, 366 (1956).
[J 14] JEALOUS, A.: **ORNL — 51-8-162** (1951).
[J 15] JAQUES, G. L. u. T. VERMEULEN: **UCRL — 8029** (1957).
[J 16] JORDA, L. G., A. P. LUINA u. A. OROZ: Chem. Engng. Progr. Symp. Ser. No. **12**, 127 (1954).

[K 1] KATZIN, L. I.: J. Amer. chem. Soc. **74**, 1191 (1952).
[K 2] MCKAY, H. A. C.: Trans. Faraday Soc. **47**, 428 (1951).

[K3] Kuznetsov, W. J.: Успехи Химий 23, 654 (1954).
[K4] Kricevskij, I.: „Phasengleichgewichte in Lösungen" GNTI, Moskau 1952, s. auch Kricevskij, I. u. A. Jlinskaja, 19, 621 (1945). Журнал Физиг. Хум.
[K5] Kooi, I.: Recueil Trav. chim. Pays-Bas 74, 137 (1955).
[K6] Kosopaloff, G. M. u. J. S. Powell: J. chem. Soc. (London) 1950, 3535.
[K7] Krishen, A. u. H. Freiser: Analytic. Chem.
[K8] Kuznetsov, W. J.: Успехи Химий 23, 674 (1954).
[K9] Kraus, K. A. u. F. Nelson: Proc. Intern. Confer. on Peaceful Uses of Atomic Energy 7, 113 (1956).
[K10] Karraker, D. G.: Proc. Second Intern. Confer. on Peaceful Uses of Atomic Energy 17, 333 (1958).
[K11] Katzin, L. I. u. a.: J. Amer. chem. Soc. 78, 5139 (1956).
[K12] Kaplan, L., R. A. Hildebrandt u. M. Alder: J. inorg. nuclear Chem. 2, 153 (1956).
[K13] Kaplan, L., R. A. Hildebrandt u. M. Alder: **AECD — 3015, ANL — 4520.**
[K14] Katzin, L. I. u. G. Ebert: J. Amer. chem. Soc. 72, 5464 (1950).
[K15] McKay, H. A. C.: Proc. Intern. Confer. on Peaceful Uses of Atomic Energy 7, 312 (1955).
[K16] Katzin, L. I.: Proc. Intern. Confer. on Peaceful Uses of Atomic Energy **P/734** (1955).
[K17] Katz, J. J. u. G. T. Seaborg: „The Chemistry of the Actinide Elements", John Wiley a. Sons Inc., New York.
[K18] Kuznetsov, V. I. u. E. V. Mitrofanova: Журнал неорг. Хим. 1, 1117 [1956].
[K19] Kasha, M.: „The Transuranium Elements", National Nucl. Energy Series, Div. IV **14 B**, 295.
[K20] Kasha, M. u. G. E. Seline: „The Transuranium Elements", National Nucl. Energy Ser. Div. IV **14 B**, 180.
[K21] Kraus, K. A.: Proc. Intern. Confer. on Peaceful Uses of Atomic Energy 7, 245 (1956).
[K22] Kraus, K. A. u. J. R. Dam: „The Transuranium Elements", National Nucl. Energy Ser. Div. IV **14 B**, 466 (1959).
[K23] Kraus, K. A. u. F. Nelson: J. Amer. chem. Soc. 72, 3901 (1950).
[K24] Kraus, K. A. u. J. R. Dam: s. K22, S. 478.
[K25] Kraus, K. A. u. J. R. Dam: **CN — 2831** (1946), **CL — P — 432** (1945), **CL — P — 449** (1945).
[K26] Kraus, K. A. u. F. Nelson: **AECD — 1864** (1948).
[K27] King, E. L.: „The Transuranium Elements", National Nucl. Energy Ser., Div. IV **14 B**, 638 (1949).
[K28] Kraus, K. A.: Proc. Intern. Confer. on Peaceful Uses of Atomic Energy 7, 245 (1956).
[K29] Kraus, K. A. u. A. Caren: **ORNL — 65** (1948).
[K30] Katzin, L. L., Q. van Winkle u. E. Hausmann: J. Amer. chem. Soc. 72, 4815 (1950).
[K31] Kraus, K. A. u. G. E. Moore: J. Amer. chem. Soc. 72, 4293 (1950).
[K32] McKay, H. A. C. u. T. V. Healy: „Process Chemistry", Pergamon Press 1958, Bd. 2, 546.
[K33] Katzin, L. I.: National Nuclear Energy Deries, Div IV, **14 A**, 66.
[K34] Korpak, W. u. C. Deptula: Poln. Acad. d. Wissenschaften, Inst. f. Kernforschung Rep. 51/IV.
[K35] Knapp, L., R. Schoenherr, J. Barghusen u. M. Smutz: Ind. Engng. Chem. 51 (1959) 639.
[K36] Kafarov, V. V. u. B. M. Babanov: Журнал прикл. Хим. 32, 789 (1959).
[K37] Kroepelin, H. u. H. J. Neumann: Naturwissenschaften 43, 347 (1956); 45, 333 (1958).
[K38] Kronig, R. u. J. C. Brink: Appl. Sci. Res. 172, 142 (1950).
[K39] Kraus, K. A. u. R. W. Holmberg: J. phys. Chem. 58, 325 (1954).

[K40] KLINKENBERG, A. C.: Chem. Eng. Sci. **1** (1951) 86.
[K41] KLINKENBERG, A.: Chem. Eng. Sci. **1**, 93 (1951).
[K42] KLINKENBERG, A.: Ind. Engng. Chem. **45**, 653 (1953).
[K43] KEITH u. HIXON: Ind. Engng. Chem. **47**, 258 (1955).
[K44] KLINKENBERG, A. u. H. H. MOOY: Chem. Engng. Progr. **44**, 19 (1948).
[K45] KETZLACH, N. D.: Chem. Engng. Progr. **53**, 357 (1957).
[K46] KAST, W. u. T. GAST: Chemie-Ing.-Techn. **31**, 796 (1959).
[K47] KARR u. SCHEIBEL: Chem Engng. Progr. Symp. Ser. 50 (10), 73 (1954).

[L1] LAWROWSKI, S. u. H. LEVENSON: Symp. Reproc. Irr. Fuels (Brüssel) 1957, Band **1**, 45.
[L2] LARSEN, E. M. u. G. TERRY: J. Amer. chem. Soc. **75**, 1560 (1953).
[L3] LAWSON, K. L. u. M. KAHN: J. inorg. nuclear Chem. **5**, 87 (1953).
[L4] LERNER, M. W. u. L. J. PINTO: Analytic Chem. **31**, 543 (1959).
[L5] LEDDICOTTE, G. W. u. F. L. MOORE: J. Amer. chem. Soc. **74**, 1618 (1952).
[L6] LONG, R. S., D. A. ELLIS u. R. H. BAILES: U. N. Intern. Confer. on Peaceful Uses of Atomic Energy P 524 (1955).
[L7] LEVIT, E. A. u. H. FREUND: J. Amer. chem. Soc. **78**, 1545 (1956).
[L8] LATIMER, W. M.: „Oxidation-Potentials", Prentice-Hall, New York, 1952, S. 311.
[L9] LAWROWSKI, S. u. M. CERENSON: Process Chemistry, Pergamon Press, Band **2**, 258.
[L10] LEWIS, W. H.: Proc. Second Intern. Confer. on Peaceful Uses of Atomic Energy **17**, 236 (1958).
[L11] LARSEN, E. M., E. LAVERNE u. E. TREVORROW: J. inorg. nuclear Chem. **2**, 254 (1956).
[L12] LONG, G. A. u. W. F. MCDEVIT: Chem. Reviews **51**, 119 (1952).
[L13] LAPIDUS, L. u. N. R. AMUNDSON: Ind. Engng. Chem. **42**, 1071 (1950).
[L14] LAITY, D. S. u. R. E. TREYBAL: Am. Inst. Chem. Eng. J. **3**, 176 (1957).
[L15] LICHT, W. u. W. F. PAUSING: Ind. Engng. Chem. **45**, 1855 (1953).
[L16] LEHMANN, H. R.: **UCRL — 1558** (1951).
[L17] LON, R. S., D. A. ELLIS u. R. H. BAILES: Intern. Confer. on Peaceful Uses of Atomic Energy **P 524** (1955).
[L18] LEWIS, J. B.: Chem. Engng. Sci. **3**, 248 (1954).
[L19] LEWIS, J. B., J. B. Jones u. H. R. C. PRATT: Trans. Instn. chem. Engr. **29**, 126 (1951).
[L20] LONGSDALE, D. M. u. J. D. THORNTON: Trans. Instn. chem. Engr. **35**, 331 (1957).
[L21] LI, W. H. u. W. H. NEWTON: Am. Inst. Chem. Eng. J. **3**, 56 (1957).
[L22] LARSON, A.: Rep. **NP — 7658** d. Europ. Comp. f. Chem. Reproc. Mol, Belgien.
[L23] LAWROWSKI, S.: U. N. Internat. Confer. on Peaceful Uses of Atomic Energy **P 823** (1955).
[L24] LAWROWSKI, L.: Quarterly Reviev of Reaktor Fud Processing, 1958, 3.
[L25] LEWIS, W. B.: Modern Power and Engineering, Jan. 1958, 98.

[M1] MORRISON, G. H. u. H. FREISER: Analytic. Chem. **30**, 198 (1958).
[M2] MOORE, F. L.: Analytic Chem. **28**, 977 (1956).
[M3] MOORE, F. L.: Analytic. Chem. **29**, 941 (1957).
[M4] MOORE, F. L. u. J. E. HUDGENS: Analytic. Chem. **29**, 1767 (1957).
[M5] MAGNUSON, L. B. u. M. L. ANDERSON: J. Amer. chem. Soc: **76**, 6207 (1954).
[M6] MENNIS, O. u. T. C. RAINS: Analytic. Chem. **31**, 187 (1959).
[M7] MOORE, F. L.: Analytic. Chem. **30**, 1368 (1958).
[M8] MÜNZE, R. u. K. JANTSCH: Kernenergie **2**, 1126 (1959).
[M9] MENNIS, O., D. L. MANNING u. G. GOLDSTEIN: Analytic. Chem. **29**, 290 (1957).
[M10] MAGNUSON, L. B. u. M. L. ANDERSON: J Amer. chem. Soc. **76**, 6207 (1954).
[M11] MILES, G. L. u. E. S. MARTIN: **AERE CIR 2413.**
[M12] MOORE, J. G., K. B. BROWN u. C. F. COLEMAN: **AECD — 4145** (1955).
[M13] MAHLMANN, H. A., G. W. LEDDICOTTE u. F. L. MOORE: Analytic. Chem. **26**, 1939 (1954).
(M14] MOORE, F. L.: Analytic. Chem. **27**, 70 (1955); **29**, 1660 (1957).

[M15] MOORE, F. L., K. B. BROWN u. C. F. COLEMAN: **AECD — 4145** (1955).
[M16] MORGAN, W. W., W. G. MATHERS u. R. G. HART: Ind. Engng. Chem. **51**, 817 (1959).
[M17] MAGNUSON, L. B., J. C. HINDMAN u. T. J. CHAPELLE: **ANL — 4066** (1947).
[M18] MOORE, F. L.: **ORNL-CF 57-6-61** (1957).
[M19] MARTIN, F. S.: J. chem. Soc. (London) **1959**, 76.
[M20] MURBACH, E. W. u. H. W. MCVEY: **LRL — 115**.
[M21] MYERS, R. J., D. E. METZLER u. E. H. SWIFT: J. Amer. chem. Soc. **72**, 3767 (1950).
[M22] MYERS, R. J., D. E. METZLER u. E. H. SWIFT: J. Amer. chem. Soc. **72**, 3772 (1950).
[M23] METZLER, D. E. u. R. J. MYERS: J. Amer. chem. Soc. **72**, 5776 (1950).
[M24] MOORE, R. H.: **HW — 17136** (Nucl. Sci. Abs. **11**, 7425 (1957)).
[M25] MOELLER, T. u. M. V. ROMANIAK: J. Amer. chem. Soc. **75**, 3949 (1953).
[M26] MOORE, R. H.: **AECD — 3196** (1956).
[M27] MAGNUSON, L. B., J. C. HINDMAN u. T. J. CHAPELLE: „The Transuranium Elements", National Nuclear Ser. IV-14 B, S. 1059.
[M28] MAGNUSON, L. B. u. J. C. HINDMAN: s. M27, 1053.
[M29] MADDOCK, A. G. u. G. L. MILES: J. chem. Soc. (London) **1949**, 248, 253.
[M30] MARTIN, F. S. u. G. L. MILES: „Chemical Processing of Nuclear Fuels", Butterworths Sci. Publ., London, 1958.
[M31] MORELLO u. POFFENBERGER: Ind. Engng. Chem. **42**, 1021 (1950).
[M32] MOTTEL, W. J. u. T. J. COLVEN: **AECDP — 254** (1957).
[M33] MILLER, S. A. u. C. A. MANN: Trans. Am. Inst. Chem. Engrs. **40**, 709 (1944).
[M34] MACK, D. E. u. A. E. KROLL: Chem. Engng. Progr. **44**, 189 (1948).
[M35] MCMULLIN u. WEBER: Trans. Am. Inst. Chem. Engrs. **31**, 409 (1935).
[M36] MATHERS, W. G. u. E. E. WINTER: Can. J. Chem. Engng. **37**, 99 (1959).
[M37] MAYFIELD, F. D. u. W. L. CHURCH: Ind. Engng. Chem. **44**, 2253 (1952).
[M38] MYERS, R. J. u. D. E. METZLER: J. Amer. Chem. Soc. **72**, 3772 (1950); **72**, 3777 (1950),
[M39] MORRISON, G. M. u. H. FREISER: „Solvent Extraktion in Analytical Chemistry". J. Wiley & Son, Inc., New York (1959).
[M40] MAR, B. W. u. A. L. BABB: Ind. Engng. Chem. **51**, 1011 (1959).
[M41] MCKAY, H. A. C.: Proc. Second Intern. Confer. on Peaceful: Uses of Atomic Energy **7**, 314 (1958).
[M42] MURLOCH, R. u. H. R. C. PRATT: Trans. Inst. Chem. Engrs. **31**, 307 (1953).
[M43] MCKAY, H. A. C. u. C. M. NICHOLLS: First U. N. Confer. on Peaceful Uses of Atomic Energy P 454 (1955).
[M44] MCLENDON, J. D.: US AEC Oak-Ridge Rep. **Y — 1245** (1959); **Y — 1234** (1959).

[N1] NAIRN, J. S., P. A. COLLINS, H. A. C. MCKAY u. A. G. MADDOCK: Proc. Second. Intern. Conf. on Peaceful Uses of Atomic Energy **17**, 216 (1958).
[N2] NIESE, S.: Dissertation, Leipzig 1959.
[N3] NIESE, S.: J. prakt. Chemie **7**, 251 (1959).
[N4] NIGON, J. P. u. R. A. PENNEMAN: **AECU — 1006** (1951).
[N5] NIKOLSKIJ, V. D.: Ж. неорг. Химий. **3**, 2467 (1958).
[N6] NICHOLS, C. M.: First U. N. Intern. Confer. on Peaceful Uses of Atomic Energy P 414 (1955).
[N7] NANDRI, E. u. R. VISWANATHAN: Current Sci. **15**, 162 (1939).
[N8] NIESE, S.: Kernenergie. **3**, 554 (1960).
[N9] NICHOLLS, C. M. u. A. H. C. P. GILLIESON: Trans. Instn. chem. Engr. **36**, 365 (1958).
[N10] NICHOLLS, C. M. u. A. H. C. P. GILLIESON: J. Brit. Energy Confer. **3**, 302 (1958).
[N11] NICHOLLS, C. M.: „Chemical Processing of Reaktor Fuel Solutions", Academic Press Inc., New York 1957.

[O1] OLNEY, W. u. W. CARLSON: Chem. Engng. Progr. **43**, 473 (1947).
[O2] OLDSHUE, J. Y. u. J. H. RUSHTON: Chem. Engng. Progr. **48**, 297 (1952).
[O3] OBERG, G. C. u. R. J. SLOAT: Proc. Second. Intern. Confer. on Peaceful Uses of Atomic Energy **17**, 505(1958).

[P1] PEPPARD, D. F. u. a.: J. physic. Chem. **57**, 294 (1953).
[P2] PEPPARD, F. D. u. a.: J. Amer. chem. Soc. **75**, 4576 (1953).
[P3] PEPPARD, D. F. u. a.: J. inorg. nuclear Chem. **4**, 344 (1957).
[P4] PREUS, A. F. u. J. SAUNDER: **RMO — 2533** (1958).
[P5] PORTER, E. S. u. H. J. VIKLUND: **WIN — 71** (1957).
[P6] PEPPARD, D. F. u. a.: J. Amer. chem. Soc. **73**, 2529 (1951).
[P7] PEPPARD, D. F., W. J. DRISCOLL, R. C. SIRONEN u. S. MCCARTY: J. inorg. nuclear Chem. **4**, 326 (1957).
[P8] PEPPARD, D. F., S. W. MOLINE u. G. W. MASON: J. inorg. nuclear Chem. **4**, 344 (1957).
[P9] PEPPARD, D. F., G. W. MASON u. I. L. MAIER: J. inorg. nuclear Chem. **3**, 215 (1956).
[P10] PEPPARD, D. F., G. W. MASON u S. W. MOLINE: J. inorg. nuclear Chem. **5**, 141 (1958).
[P11] PEPPARD, D. F., P. R. GRAY u. M. M. MARKUS: J. Amer. chem. Soc. **75**, 6063 (1953).
[P12] PEPPARD, D. F. u. P. R. GRAY: US.-Patent **2683655** (1954).
[P13] PENNEMAN, R. A. u. L. B. ASPREY: Proc. Intern. Confer. on Peaceful Uses of Atomic Energy **7**, 335 (1956).
[P14] PELIGOT, B.: Ann. chim. et phys. **42**, 3, 5, 7 (1842).
[P15] PREVOT, I., J. CORPEL u. P. REGNAUT: Proc. Second Intern. Confer. on Peaceful Uses of Atomic Energy **17**, 96 (1958).
[P16] PERRY: „Chem. Eng. Handbook", McGraw-Hill, New York.
[P17] PIKE, F. P. u. J. I. STEVENS: **ORNZ 50-7-40** (1950).
[P18] PONIS, G. V., H. C. BIJAWAT u. L. K. DORAISWAMY: Ind. Engng. Chem. **51**, 645 (1959).
[P19] PETROV, V. B. SCHEVTSCHENKO, V. G. TIMOSCHEEV, F. A. MAKLJAJEV, A. V. FOKIN, A. V. RODINOV, V. V. BALADINA, A. V. JELKINA, S. J. NAGUNUBAGA u. A. A. VOLKOVA: Журнал неорг. Химий **4**, 498 (1960).
[P21] PIKE, F. P. u. a.: USAEC-Rep. **ORO — 140** (1954).
[P20] PETERSON, H. C. u. G. H. BEYER: Am. Instn. chem. Engr. J. **2**, 38 (1956).
[P22] POVITSKIJ, N. S., A. C. SOLOVKIN u. I. V. SCHILIN: Журнал неорг. Хим. **3**, 222 (1958).

[Q1] QUINN, G. F.: Chem. Engng. **66**, 62 (1959).

[R1] RICHARDS, R. B.: Symp. Reproc. Irr. Fuels (Brüssel) 1957, Band **1**, 3.
[R2] ROZEN, A. M.: Kernenergie **1**, 195 (1958).
[R3] RYDBERG, J. u. B. BERNSTRÖM: Acta chem. scand. **11**, 86 (1957).
[R4] ROTHSCHILD, B. F., C. C. TEMPLETON u. N. F. HALL: J. physic. Chem. **52**, 1006 (1948).
[R5] RYDEBRG, J.: Ark. Kemi **9**, 95 (1956).
[R6] RYDBERG, J.: Acta chem. scand. **4**, 1503 (1950).
[R7] RYDBERG, J.: Ark. Kemi **5**, 413 (1953).
[R8] RYDBERG, J.: Ark. Kemi **8**, 113 (1955).
[R9] RYDBERG, J.: Ark. Kemi **9**, 81 (1955).
[R10] RYDBERG, J.: Ark. Kemi **9**, 109 (1955).
[R11] REGNAUT, P., P. FAUGERAS, A. BRUT, R. HELOU u. A. REDON: Proc. Second Intern. Confer. on Peaceful Uses of Atomic Energy **17**, 73 (1958).
[R12] REID, D. G., C. E. STEVENSON, R. B. LEMON u. F. K. WRIGLEY: Proc. Second Intern. Confer. on Peaceful Uses of Atomic Energy **17**, 145 (1958).
[R13] RUDSTAM, G.: Vortrag auf dem XVII IUPAC-Kongreß (1959), (A 1065).
[R14] RULLS, C. L.: Analytic. Chem. **27**, 1802 (1955).
[R15] RABIDEAU, S. W.: J. Amer. chem. Soc. **78**, 2705 (1956).
[R16] RABIDEAU, S. W.: J. Amer. chem. Soc. **75**, 798 (1953).
[R17] RABIDEAU, S. W. u. H. D. COWAN: J. Amer. chem. Soc. **77**, 6145 (1955).
[R18] RABIDEAU, S. W.: J. Amer. chem. Soc. **73**, 2895 (1951).
[R19] s. R3.
[R20] RABIDEAU, S. W. u. J. F. LEMONS: J. Amer. chem. Soc. **77**, 2895 (1951).
[R21] REAS, W. H.: „The Transuranium Elements" National Nuclear Energy Ser. Div. **14B**, 638.

[R22] RABIDEAU, S. W.: J. Amer. chem. Soc. **78**, 2705 (1956).
[R23] RIGG, T. u. W. WILD: „Process Chemistry" Pergamon Press 1958, Band **2**, S. 320.
[R24] s. R12.
[R25] RYON, A. D., F. L. DALEY u. R. S. LOWRIE: Chem. Engng. Progr. **55**, 70 (1959).
[R26] RUSHTON, J. H. u. J. Y. OLDSHUE: Chem. Engng. Progr. **49**, 161 (1953).
[R27] RUSHTON, J H., E. W. COSTICH u. H. J. EVERETT: Chem. Engng. Progr. **46**, 395, 467 (1950).
[R28] REMAN, G. H. u. R. B. OLNEY: Chem. Engng. Progr. **51**, 141 (1955).
[R29] RUBIN, B. u. H. R. LEHMANN: **UCRL — 718** (1950).
[R30] RAE, H. K. u. Mitarb.: CEI-79 (Okt. 1955).

[S1] SHEVCHENKO, V. B.: Proc. Second. Intern. Confer. on Peaceful Uses of Atomic Energy **17**, 46 (1958).
[S2] SEREBRENNIKOV, V. V., M. A. PAGALKA u. J. S. LEVIN: **26**, 26 (1955).
[S3] SIDALL III, T. H.: Ind. Engng. Chem. **51**, 41 (1959).
[S4] SATO, W.: J. inorg. nuclear Chem. **6**, 334 (1958).
[S5] SCADDEN, E. M. u. BALLOU: Analytic. Chem. **25**, 1602 (1953).
[S6] SMITH, G. W. u. F. L. MOORE: Analytic. Chem. **28**, 448 (1956).
[S7] STEINBACH, J. F. u. H. FREISER: Analytic. Chem. **26**, 375 (1954).
[S8] SCHULTZ, B. G. u. E. M. LARSEN: J. Amer. chem. Soc. **72**, 3610 (1950).
[S9] SEIM, H. J., R. J. MORRIS u. R. G. PASTORINO: Analytic. Chem. **31**, 957 (1959).
[S10] SMITH, E. L. u. J. E. PAGE: J. Soc. chem. Ind. **48**, 67 (1948).
[S11] SCHINDEWOLF, U.: Z. Elektrochem., Ber. Bunsenges. physik. Chem. **62**, 335 (1958).
[S12] SHEPPARD, J. C.: **HW — 51958** (1957).
[S13] SCHULZ, W. W. u. E. W. NEUVAR: Proc. Second. Intern. Confer. on Peaceful Uses of Atomic Energy.
[S14] SIMARD, R.: Radioactivity Division Report TR-145 (1957).
[S15] SWANSON, J. L.: Proc. Second. Intern. Confer. on Peaceful Uses of Atomic Energy **17**, 154 (1958).
[S16] STEVENSON, C. E.: Symp. Reproc. Irr. Fuels (Brüssel) 1957, **1**, 152.
[S17] SATO, T.: J. inorg. nuclear Chem. **7**, 147 (1958).
[S18] SATO, T.: J. inorg. nuclear Chem. **9**, 188 (1959).
[S19] SEIDL, K. u. M. BERANEK: Collect. czechoslov. chem. Commun. **24**, 298 (1959).
[S20] SCARGILL, J., K. ALCOCK, J. M. FLETSCHER u. E. HESFORD: J. inorg. nuclear Chem. **4**, 304 (1957).
[S21] SPECKER, H. u. E. JACKWERTH: Naturwissenschaft **46**, 262 (1959).
[S22] SOVOLEINEN, J. E.: **CF–52–2–113.**
[S23] SCHEVTSCHENKO, V. B., I. V. SCHILIN u. A. C. SOLORKIN: Ж. неорг. Хим. **3**, 225 (1958).
[S24] SILLEN, L. G.: „Proceeding of Symp. on Co-ordination Chemistry", Kopenhagen 1953, 74.
[S25] SJOBLOM, R. u. J. C. HINDMAN: J. Amer. chem. Soc. **73**, 1744 (1951).
[S26] SULLIVAN, J. C. u. J. C. HINDMAN: J. Amer. chem. Soc. **76**, 5931 (1954).
[S27] = S5.
[S28] SETCHENOV, J.: Z. physik. Chemie **4**, 117 (1889).
[S29] SULLIVAN, J. C., D. COHEN u. J. C. HINDMAN: J. Amer. Chem. Soc. **76**, 4275 (1954).
[S30] SLANSKY, C. M.: „Process Chemistry", Pergamon Press 1958, Bd. **2**, 535.
[S31] SHANK, E. M.: s. S. 30, Bd. 2, 279.
[S32] = S5.
[S33] SCARGILL, J., K. ALCOCK, J. M., FLETCHER u. E. HESFORD: J. inorg. nuclear Chem. **4**, 304 (1957).
[S34] SIDALL, T. H.: J. Amer. chem. Soc. **81**, 4176 (1959).
[S35] SIDALL, T. H.: Proc. Second. Intern. Confer. on Peaceful Uses of Atomic Energy **17**, 339 (1958).
[S36] SHERWOOD, TH. K.: „Mass Transfer Operations", 33. Priestley Lectures, Phi-Lambda-Upsilon-Pennsylvania State University 1959, University Park Pennsylvania.

[S37] SMITH, L. E.: Trans. Instn. chem. Engrs. **35**, 292 (1957).
[S38] SCHEIBEL, E. G.: Chem. Engng. Progr. **44**, 681, 771 (1948).
[S39] SIEMES, W.: Dechema-Monograph. **29**, 313 (1957).
[S40] SIGWART, K.: Chemie-Ing.-Techn. **27**, 440 (1955).
[S41] SEGE, G. u. F. W. WOODFIELD: Chem. Engng. Progr. Symp. Series **50** (13), 179 (1954).
[S42] SHELTON, S. M., E. D. DILLING u. J. H. MCLAIN: Proc. First Intern. Confer. on Peaceful Uses of Atomic Energy **8**, 505 (1956).
[S43] STEPHENSON, R.: Chem. Engng. Progr. **49**, 340 (1953).
[S44] SCOTT, T. R.: Analyst **74**, 486 (1949).
[S45] SUTTON, J.: J. chem. Soc. (London) (Suppl. Iss. 2) **1949**, 275.
[S46] SILLEN, L. G.: Acta chem. scand. **8**, 299 (1954).
[S47] SPECKER, H., M. CREMER u. E. JACKWERTH: Angew. Chem. **71**, 492 (1959).
[S48] SCHEVTSCHENKO, V. B., J. V. SOLOVKIN u. A. S. SCHILIN: Ж. неорг. Хим. **3**, 1965 (1958).
[S49] SOLOVKIN, A. S., I. A. IVANZOV u. E. V. RENARD: Ж. неорг. Хим. **4**, 2876 (1959).
[S50] SEGE, G. u. F. W. WOODFIELD: **HW — 31259** (1954).
[S51] SWIFT, W. H.: **HW — 33953** (1954).
[S52] SMOOT, L. D., B. M. MAR u. A. L. BABB: Ind. Engng. Chem. **51**, 1005 (1959).
[S53] SMOOT, L. D.: Ms.-thesis, University of Wash. Seattle, Wash. 1958.
[S54] SWISHER, G. F.: Dissertation Abstracts **16**, 1421 (1956).
[S55] s. S50.
[S56] SCOTT, R. L.: USAEC Techn. Inform. Service Extension **TID — 3533** (1959).
[S57] STEUNENBERG, R. K. u. R. C. VOGEL: Proc. Second Intern. Confer. on Peaceful Uses of Atomic Energy **17**, 438 (1958).
[S58] SCHRAIDT, J. A. u. U. LEVENSON: Proc. Second. Intern. Confer. on Peaceful Uses of Atomic Energy **17**, 361 (1958).

[T1] TUCK, O. G.: J. chem. Soc. (London) **1957**, 3202.
[T2] TAME, K. A., J. R. ROSS u. J. B. ROSENBAUM **RR — 49** (1957).
[T3] TONG, Y. Y. u. E. KING: J. Amer. chem. Soc. **76**, 2123 (1954).
[T4] TREYBAL, R. E.: „Liquid Extraktion" McGraw-Hill, New York, 1951.
[T5] THOMAS, N. G.: Chem. Engng. **61**, 282 (1954).
[T6] TREYBAL, R. E.: „Mass Transfer Operations" McGraw-Hill, New York, 1955.
[T7] THORNTON, J. D.: Brit. Chem. Engr. **3**, 247 (1958).
[T8] THORNTON, J. D.: Trans. Instn. chem. Engr. **35**, 316 (1957).
[T9] THORNTON, J. D.: Chem. Engng. Progr. Symp. Ser. **50**, 39 (1954).

[U1] UMLAND, F. u. W. HOFFMANN: Angew. Chem. **68**, 704 (1956).

[V1] VESELY, V., H. BERANOVA u. J. MALY: Proc. Second Intern. Confer. on Peaceful Uses of Atomic Energy **17**, 162 (1958).
[V2] VDOVENKO, V. M. u. M. P. KOVALSKAJA: Proc. Second Intern. Confer. on Peaceful Uses of Atomic Energy.
[V3] VDOVENKO, V. M.: Proc. Second Intern. Confer. on Peaceful Uses of Atomic Energy **17**, 175 (1958).
[V4] VERMEULEN, T., G. M. WILLIAMS u. G. E. LANGLOIS: Chem. Engng. Progr. **51**, 85 (1955).
[V5] VERMIJS, H. J. A. u. H. KRAMERS: Chem. Engng. Sci. **3**, 55 (1954).
[V6] VARTERESSIAN, K. u. M. FENSKE: Ind. Engng. Chem. **28**, 1353 (1936).
[V7] VDOVENKO, V. M. Ж. неорг. Хим. **5**, 494 (1960).

[W1] WILSON, A. S.: Proc. Second Intern. Confer. on Peaceful Uses of Atomic Energy **17**, 348 (1958).
[W2] WAGGENER, W. C. u. R. W. STOUGHTON **AECD — 3305** (1951).
[W3] WERNER: AECD — 2729.
[W4] WAYNER, R. M., E. M. KINDERMAN u. L. H. TOWLE: Ind. Engng. Chem. **51**, 45 (1959).

[W 5] Wehner, P. u. I. C. Hindman: J. Amer. chem. Soc. **72**, **3911** (1950).
[W 6] Winchester, R. S. u. W. J. Maraman: Proc. Second Intern. Confer. on Peaceful Uses of Atomic Energy **17**, 168 (1958).
[W 7] Wain, A. G., P. G. M. Brown u. I. M. Fletcher: Chem. and Ind. **97**, 18 (1957).
[W 8] Warf, J. C.: J. Amer. chem. Soc. **71**, 3257 (1949).
[W 9] Wells, I. u. E. Lofthouse: J. Brit. Nuclear Energy Conf. **31**, 308 (1958).
[W 10] Wendlandt, W. W. u. I. M. Bryant: J. physic. Chem. **60**, 1145 (1956).
[W 11] Warner, R. K.: Austral. J. appl. Sci. **4**, 581 (1953).
[W 12] Welch, G. A.: Nature **172**, 458 (1953).
[W 13] Weaver, B., F. A. Kappelmann u. C. A. Topp: J. Amer. chem. Soc. **75**, **3943** (1953).
[W 14] Walsh, K. A.: Nuclear Engineering and Science Congress, Cleveland, Ohio, **270** (1955).
[W 15] Ward, W. u. G. A. Wech: J. inorg. nuclear Chem. **2**, 395 (1956).
[W 16] Warf, J. C.: J. Amer. chem. Soc. **71**, 3257 (1949).
[W 17] Wylie, A. W.: J. chem. Soc. (London) **1957**, **1476**.
[W 18] Wilke, C. R. u. J. M. Prausnitz: Ind. Engng. Chem. **51**, 466 (1959).
[W 19] Williams u. Little: Trans. Instn. chem. Engr. **32**, 174 (1954).
[W 20] Weigant, H. F. u. R. L. von Berg: Chem. Engng. **61**, 183 (1954).
[W 21] Wood, J. T. u. J. A. Williams: Trans. Instn. chem. Engr. **36**, 382 (1958).
[W 22] Whitman, W. G.: Chem. metallurg. Engng. **29**, 127 (1925).

[Y1] Yakovlev, G. N. u. V. N. Kosyakov: Proc. Intern. Confer. on Peaceful Uses of Atomic Energy **7**, 363 (1956).
[Y2] Yarbo, O. O.: **ORNL — 2332** (1957).

[Z1] Zebrowsky, E. L., H. W. Alter u. F. K. Heumann: J. Amer. chem. Soc. **73**, 5646 (1951).
[Z2] Zvijagintsev, O. E.: First U. N. Intern. Confer. on Peaceful Uses of Atomic Energy **P 670** (1955).
[Z3] Zvijagintsev, O. E., V. D. Nicolskij, S. M. Starostin, A. Kurbanov u. V. S. Schmidt: Proc. Second. Intern. Confer. on Peaceful Uses of Atomic Energy **17**, 130 (1958).
[Z4] Zingaro, R. A.: J. Amer. chem. Soc. **78**, 3568 (1956).
[Z5] Zebrowsky, E. L.: **KAPL — 184** (1949).